住房城乡建设部土建类学科专业“十三五”规划教材

住房和城乡建设部中等职业教育建筑与房地产经济管理专业指导委员会规划推荐教材

装饰工程基础与识图

（工程造价专业）

王竞寰　主　编

丁　旭　副主编

夏昭萍　韦武才　主　审

中国建筑工业出版社

图书在版编目（CIP）数据

装饰工程基础与识图 / 王竟寰主编 .—北京：中国建筑工业出版社，2015.8

住房城乡建设部土建类学科专业“十三五”规划教材 住房和城乡建设部中等职业教育建筑与房地产经济管理专业指导委员会规划推荐教材（工程造价专业）

ISBN 978-7-112-18393-7

Ⅰ.①装… Ⅱ.①王… Ⅲ.①建筑装饰—建筑制图—中等专业学校—教材 ②建筑装饰—建筑制图—识别—中等专业学校—教材 Ⅳ.①TU238

中国版本图书馆CIP数据核字（2015）第202963号

本书是中等职业学校工程造价专业装饰工程计量与计价专业方向的课程教材。本书是基于任务引领型教学模式进行编写的，是按照典型工作任务设置工作（学习）项目，工作（学习）项目的设置与具体工作（学习）任务一一对应，突出以技能训练带动知识点的学习，做到教、学、做结合，理论与实践一体化。全书共分为 6 个项目，18 个工作（学习）任务。

本书内容详实，语言简洁，重点突出，力求做到图文并茂，表述正确。本书可供中职工程造价专业的学生使用，也可供土建类专业及工程技术人员参考。

为更好地支持本课程的教学，我们向使用本教材的教师免费提供教学课件，有需要者请发送邮件至 cabpkejian@126.com 免费索取。

责任编辑：张 晶 陈 桦 吴越恺
书籍设计：京点制版
责任校对：焦 乐

住房城乡建设部土建类学科专业“十三五”规划教材

住房和城乡建设部中等职业教育建筑与房地产经济管理专业指导委员会规划推荐教材

装饰工程基础与识图

（工程造价专业）

王竟寰 主 编

丁 旭 副主编

夏昭萍 韦武才 主 审

*

中国建筑工业出版社出版、发行（北京海淀三里河路9号）

各地新华书店、建筑书店经销

北京京点图文设计有限公司制版

大厂回族自治县正兴印务有限公司印刷

*

开本：787×1092 毫米 1/16 印张：14 字数：305 千字

2019 年 2 月第一版 2019 年 2 月第一次印刷

定价：32.00 元（赠课件）

ISBN 978-7-112-18393-7

（27643）

本系列教材编委会

序言

工程造价专业教学标准、核心课程标准、配套规划教材由住房和城乡建设部中等职业教育建筑与房地产经济管理专业指导委员会进行系统研制和开发。

工程造价专业是建设类职业学校开设最为普遍的专业之一，该专业学习内容地方特点明显，应用性较强。住房和城乡建设部中职教育建筑与房地产经济管理专业指导委员会充分发挥专家机构的职能作用，来自全国多个地区的专家委员对各地工程造价行业人才需求、中职生就业岗位、工作层次、发展方向等现状进行了广泛而扎实的调研，对各地建筑工程造价相关规范、定额等进行了深入分析，在此基础上，综合各地实际情况，对该专业的培养目标、目标岗位、人才规格、课程体系、课程目标、课程内容等进行了全面和深入的研究，整体性和系统性地研制专业教学标准、核心课程标准以及开发配套规划教材，其中，由本指导委员研制的《中等职业学校工程造价专业教学标准（试行）》于2014年6月由教育部正式颁布。

本套教材根据教育部颁布的《中等职业学校工程造价专业教学标准（试行）》和指导委员会研制的课程标准进行开发，每本教材均由来自不同地区的多位骨干教师共同编写，具有较为广泛的地域代表性。教材以“项目课程”的模式进行开发，学习层次紧扣专业培养目标定位和目标岗位业务规格，学习内容紧贴目标岗位工作，大量选用实际工作案例，力求突出该专业应用性较强的特点，达到“与岗位工作对接，学以致用”的效果，对学习者熟悉工作过程知识、掌握专业技能、提升应用能力和水平有较为直接的帮助。

住房和城乡建设部中等职业教育建筑与房地产经济管理专业指导委员会

前言

本书是中等职业学校工程造价专业装饰工程计量与计价专业（技能）方向课的课程教材。本书按照工程造价专业相关岗位的主要工作任务和职业技能要求设置本课程的教学任务，选取并整合理论知识与实践操作等教学内容，以职业岗位工作任务为载体设计教学活动，构建任务引领型课程，突出以技能训练带动知识点的学习，做到教、学、做结合，理论与实践一体化。

本教材编写工作依据教育部公布的《中等职业学校工程造价专业教学标准（试行）》，并按照住房和城乡建设部中等职业教育建筑与房地产经济管理专业指导委员会组织编写的本专业建筑装饰基础与识图课程标准编写，总学时为80学时。

同时，本书根据住房和城乡建设部最新颁布的《房屋建筑室内装饰装修制图标准》JGJ/T 244-2011、《房屋建筑制图统一标准》GB/T 50001-2010等制图标准进行编写，详细地讲解了装饰施工图基本知识、识图方法、识读步骤与技巧，并配有大量的实际装饰工程图作为识读实例，具有内容简明实用，与实际结合性强等特点。

本书由广州市土地房产管理职业学校王竟寰主编，专业主审夏昭萍，行业主审韦武才。全书共分为6个项目，18个工作（学习）任务，项目1由焦作建筑经济学校许卫东编写，项目2、4由广州市土地房产管理职业学校刘林编写，项目3由广州市土地房产管理职业学校王竟寰编写，项目5、任务6.1由广州市土地房产管理职业学校王竟寰、云南建设学校许玲编写，任务6.2、6.3由广州建筑工程职业学校丁旭编写，任务6.4、6.5、6.6由广州市政职业学校徐磊编写。

由于编者水平有限，加之时间仓促，虽尽心尽力，但仍难免存在疏漏或未尽之处，恳请广大读者批评指正。

目录

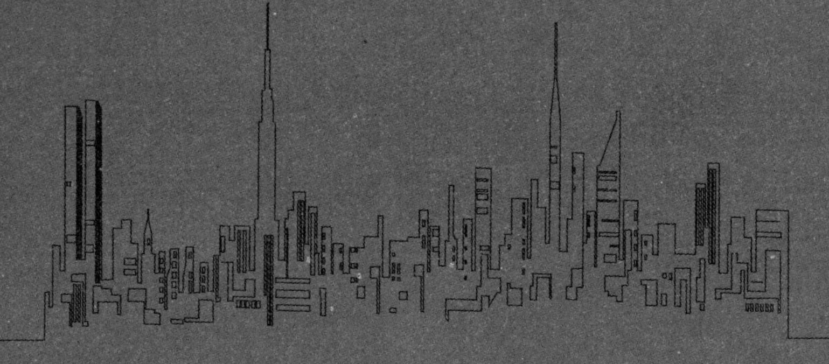

项目1 装饰工程概述

【项目概述】

本项目系统地对装饰工程及建筑装饰施工图所涉及的基础知识：包括建筑装饰工程的概念及内容、常用的装饰材料的名称、规格及性能、装饰施工图的内容、组成及制图的各种规定等进行了详细的讲解，目的是使学生能够认识建筑装饰工程、了解建筑装饰材料、掌握装饰施工图的基本知识，为后续课程的学习奠定基础。

本项目的学习，拟通过完成多个工作任务实现对建筑装饰工程及建筑装饰施工图相关基本知识的学习。

任务1.1 装饰工程基础知识

【任务描述】

本项工作任务，主要通过对装饰工程的概念、常用装饰材料的基本知识以及常见装饰设计风格的讲述，使学生初步认识建筑装饰工程，了解建筑装饰材料的名称、性能及规格。

通过本工作任务的学习，学生能够懂得装饰工程的概念和内容，能简述装饰材料的分类、名称、性能及特点，会描述各种装饰设计风格的特点及使用范围，并能结合实际装饰工程施工图纸，讲出上述知识在实际工程中的应用。

【知识构成】

1.1.1 装饰工程的概念及内容

建筑与人类的生产、生活密切相关，其根本目的是营造一个适合人类居住、生活的空间。建筑装饰是建筑的一个重要组成部分。随着社会的发展，人们越发意识到建筑装饰在建筑个性化、建筑传统文化的发展以及满足人们的居住空间舒适性的追求等方面所起的重要作用，同时我们也应认识到随着人类文明进程的加快和经济的高速增长，也为这些功能的实现提供的丰厚的物质和经济保障。

建筑装饰工程，是指采用适当的装饰材料和构造做法，运用科学的施工工艺，为保护建筑主体结构，满足人们的视觉要求和实用功能，而对建筑物内外表面及其室内外环境进行设计和装饰的艺术加工行为。建筑装饰具有保护建筑结构构件，美化建筑和空间，改善建筑室内、室外环境，营造不同的建筑设计风格，满足人们对艺术的需求等方面的功能。

由此可见，建筑装饰工程是一门涉及多工种、多学科的综合工程，它涉及建筑学、社会学、心理学、人体工程学、工程结构学、建筑物理、建筑设备、建筑装饰材料、建筑装饰施工等多门学科。

1.1.2 常用装饰材料的分类、性能及特点

建筑装饰材料是指用于建筑物构件（如墙、柱、顶棚、地、台等）表面起饰面作用的材料。它是建筑装饰工程的重要物质基础。建筑装饰的整体效果和建筑装饰功能的实现，在很大程度上受到建筑装饰材料的制约，尤其受到装饰材料的光泽、质地、质感、图案、花纹等装饰特性的影响。因此，熟悉各种装饰材料的性能、特点，按照建筑物及使用环境条件，合理选用装饰材料，才能做到材尽其能、物尽其用，更好地表达设计意图，并与室内其他配套产品来共同体现建筑装饰性。

1. 建筑装饰材料的分类

建筑装饰材料的品种非常繁多。要想全面了解和掌握各种建筑装饰材料的性能、特点和用途，首先需要对其进行合理的分类。

（1）根据化学成分的不同分类

根据化学成分的不同，建筑装饰材料可分为无机装饰材料、有机装饰材料和复合装饰材料三大类，见表 1-1。

建筑装饰材料按化学成分的分类　　表 1-1

<table>
<tr><td rowspan="13">建筑装饰材料</td><td rowspan="7">无机装饰材料</td><td rowspan="2">金属装饰材料</td><td colspan="3">钢、不锈钢、彩色涂层钢板等</td></tr>
<tr><td colspan="3">铝及铝合金、铜及铜合金等</td></tr>
<tr><td rowspan="5">非金属装饰材料</td><td rowspan="2">胶凝材料</td><td>气硬性胶凝材料</td><td>石膏、石灰、装饰石膏制品</td></tr>
<tr><td>水硬性胶凝材料</td><td>白水泥、彩色水泥等</td></tr>
<tr><td colspan="3">装饰混凝土及装饰砂浆、白色及彩色硅酸盐制品</td></tr>
<tr><td>天然石材</td><td colspan="2">花岗石、大理石等</td></tr>
<tr><td>烧结与熔融制品</td><td colspan="2">烧结砖、陶瓷、玻璃及制品、岩棉及制品等</td></tr>
<tr><td rowspan="2">有机装饰材料</td><td>植物材料</td><td colspan="3">木材、竹材、藤材等</td></tr>
<tr><td>合成高分子材料</td><td colspan="3">各种建筑塑料及其制品、涂料、胶粘剂、密封材料等</td></tr>
<tr><td rowspan="4">复合装饰材料</td><td>无机材料基复合材料</td><td colspan="3">装饰混凝土、装饰砂浆等</td></tr>
<tr><td rowspan="2">有机材料基复合材料</td><td colspan="3">树脂基人造装饰石材、玻璃钢等</td></tr>
<tr><td colspan="3">胶合板、竹胶板、纤维板、保丽板等</td></tr>
<tr><td>其他复合材料</td><td colspan="3">塑钢复合门窗、涂塑钢板、涂塑铝合金板等</td></tr>
</table>

（2）根据装饰部位的不同分类

根据装饰部位的不同，建筑装饰材料可分为外墙装饰材料、内墙装饰材料、地面装饰材料和顶棚装饰材料等四大类，见表 1-2。

建筑装饰材料按装饰部位分类　　表 1-2

外墙装饰材料	包括外墙、阳台、台阶、雨棚等建筑物全部外露部位装饰材料	天然花岗岩、陶瓷装饰制品、玻璃制品、地面涂料、金属制品、装饰混凝土、装饰砂浆
内墙装饰材料	包括内墙墙面、墙裙、踢脚线、隔断、花架等内部构造所用的装饰材料	壁纸、墙布、内墙涂料、织物饰品、人造石材、内墙釉面砖、人造板材、玻璃制品、隔热吸声装饰板
地面装饰材料	指地面、楼面、楼梯等结构所用的装饰材料	地毯、地面涂料、天然石材、人造石材、陶瓷地砖、木地板、塑料地板
顶棚装饰材料	指室内及顶棚装饰材料	石膏板、珍珠岩装饰吸声板、钙塑泡沫装饰吸声板、聚苯乙烯泡沫塑料装饰吸声板、纤维板、涂料

2. 建筑装饰材料的基本性质

建筑物的内外装饰效果是通过装饰材料的色彩、线条、光泽和质感等本身所具有的特有性质来表现的。选择不同的装饰材料或对同一种材料采用不同的施工方法，就可能产生不同的装饰效果。因此设计、施工、管理人员了解与掌握各种材料的性质和特点，对选择、使用、保管这些材料就显得尤为重要。

建筑装饰材料的基本性能分类，见表 1-3。

建筑装饰材料的基本性质　　表 1-3

性质类型	性质内容
物理性质	基本物理性质以及质量、水、热、声、光有关的物理性能
化学性质	加工或施工过程中形成的化学反应以及与外界化学物质相互作用的性质
力学性质	材料的强度、变形、弹性、塑性、脆性、冲击韧性等
耐久性	在大气环境作用下而能长期保持其原有性能不衰退的性质

建筑装饰材料是用于建筑物表面，起到装饰作用的材料。对装饰材料的基本要求有以下几个方面：

(1) 颜色、光泽、透明性

颜色是材料对光的反射效果。不同的颜色给人以不同的感觉，如红色、橘红色给人一种温暖、热烈的感觉；绿色、蓝色给人一种宁静、清凉、寂静的感觉。

光泽是材料表面方向性反射光线的性质。材料表面愈光滑，则光泽度愈高。当为定向反射时，材料表面具有镜面特征，又称镜面反射。不同的光泽度，可改变材料表面的明暗程度，并可扩大视野或造成不同的虚实对比。

透明性是光线透过材料的性质。分有透明体（可透光、透视）、半透明体（透光，但不透视）、不透明体（不透光、不透视）。利用不同的透明度可隔断或调整光线的明暗，造成特殊的光学效果，也可使物象清晰或朦胧。

(2) 花纹图案、形状、尺寸

在生产或加工材料时，利用不同的工艺将材料的表面作成各种不同的表面组织，如粗糙、平整、光滑、镜面、凹凸、麻点等；或将材料的表面制作成各种花纹图案（或拼镶成各种图案）。如山水风景画、人物画、仿木花纹、陶瓷壁画、拼镶陶瓷锦砖等。

建筑装饰材料的形状和尺寸对装饰效果有很大的影响。改变装饰材料的形状和尺寸，并配合花纹、颜色、光泽等可拼镶出各种线型和图案，从而获得不同的装饰效果，以满足不同建筑型体和线型的需要，最大限度地发挥材料的装饰性。

(3) 质感

质感是材料的表面组织结构、花纹图案、颜色、光泽、透明性等给人的一种综合感觉，如钢材、陶瓷、木材、玻璃、呢绒等材料在人的感官中的软硬、轻重、粗犷、细腻、冷暖等感觉。组成相同的材料可以有不同的质感，如普通玻璃与压花玻璃、镜面花岗岩板材与剁斧石。相同的表面处理形式往往具有相同或类似的质感，但有时并不完全相同，如人造花岗岩、仿木纹制品。一般均没有天然的花岗岩和木材亲切、真实，而略显单调、呆板。

(4) 抗污染、耐擦洗、耐磨等。

3. 常用的建筑装饰材料

(1) 建筑石膏

1) 建筑石膏的主要技术特性：

①凝结硬化快

建筑石膏加水拌合后，浆体在 10min 内便开始失去可塑性，30min 内完全失去可塑性而产生强度。因初凝时间较短，对施工不利，一般使用时需加缓凝剂，以延长凝结时间。

②凝结硬化时体积微膨胀

这一特性使得其制成的石膏制品表面光滑、细腻、尺寸精确、形体饱满、装饰性好。

③防火性好，耐火性差

建筑石膏制品导热系数小，传热慢，具有一定的防火性。但长时间受火作用后，会导致强度下降，因而不耐火。

④强度低，抗渗性、抗冻性及耐水性差

由于建筑石膏制品孔隙率大，因而其强度较低，抗渗性与抗冻性差。另外，石膏可微溶于水，遇水后强度大大降低，所以耐水性差。

⑤装饰性好

洁白细腻，质感自然，可塑性强，易加工等特点是建筑石膏装饰性强的基础。

2) 建筑石膏的装饰应用

①纸面石膏板

纸面石膏板是以建筑石膏为主要原料，掺入适量的纤维材料、缓凝剂等作为芯材，并以纸板作为增强护面材料，经加水搅拌、浇注、辊压、凝结、切断、烘干等工序制得的石膏板，其中，护面纸主要是起到提高石膏板抗弯、抗冲击作用的。

纸面石膏板长度规格有 1800mm、2100mm、2400mm、2700mm、3000mm、3300mm 和 3600mm，宽度规格有 900mm 和 1200mm，厚度依据功能不同分别有 9mm、12mm、15mm、18mm、21mm 和 25mm。

纸面石膏板按功能可分为普通型、耐水型、耐火型三种，其分别依据不同的外观质量、物理、力学性能分为优等品、一等品、合格品。

普通型纸面石膏板具有质轻、抗弯、抗冲击、隔热保温、隔声及良好的可加工性，但耐水性与耐火性差，仅适用于干燥环境的公共及民用住宅等室内的墙面、吊顶等装饰，而不适用于厨房、卫生间及相对湿度大于 70% 的潮湿环境中。

耐水型纸面石膏板由于板芯加入了耐水外加剂，护纸经过了耐水处理，因此，其除具有普通型纸面石膏板的基本特点之外，耐水性明显增强。其主要适用于厨房、卫生间等潮湿场合。

耐火型纸面石膏板由于板芯加入了耐火增强物质，因此，其除具有普通型纸面石膏板的基本特点之外，耐火性明显增强，属于难燃性材料。其主要用于防火等级要求高的重要的大型公共建筑及特殊功能的建筑。

②装饰石膏板

装饰石膏板是由建筑石膏、适量的纤维材料等经加水搅拌、成型、干燥而成的不带护纸的，具有装饰图案的石膏板。

装饰石膏板的主要规格有 500 mm × 500 mm × 9mm 和 600 mm × 600 mm × 11mm 两种，其按功能分普通型和防潮型两种，按板面装饰图案可分平板、孔板和浮雕板三种。

③石膏艺术装饰部件

石膏还常和纤维、外加剂、水等混合制成线板，线角、花角、花台、灯圈、柱、画框、壁炉等艺术装饰部件，配合石膏及其他装饰制品应用。

(2) 水泥

白色水泥、彩色水泥以其良好的装饰性能应用于各种建筑装饰工程中，通常称其为装饰水泥。装饰水泥一般用来配制彩色水泥浆、彩色水泥砂浆、彩色混凝土或制造各种彩色水磨石、人造大理石等。

(3) 建筑装饰石材

建筑中使用的石材主要包括天然石材和人造石材。

1) 常用的天然石材

建筑装饰石材一般多为石板。按板材被加工的形状划分，主要有普通板材（长方形或正方形的板材）和异形板材；按板材表面被加工的程度划分，主要有粗面板材（表面平整粗糙、具有较规则的加工条纹的机刨板、剁斧板、锤击板和烧毛板等）、细面板材和镜面板材。建筑装饰石材还有其他应用形式，如石球、石柱、石雕塑等。

①大理石

大理石较易于雕琢、磨光，其吸水率低，杂质少，坚固耐久，还具有纹理细密、丰富，色彩、图案多样，可开光性强等装饰特性。但一般品种的大理石抗风化性差，即易被空气中的酸性物质腐蚀，使石材表面变得粗糙、多孔、丧失光泽，因而不宜用于室外。而少数特殊品种的大理石的抗风化能力强，因而，可用于室外，如汉白玉、艾叶青等。

大多数大理石主要用于建筑室内的墙面、地面、台面、柱面；少数的大理石可用于室外。大理石可进行不同色彩、不同形状的碎拼；构图完整、独特的大型大理石还可直接加工做成壁画或屏风。

②花岗石

花岗石较坚硬、耐磨，但开采、加工较难，其吸水率只有 0.1% ~ 0.7%，耐酸性好，抗风化及耐久性好，使用寿命少则数十至数百年，高质量的可达上千年，但花岗石不耐火，高温会使其由于石英的晶形转变而产生胀裂，影响其使用寿命。花岗石具有丰富的色彩、纹理及质感等装饰特点。

花岗石属于高级建筑装饰材料，但由于开采、加工较难，而使其造价较高，因此，花岗石主要用于大型、重要的，或装饰要求高的建筑装饰。粗面板与细面板多被用于室外墙面、地面、柱面、台阶等部位；镜面板主要被用于室内外墙面、地面、柱面、台面及台阶等部位。

2）人造石材

人造石材按原料及生产工艺划分主要有四类：水泥型人造石材是以水泥为胶结料将天然石渣、粉胶结而成的，其主要优势是价廉，且挥发物少；树脂型人造石材是以有机树脂为胶结料将天然石渣、粉胶结而成的，其主要优势是质轻、色彩鲜艳、光泽效果好等，因此，成为目前国内外主要生产、应用的人造石材品种；复合型人造石材是既用有机胶结料，也用无机胶结料生产的人造石材，其特点是有机与无机材料的优势可以互补、发挥；烧结型人造石材是采用烧结的生产技术，用优质黏土等原料生产的人造石材，其优势是可像陶瓷一样坚固、耐久，装饰效果丰富。人造石材可根据模仿的天然石材品种分为人造大理石，人造花岗石，人造玛瑙和人造玉石等，广泛地应用于建筑室内外的墙面、地面、台面、卫生洁具及其他装饰部位。

(4) 常用建筑陶瓷

建筑陶瓷是以黏土为主要原料，经配料、制坯、干燥、焙烧而成的，用于建筑工程的烧结制品。建筑陶瓷具有色彩鲜艳、图案丰富、坚固耐久、防火、防水、耐磨、耐腐蚀、易清洗等优点，是主要的建筑装饰材料。

常用装饰陶瓷制品有以下类别：

◆ 釉面砖

釉面砖是指用于建筑室内墙、柱等表面的薄片状精陶制品，也称内墙面砖，它是由精陶坯体与表面釉层两部分构成的。釉面砖常按表面装饰效果分为单色釉面砖、花色釉面砖、装饰釉面砖、图案砖与字画砖。

釉面砖按表面形状分为正方形、长方形和异形制品。其主要长、宽规格为 75 ~ 350mm，厚度为 4 ~ 5mm，如常用产品长、宽尺寸有 300mm × 200mm，200mm × 150mm，150mm × 75mm 等。

釉面砖表面平整、光亮，色彩、图案丰富，防潮、防腐、耐热性好，易清洗，不易污染，但抗干湿交替能力及抗冻性差。主要适用于厨房、卫生间、实验室等建筑室内的墙面、柱面、台面等部位的表面装饰，还可镶拼成大型陶瓷壁画，用于大型公共建筑室内的墙面装饰。由于其属于多孔的陶质坯体，在潮湿与干燥交替作用的环境中会产生明显的坯体胀缩，而表面致密的釉层却不会与之同幅度胀缩，如用于室外，就会产生开裂、破损，甚至脱落，因此，釉面砖不适用于建筑室外装饰。

◆ 墙地砖

墙地砖主要是指用于建筑室外墙面、柱面及室内外地面的陶瓷面砖。墙地砖根据其表面是否施釉分彩色釉面墙地砖和无釉墙地砖；根据其生产工艺不同分为干压、半干压、劈离砖等墙地砖；根据表面花纹、质感不同分为彩胎砖、麻面砖、渗花砖、玻化砖等。

墙地砖按表面形状分为正方形、长方形和异型制品。其主要长、宽规格为 60 ~ 600mm，厚度为 8 ~ 12mm，如常用产品长、宽尺寸有 300mm × 150mm，150mm × 75mm，600mm × 600mm，1000mm × 1000mm 等。

墙地砖具有色彩丰富，图案、花纹、质感多样，抗冻、耐腐蚀、防火、防水、耐磨、易清洗等特点。因此，主要用于装饰等级要求较高的公用与民用建筑室外墙面、柱面及室内外地面等处。

◆ 陶瓷锦砖

陶瓷锦砖，也称陶瓷马赛克，是用优质瓷土烧制的形状各异的小片陶瓷材料，多属于细炻或瓷质坯体。陶瓷锦砖由于尺寸小，不便施工，更不便直接在建筑物上构成符合设计要求的装饰图案，因此通常是按一定规格尺寸和图案要求反贴在一定规格的方形牛皮纸上供装饰使用的。

陶瓷锦砖按砖块表面质感分光滑和稍毛两种；按是否施釉分有釉和无釉两种；按其拼成的图案分为单色和拼花两种。陶瓷锦砖按单块砖形状分为正方形、长方形、六角形等多种。

陶瓷锦砖具有色彩多样，组合图案丰富，质地坚硬，抗冻、抗渗、耐腐蚀、防火、防水、防滑、耐磨、易清洗等特点。因此，既可用于建筑室内，又可用于建筑室外的公用与民用建筑墙面、柱面及地面等处。

◆ 陶瓷制品

随着社会的发展，陶瓷制品不断涌现出新的品种以满足人们物质与精神的需求，比如陶瓷壁画的出现，为人们提供了新的艺术装饰形式，可广泛应用于高层建筑墙面，各类公共场所，如候机厅、会议室、公共游园等场所。另外卫生洁具是现代建筑中不可或缺的组成部分，传统的陶瓷卫生洁具如小便器、大便器、浴缸、洗面盆、妇女净身盆等更丰富的功能，造型应用于人们的生活。

（5）建筑装饰玻璃

玻璃是建筑装饰工程中使用的为数不多的利用透光、透视性控制、隔断空间的建筑材料之一。随着科技水平与人们生活水平的不断提高，建筑玻璃已由透光、透视的基本功能向着装饰、调光、调热、隔音、节能、耐久等更丰富的功能方向发展。按功能分有普通玻璃、热反射玻璃、吸热玻璃、防火玻璃、安全玻璃等；按用途分有窗用玻璃、器皿玻璃、光学玻璃等；按形状分有平板玻璃、曲面玻璃、中空玻璃、玻璃砖等。

1）普通平板玻璃

普通平板玻璃是主要采用引拉法或浮法生产的平板玻璃中产量最大、应用最广的玻璃品种。普通平板玻璃的厚度有 2mm、3mm、4mm、5mm 四类，浮法玻璃有 3mm、4mm、5mm、6mm、8mm、10mm、12mm 七类，其根据外观质量分为优等品、一等品、合格品。

普通平板玻璃大部分直接用于建筑门、窗、幕墙、屋顶等处，少部分用作深加工（如钢化、夹丝、中空等）玻璃的原片材料。

2）装饰玻璃

①磨砂玻璃（喷砂玻璃、毛玻璃）

磨砂玻璃是经过喷砂、研磨或氢氟酸溶蚀将其单面或双面加工成毛面、粗糙的玻璃。磨砂玻璃能使透入的光线产生漫射，且具有透光、不透视的作用，不仅使所封闭的空间光线柔和，而且起到了保护私密性的作用。

磨砂玻璃常被用于办公室、厨房、卫生间等处的门、窗及隔断。

②彩色玻璃

彩色玻璃分透明、不透明和半透明三种。透明彩色玻璃是在原料中加入金属氧化物而制成的，其能使透入的光线产生丰富多彩的光影效果；不透明彩色玻璃是在平板玻璃表面喷涂色釉而形成的；半透明彩色玻璃是在原料中加入乳浊剂，经热处理而形成的透光、不透视的玻璃，又称乳浊玻璃。

透明和半透明玻璃常用于建筑门、窗、隔墙及对光线有特殊要求的部位，不透明彩色玻璃常用于建筑内、外墙面装饰，可拼成各种图案。彩色玻璃片也常被用作夹层、中空等玻璃制品的原片材料。

③彩绘玻璃

彩绘玻璃是将手工绘制与影像移植技术结合而制成的具有各种图案的玻璃。缤纷多彩的画面与构图，使其特别适用于如美术馆、餐厅、宾馆、歌舞厅、商场等公共娱乐场所及有情调要求的民用住宅的墙面、门、窗、吊顶及特殊部位的装饰。

④镭射玻璃（光栅玻璃、激光玻璃）

镭射玻璃是采用激光处理技术，在玻璃表面（背面）构成全息光栅或其他几何光栅，使其在光照条件下能衍射出五光十色光影效果的玻璃。

镭射玻璃是高科技的产物，其不仅可在光源配合下产生梦幻般的迷人色彩，而且具有高耐腐蚀、抗老化、耐磨、耐划等特性，因此，适用于酒店、宾馆、歌舞厅等娱乐场所及商业建筑的墙面、柱面、地面、台面、吊顶、隔断及特殊部位装饰。

⑤压花玻璃（滚花玻璃、花纹玻璃）

压花玻璃是用压延法生产的单面或双面具有凸凹立体花纹图案的玻璃。其可作成普通压花、彩色压花、镀膜压花等多个品种。

压花玻璃特有的凸凹花纹，不仅具有极强的立体装饰效果，而且具有漫射透光、柔和光线、阻断视线的作用，因此，可用于办公室、会议室、客厅、餐厅、厨房、卫生间等建筑空间的隔墙、门、窗。

3）安全玻璃

安全玻璃通常是对普通玻璃增强处理，或与其他材料复合及采用特殊成分与技术制成的玻璃。

①钢化玻璃

钢化玻璃是将平板玻璃加热到接近软化温度后，迅速冷却使其固化或通过离子交换法制成的玻璃，前者为物理钢化玻璃，后者为化学钢化玻璃。物理钢化玻璃由于棱角圆滑，特别是其破碎后，仍不形成锋利的棱角，因而，常被称为安全玻璃。

钢化玻璃比普通玻璃的抗折强度及抗冲击性提高4～5倍，且弹性变形能力增强，热稳定性增强，但不能进行成品裁切、钻孔等加工。其主要用于大型公共建筑的门、窗、幕墙及工业厂房的天窗等处。

②夹层玻璃

夹层玻璃是将两片或两片以上的平板玻璃，用透明塑料薄膜间隔，经热压黏合而成的复合玻璃制品。玻璃原片可采用磨光玻璃、浮法玻璃、彩色玻璃、吸热玻璃、热反射玻璃、钢化玻璃等。

由于玻璃片间是靠塑料膜黏合的，因而，夹层玻璃破碎时，碎片不会飞溅伤人，属于安全玻璃。另外，由于塑料膜的加入，也使夹层玻璃抗冲击性、抗穿透性增强，还具有隔热、保温、耐光、耐热、耐湿、耐寒等特点。夹层玻璃适用于有抗震、抗冲击、防弹、防盗等特殊安全要求的建筑门、窗、隔墙、屋顶等部位。

③夹丝玻璃

夹丝玻璃是将平板玻璃加热到红热软化时，将预热处理的金属丝或金属网压入玻璃中而制成的玻璃。玻璃原片可采用磨光玻璃、彩色玻璃、压花玻璃等。

由于加入了金属网丝，夹丝玻璃破碎后，碎片会被其挂住而不会飞溅伤人，因而属于安全玻璃。另外，由于金属网丝的固定作用，使得夹丝玻璃遇火时，仍可保持一定时间的整体完整性，防火性好，但其抗折强度及抗冲击性并未比普通玻璃有所增强，还具有热震性差、易锈裂等缺点。

4）玻璃制品

①中空玻璃

中空玻璃是由两层或两层以上平板玻璃，周边加边框隔开，并用高强度、高气密性粘结剂将玻璃与边框粘结，中间充以干燥空气制成的玻璃制品。其可用浮法玻璃、压花玻璃、彩色玻璃、钢化玻璃、夹丝玻璃、热反射玻璃等做原片。中空玻璃按玻璃层数可分为双层中空玻璃和多层中空玻璃两大类。

中空玻璃由于中间充斥了大量干燥空气，因此，具有良好的隔热、保温、隔声、降噪、防结霜露等特点。中空玻璃适用于需通过采暖或空调来保证室内舒适环境条件的公共建筑及民用住宅的门、窗及幕墙，以达到隔热、隔声、节能的使用效果。

②玻璃砖

玻璃砖是将多片模压成凹形的玻璃，经熔接或胶结而成的，中间充以干燥空气的空心玻璃制品。其分有单腔和双腔两种。

玻璃砖具有透光不透视、保温、隔热、密封性强、防火、抗压、耐磨、耐久等优点，其主要用于公共娱乐建筑的透光墙体、屋面及非承重的隔墙等部位。

③玻璃锦砖（玻璃马赛克）

玻璃锦砖是以玻璃原料或废玻璃、玻璃边角料等为主要原料，经高温成型熔制的玻璃制品。其有透明、半透明和不透明的，正表面是光滑的，背面有槽纹。

玻璃锦砖具有单块尺寸小、多色彩、多形状的装饰特性，不变色、不积尘、雨天可自洁，化学稳定性与热稳定性高，抗冻、耐久，且成本较陶瓷锦砖低等多方面特点，是很好的墙面装饰材料。

（6）建筑塑料制品

1）塑料的性能

塑料的优点：塑料具有质量轻且比强度大、导热系数低、装饰性能好、易于加工、功能性强、吸水率低、经济便宜等优点。

塑料的缺点：易老化、耐热性差、易燃烧、刚度小、抵抗变形能力差是塑料的显著特点。

2）常用建筑装饰塑料

①塑料贴面装饰板

塑料贴面装饰板是以浸渍三聚氰胺甲醛树脂的花纹为面层，与浸渍酚醛树脂的牛皮纸叠合后，经热压制成的装饰板。其具有花纹、图案、色彩丰富，耐热、耐磨、阻燃、易清洗，表面硬度大等特点。

②有机玻璃板

有机玻璃板是采用聚甲基丙烯酸甲酯制成的，透光率极高的塑料装饰板。有机玻璃板不仅具有可达 98% 的高透光率，而且具有强度较高，耐热、耐候、耐腐蚀等优点，但其表面硬度一般不高，易擦毛。

③ PVC 装饰板

PVC 装饰板是以聚氯乙烯为主要原料制成的装饰板，其有硬质与软质之分，且可制成波形板（波纹板）、异型板和格子板等。

④塑料门窗

塑料门窗主要是采用改性硬质聚氯乙烯，加适量添加剂制成的。其分有全塑门窗与复塑门窗两种，复塑门窗与全塑门窗的构造区别是在塑料门窗框内嵌入金属型材，以增强门窗刚性，提高其抗风压能力。

塑料门窗具有较强的气密性、水密性及良好的隔热、保温性，使其具有很好的节能效果，此外，塑料门窗还具有隔声、降噪，以及耐腐蚀、防火、抗老化等特点。

⑤塑料地面装饰材料

塑料地面装饰材料主要是由聚氯乙烯为主要材料制得的地面材料。其中由软质聚氯乙烯为主要材料制得的为塑料卷状地面材料（地板革），其具有图案完整、丰富，质地柔软，脚感舒适，幅宽，铺设方便、快捷，接缝少，易清洁，较耐磨，但耐热及耐燃性较差等特点；由硬质或半硬质聚氯乙烯为主要材料制得的为塑料块状地面材料（塑料地板块），其具有表面硬度大，耐磨性好，耐污染及耐洗刷性强，步行时噪声小，耐热及阻燃性强，组合更换灵活，但脚感较硬，抗折强度较低等特点。

（7）建筑涂料

建筑涂料是指能涂敷于建筑表面，形成连续性涂膜，对建筑物起到保护、装饰等作用或使建筑物具有某些特殊功能的材料。

建筑涂料一般由主要成膜物质（油料、树脂）、次要成膜物质（填料、颜料）、辅助成膜物质（溶剂、助剂）等组成。

建筑涂料有以下类别：

◆ 按主要成膜物资的成分分：有机涂料、无机涂料、有机－无机复合涂料。其中，有机涂料又可分为溶剂型涂料、乳液型涂料、水溶性涂料几种。

◆ 按用途分：墙面涂料、地面涂料、顶棚屋面涂料等。

◆ 按功能分：防水涂料、保温涂料、吸音涂料、防霉涂料等。

◆ 按涂膜厚度、形状及质感分：薄质涂料（涂膜厚度为 50 ~ 100μm）与厚质涂料（涂膜厚度为 1 ~ 6mm）；平壁状涂层涂料、砂壁状涂层涂料、凹凸立体花纹涂料。

（8）木质装饰材料

木材作为建筑材料之一可谓历史悠久，以其温暖的质感，丰富的纹理，隔热、抗冲击、轻质高强、弹性、韧性好、易加工等众多特点，而一直为人们所青睐。但木材也具有构造不匀、干缩湿胀、易腐烂、易燃、易虫蛀等缺陷，不过这些缺陷都可采用工程措施加以处理。

常见的木材装饰制品有以下几种：

1）木龙骨

是指已加工锯解成材的木料，边长 30 ~ 70mm 不等。木龙骨是墙裙、吊顶装饰中不可或缺的材料，见图 1-1。木龙骨一般采用红松、白松、水杉等树种，并要经过防腐、防虫、防火处理。

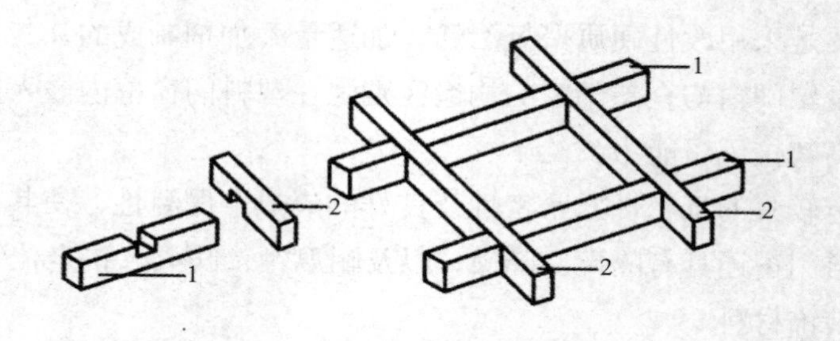

图 1-1　木龙骨连接构造图

1—主龙骨；2—次龙骨

2）人造板材

人造板是从节省木材资源、提高利用率、改善性能等目的出发，主要利用木材边角废料加工制得的人造板材，其既保持了木质材料的隔热保温、轻质高强、柔韧、易加工等特点，又明显地改变了木材各向异性的缺点，而且成本低廉，是木材综合利用的主要产品，主要用作墙体、地面、吊顶、家具及装饰造型的基础材料。

①胶合板是用原木旋切成木材薄片，经干燥后用胶粘剂以各层纤维互相垂直的方向粘合，热压而成。木片层数为奇数，一般为 3 ～ 15 层，装饰中常用三合板、五合板。我国胶合板主要采用水曲柳、椴木、桦木等原木制成。

②纤维板是将板皮、木块、树皮、刨花等废料或其他纤维材料（如稻草、麦秸等）经粉碎、浸泡、研磨成浆，热压成型的人造板材。可代替木板，常用于室内隔墙板、门芯板各种装饰线条等。

③细木工板又叫大芯板，是用木板条拼接成芯条，两个表面胶贴木质单板的实心板材，见图 1-2。按工艺质量分为三个等级，即一、二、三级。市场供应幅面以 1220mm × 2440mm 居多，细木工板多用于隔板墙、门板、衬板、家具制作等。

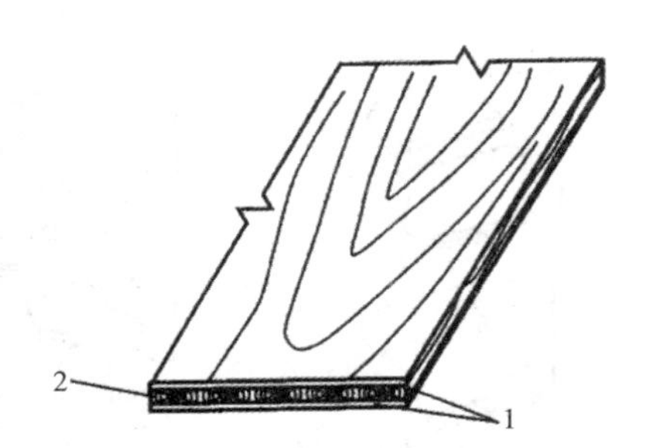

图 1-2　细木工板的组成
1—木质单板；2—拼接芯条

④镁铝曲面装饰板是以特种牛皮纸为底面纸，纤维板或蔗板为中间基材，着铝合金箔为装饰面层，经粘贴、刻沟而成。板材幅面尺寸为 1220mm × 2440mm，厚为 3.5mm。表面光亮，有银、金黄、古铜、橙红等多种颜色，具有耐热、耐压、防水、耐擦、不变形、可锯、可钉等特点，是一种新型高档装饰板材。

3）木地板

木地板由于具有温暖、弹性、柔韧等舒适的脚感，丰富的色彩与纹理等特点，成为木材应用最普遍的一种形式。其可有单层或双层构造，按面层构造特点不同，主要分条板与拼花板两种；按断面接口构造不同，又可分为平口、错口与企口三种。

一般条板的宽度不大于 120mm，板厚 20 ～ 30mm，面层板可用松山等软木材也可用柞木、榆木等硬木材，其铺设速度快，线条流畅，接缝少，易清洁，适用于体育馆练功房舞台及住宅的地面；拼花地板是用水曲柳、核桃木、柚木等阔叶树加工的小条板拼装而成的，其可依据空间环境的大小及功能特点，通过不同的板条组合，拼装出多种美观的图案，而且耐磨、耐腐蚀、有光泽，适用于高级办公室、宾馆、会议室、展览馆、体育馆等公共建筑及别墅、住宅等民用建筑的地面装饰。

4）木装饰线条

木装饰线条一般用于天花、装饰墙面、家具制作等工程的平面相接处、分界面、收边线、造型线等处。主要起固定、连接、加强装饰饰面的作用。从功能上分为压边线、柱角线、墙腰线、覆盖线、封边线、镜框线等；从外形上分为半圆线、直角线、斜角线等；从款式上分为外凸式、内凹式、凸凹结合式、嵌槽式等。

木装饰线条造型各异，断面形状丰富，外形实例见图 1-3。

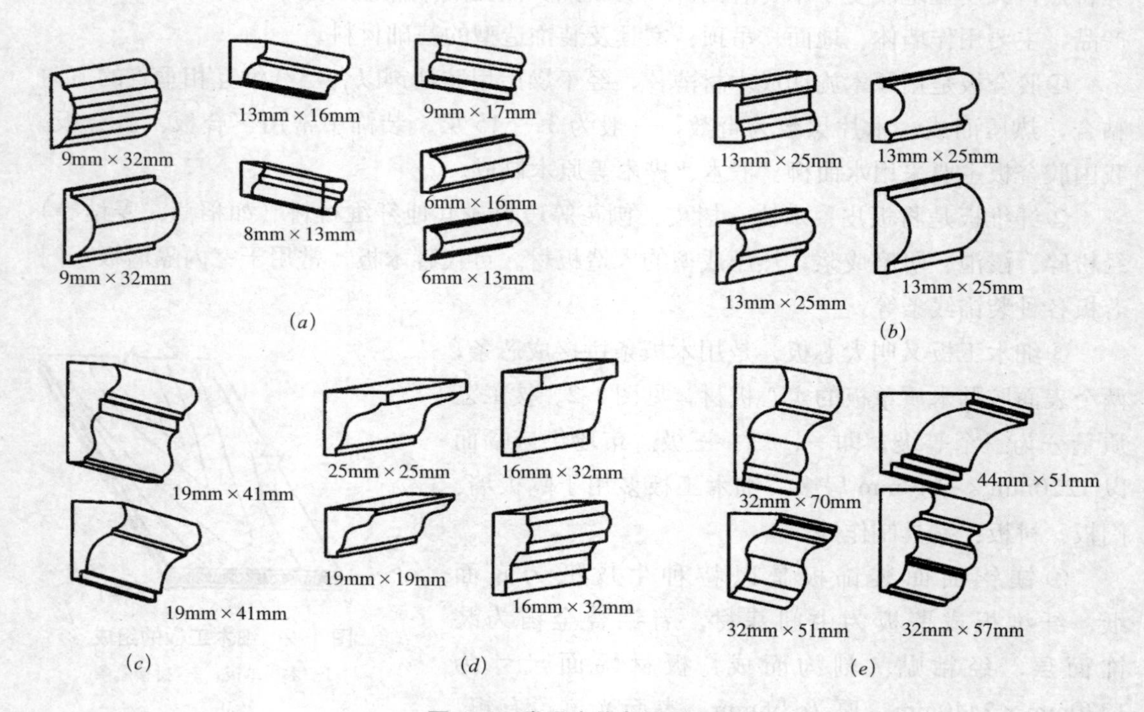

图 1-3　常见木线条外形实例

(a) 各式压边线；(b) 表面装饰线；(c) 封边线；(d) 小压边线；(e) 大压边线

(9) 金属装饰材料

金属以其丰富的色彩、光泽及可加工成多种形状等特点，在建筑装饰领域占有着重要的地位。

1) 建筑装饰用钢

建筑工程中应用量最大的金属材料为建筑钢材。它具有质地均匀、强度高、塑性和韧性较好，可以焊接和铆接、便于装配等优点。钢材的缺点是容易锈蚀，维修费用大，而且能耗大、成本高、耐火性差。

建筑装饰用钢及其制品通常有以下几种：

①不锈钢装饰板

不锈钢装饰板既可直接加工而成，也可加工成复合板材，可用于室内与室外装饰工程。

②彩色涂层钢板及彩色涂层压型钢板

彩色涂层钢板是以钢板、钢带为基材，表面施涂有机涂层的钢制品。各色有机涂层不仅起到了保护钢的作用，而且具有装饰性好，手感温暖、光滑，抗污，易洁等特点。

其充分发挥了金属与有机材料的共同特点，可用于各类建筑的内、外墙面及吊顶。

彩色涂层压型钢板是冷轧板、镀锌板、彩色钢板等不同类型的薄钢板经冷弯加工而成 V 形、U 形等形状的轻型板材，见图 1-4。

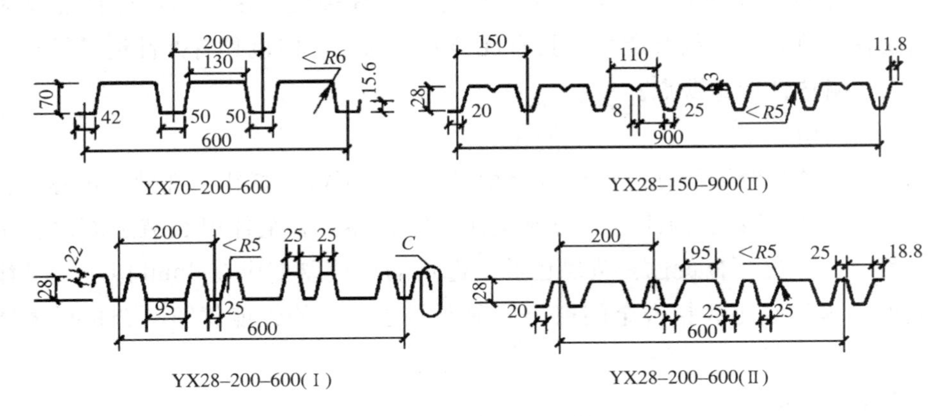

图 1-4 建筑压型钢板的板型

③轻钢龙骨

轻钢龙骨是以连续镀锌钢板或以连续热镀锌钢板作原料，经冷弯工艺生产的薄型型钢。按用途有吊顶龙骨（代号 D）和隔墙龙骨（代号 Q）。断面形状如图 1-5 所示。产品规格系列有：吊顶龙骨主要分 D38、D45、D50、D60；隔墙龙骨主要有 Q50、Q75、Q100。轻钢龙骨具有强度大，可装配化施工，多用于要求高的室内装饰和隔断面积的室内墙。

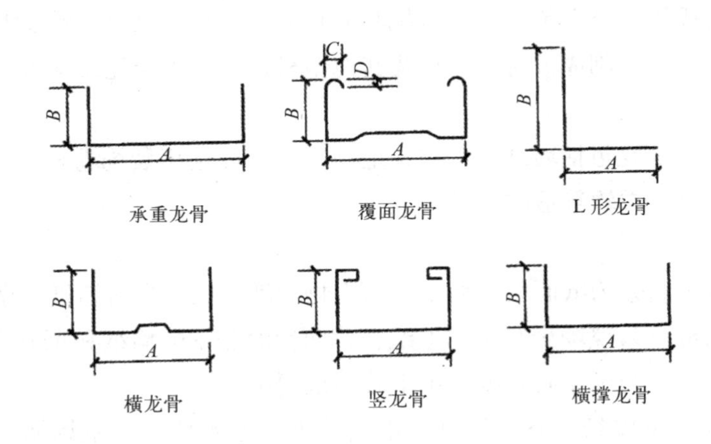

图 1-5 龙骨断面形状示意图

2）铝及铝合金装饰材料

铝具有质轻（密度为 $2.7g/cm^3$），呈银白色，具有高反光性，导热性、导电性强，塑性与延展性好，耐大气腐蚀性较强等优点，但其硬度与强度较低。所以，铝在建筑中常用于做门、窗、百叶、小五金等非承重构件，另外，铝粉可用做装饰涂料或防腐涂料。铝合金是铝中加入适量铜、镁、锰、硅、锌等元素制成的铝基合金。

铝合金既保持了铝质轻的特点，又明显提高了其强度、硬度等机械性能及耐腐蚀性，可制成各种色彩、图纹及造型，具有优异的装饰性，但也具有弹性模量较小、热膨胀系数较大、耐热性低等缺点。

①铝合金门窗

铝合金门窗是将经表面处理的铝合金型材，经过下料、打孔、铣槽、攻螺丝、制配等加工工艺制成的门窗框构件，再与连接件、密封件、五金件组合装配而成。按色泽分为银白色、古铜色、金黄色、黄黑色等，选用的玻璃厚度应在4mm以上，具体厚度可按玻璃单块面积来定。铝合金门窗出厂前要经过严格的性能试验，合格后才能安装使用。

②铝合金装饰板

品种有铝合金花纹板、铝合金波纹板、铝合金扣板、铝合金冲孔平板、铝塑板等，规格多样，产品丰富，详细尺寸可参照各厂家的产品目录。

3）铜合金

铜合金是在铜中加入锌、锡等元素制成的铜基合金。铜合金最突出的特点是：既保持了纯铜良好的塑性与耐腐蚀性，又明显提高了其强度、硬度等机械性能。

由铜与锌组成的铜合金为黄铜。黄铜可制成装饰板及型材用于墙面、门窗、楼梯、栏杆等处，可制成门把手、门锁、水龙头等建筑五金，可用作雕塑，铜粉（金粉）还可用作颜料与涂料。

由铜与锡组成的铜合金为青铜，青铜具有良好的强度、硬度、耐蚀性和铸造性，过去也称为炮铜。青铜可制成板材、管材及其他型材，也可用于建筑雕塑。

（10）装饰卷材

室内装饰卷材主要包括墙纸、墙布、地毯等。合理选用装饰卷材，既能使室内呈现华丽气氛，又能给人柔软舒适的感觉。

1）墙纸

按所用材料不同分为纸面纸基墙纸、纺织物墙纸、天然材料墙纸、塑料墙纸等。

按施工方法可分为现场涂胶裱糊墙纸、背面预涂胶铺贴墙纸和可剥离墙纸三类。其中预涂胶墙纸又可分为预涂胶墙纸和不干胶墙纸两种。

按功能分为杀虫墙纸、香味墙纸、消臭墙纸、耐水墙纸、阻燃墙纸、吸声隔热墙纸、防菌防霉墙纸等。

按装饰效果分为印花墙纸、压花墙纸、浮雕墙纸等。

2）装饰墙布

装饰墙布是以各种不同纤维织成的布为基材，表面涂以耐磨树脂，印上彩色图案而成的贴墙装饰材料。有玻璃纤维印花墙布、化纤装饰墙布、棉纺装饰墙布、无纺贴墙布等几个大类。

3）地毯材料

地毯是一种高级地面装饰品，有着悠久的使用历史，它不仅具有隔热、保温、吸声、弹性好等特点，而且铺设后可以使室内具有高贵、华丽的氛围，广泛应用于现代建筑中。

①纯羊毛地毯

我国的纯毛地毯是以土种绵羊毛为原料，其纤维长，拉力大，弹性好，有光泽，纤维稍粗而且有力，是编织地毯的最好优质原料，是高级客房、会堂、舞台等地面的高级装修材料。

②混纺地毯

混纺地毯是以毛纤维与各种合成纤维混纺而成的地面装修材料。混纺地毯中因掺有合成纤维，所以价格较低，使用性能有所提高，价格有所下降。

③化纤地毯

化纤地毯也叫合成纤维地毯，如聚丙烯化纤地毯，丙纶化纤地毯，腈纶（聚乙烯睛）化纤地毯、尼龙地毯等。它是用簇绒法或机织法将合成纤维制成面层，再与麻布底层缝合而成。化纤地毯耐磨性好并且富有弹性，价格较低，适用于一般建筑物的地面装修。

④塑料地毯

塑料地毯是采用聚氯乙烯树脂、增塑剂等多种辅助材料，经均匀混炼、塑制而成，它可以代替纯毛地毯和化纤地毯使用。塑料地毯质地柔软，色彩鲜艳，舒适耐用，不易燃烧且可自熄，不怕湿。塑料地毯适用于宾馆、商场、舞台、住宅等。因塑料地毯耐水，所以也可用于浴室，起防滑作用。

1.1.3 常见的装饰设计风格

室内装饰设计风格是属室内环境中的艺术造型和精神功能范畴。风格即风度品格，体现出创作中的艺术特色和个性，它表现于形式而又不等同于形式，有着深层次的艺术、文化、社会内涵。多年的装饰设计实践，逐渐形成了多种各具特色的装饰设计风格，根据时间、空间、特征的差别概括为以下类别：

1. 欧式装饰风格

由于欧式风格大量采用白、乳白与各类金黄、银白有机结合，加上欧式所特有的柱体结构，形成了特有的豪华、富丽风格。欧式风格的豪华在装饰设计过程中体现得淋漓尽致，小到厨房、卫生间，大到主卧、餐厅、客厅等都可以彰显豪华、富丽风格。欧式装饰风格还有一个鲜明的风格特点：即“动”大于“静”，明显带有“动感”。豪华富丽、动大于静是其两大特点（见图 1-6）。

图 1-6　欧式装饰风格图例

2. 中式装饰风格

由于中式装饰风格使用传统的建筑元素为主导要素，民族韵味浓厚，造型讲究对称、色彩讲究对比，色调使用上，以朱红、绛红、咖啡色等为主要色，所以中式装饰风格尤显庄重、壮丽华贵、气势恢宏。装饰材料以木材为主，图案多采用中国传统的吉祥图案，精雕细琢，瑰丽巧夺。中式风格的代表是中国明清古典传统家具及中式园林建筑、色彩的设计造型，简约、朴素、格调雅致、文化内涵丰富。现代中式利用了后现代手法，把传统的结构形式通过重新设计组合以另一种民族特色的标志符号出现。例如，厅里摆一套明清式的红木家具，墙上挂一幅中国山水画等（见图 1-7）。

图 1-7　中式装饰风格图例

3. 古典式装饰风格

古典式装饰风格大量采用过去的、传统的木质工艺，做工精湛、细腻，色彩稳重，材质多以朴素为主，特有的古朴、高贵、雅兴尤为突出并占主导地位。古典欧式风格在色彩上，经常以白色系或黄色系为基础，搭配墨绿色、深棕色、金色等，表现出古典欧式风格的华贵气质。在材质上，一般采用樱桃木、胡桃木等实木，表现出高贵典雅的贵族气质（见图 1-8）。

图 1–8　古典式装饰风格图例

4. 现代装饰风格

现代装饰风格大量以新兴的、高新技术的、时尚的材料和工艺作为主导，文化石、彩灯、金属制品、抛光砖、彩色玻璃等大量采用，时代感尤为突出，真正体现了“与时俱进”或“超前”的风格。现代装饰风格另一个值得注意的特点是，该风格并不排斥其他装饰风格，只要加以工艺改进等都变成“为我所用”。线条简约明快，颜色运用夸张且对比强烈，局部金属感浓重，是其突出特点（见图 1-9）。

图 1–9　现代装饰风格图例

5. 地中海风格

地中海风格具有独特的美学特点。一般选择自然的柔和色彩，在组合设计上注意空间搭配，充分利用每一寸空间，集装饰与应用于一体，在组合搭配上避免琐碎，显得大方、自然，散发出的古老尊贵的田园气息和文化品位。蔚蓝色的浪漫情怀，海天一色的纯美意境无不彰显着地中海风格的独有韵味（见图 1-10）。

图 1-10　地中海风格图例

6. 东南亚风格

东南亚风格的装饰中，室内所用的材料多直接取自自然。由于炎热、潮湿的气候带来丰富的植物资源，木材、藤、竹成为室内装饰首选（见图 1-11）。

图 1-11　东南亚风格图例

7. 美式乡村风格

美式乡村风格，是美国西部乡村的生活方式演变到今日的一种形式，它在古典中带有一点随意，摒弃了过多的繁琐与奢华，兼具古典主义的优美造型与新古典主义的功能配备，既简洁明快，又温暖舒适。美式乡村风格非常重视生活的自然舒适性，充分显现出乡村的朴实风格（见图 1-12）。

图 1-12　美式乡村风格图例

8. 日式风格

日式风格空间造型极为简洁、家具陈设以茶几为中心，墙面上使用木质构件作方格几何形状与细方格木推拉门、窗相呼应，空间气氛朴素、文雅、柔和。日式风格一般不多加繁琐的装饰，更重视实际的功能。日式风格是一种适用于小房屋精装修的风格，榻榻米就是装修的主要装修物品，其次就是地台等一系列装修。日式风格最大的特征是多功能性，如白天放置书桌就成为客厅，放上茶具就成为茶室，晚上铺上寝具就成为卧室（见图 1-13）。

图 1-13　日式风格图例

课堂活动

活动 1　认识装饰材料

【任务布置】

请根据教师所提供的各种装饰材料样板和图片，结合所学装饰材料的基本知识，认识并了解这些装饰材料的性质与用途。

【任务实施】

请根据任务布置，以小组合作的形式，完成以下工作任务：

1. 请说出老师所提供的装饰材料样板的名称。

2. 请将以上装饰材料按照使用性质进行分类，并叙述该材料的性能特点及用途。

3. 请根据图 1-14，说出该客厅地面、墙面及天花所用的材料，并讨论还有哪些材料适用于地面、墙面的装饰，并简要说明它们各自的性能、优缺点。

4. 在客厅与餐厅之间如果做个隔断可选择哪些材料？试说明理由。

图 1-14　某公寓装饰效果图

【活动评价】

课堂活动评价表

评价方式	评价内容	评价等级
自评（20%）	1. 能积极参与	□很好　□较好　□一般　□还需努力
	2. 在练习活动中表现积极，取得相应成果	□很好　□较好　□一般　□还需努力
	3. 能多角度搜集信息、应用知识	□很好　□较好　□一般　□还需努力

续表

评价方式	评价内容	评价等级
小组互评（40%）	1. 能主动参与和积极配合	□很好　□较好　□一般　□还需努力
	2. 能认真完成各项工作任务	□很好　□较好　□一般　□还需努力
	3. 能听取同学的观点和意见	□很好　□较好　□一般　□还需努力
	4. 整体完成任务情况	□很好　□较好　□一般　□还需努力
教师评价（40%）	1. 小组合作情况	□很好　□较好　□一般　□还需努力
	2. 完成上述任务的正确率	□很好　□较好　□一般　□还需努力
	3. 成果整理和表述情况	□很好　□较好　□一般　□还需努力
综合评价		□很好　□较好　□一般　□还需努力

活动 2　建筑装饰风格欣赏

【任务布置】

请根据教师所提供的各种装饰风格的图片，结合所学的基本知识，学会欣赏各种建筑装饰风格。

【任务实施】

请根据任务布置，以小组合作的形式，完成以下内容：

1. 通过观察，说出这些装饰图片中所展现的主要装饰风格。
2. 结合图片，简述该种装饰风格的特点，并与其他装饰风格进行对比。

【活动评价】

课堂活动评价表

评价方式	评价内容	评价等级
自评（20%）	1. 任务描述准确、恰当	□很好　□较好　□一般　□还需努力
	2. 在练习活动中表现积极，取得相应成果	□很好　□较好　□一般　□还需努力
	3. 能多角度搜集信息、应用知识	□很好　□较好　□一般　□还需努力
小组互评（40%）	1. 能主动参与和积极配合	□很好　□较好　□一般　□还需努力
	2. 能认真完成各项工作任务	□很好　□较好　□一般　□还需努力
	3. 能听取同学的观点和意见	□很好　□较好　□一般　□还需努力
	4. 整体完成任务情况	□很好　□较好　□一般　□还需努力

续表

评价方式	评价内容	评价等级
教师评价（40%）	1. 小组合作情况	□很好　□较好　□一般　□还需努力
	2. 完成上述任务的正确率	□很好　□较好　□一般　□还需努力
	3. 成果整理和表述情况	□很好　□较好　□一般　□还需努力
综合评价		□很好　□较好　□一般　□还需努力

【技能拓展】

装饰材料市场调查

1. 利用课余时间考察当地的装饰材料市场，了解常用的装饰材料品种及性能，增强对材料的感性认识。

2. 根据调查结果，以小组的形式写出调查报告，要求图文并茂。

任务 1.2　装饰施工图基本知识

【任务描述】

本项工作任务主要通过对装饰施工图的内容、作用、组成，以及制图的有关规定进行一一讲解，引导学生学习装饰施工图的相关知识，获取相关信息。

通过本工作任务的学习，学生能够懂得装饰施工图的有关知识，能够叙述比例、线型、图例索引符号在绘图中的应用，具备初步绘制、识读装饰施工图的能力。

【知识构成】

1.2.1　装饰施工图的概念、作用及特点

装饰工程施工图是工程设计人员按照投影原理，以土建施工图为基础，结合装饰装修工程特点和构造要求，使用特定的图例、符号、文字绘制而成。它反映装饰装修工程的构造和饰面处理要求，是用来表达装饰设计（造型构思、材料及工艺要求）意图的主要图纸，也是指导装饰工程的施工及装饰工程的管理，进行造价管理、工程监理的主要依据。

与建筑施工图相比，装饰施工图侧重反映装饰材料及其规格、装饰构造及其做法、饰面颜色、施工工艺以及装饰件与建筑构件的位置关系和连接方法等。绘图时通常选用一定的比例、采用相应的图例符号（或文字注释）和标注尺寸、标高等加以表达，必要还可采用透视图、轴测图等辅助表达手段，以便识读。

装饰设计需经方案设计和施工图设计两个阶段。方案设计阶段一般是根据甲方的要求、现场情况以及有关规范、设计标准等，用平面布置图、室内立面图、楼地面平面图、透视图、文字说明等将设计方案表达出来。而施工图设计阶段是在前者的基础上，经修改、补充，取得合理的方案后，经甲方同意或有关部门审批后，再进入此阶段。这是装饰设计的主要程序。

1.2.2 装饰施工图的编排方法及顺序

目前我国建筑装饰工程的制图方法主要依据《房屋建筑室内装饰装修制图标准》JGJ/T 244－2011 的有关规定。

1. 装饰设计图纸的编排顺序一般应为图纸目录、设计说明、装修表、门窗表、由下至上各层的平面布置图、墙定位及索引图、地面材料图、天花布置图、局部平面天花图、立面图、剖面图、详图等。

2. 当图纸的图幅只有一种时，一般为各层平面、天花、剖立面、详图相对集中，分层排列。当图幅不止一种时，一般为各层的平面、天花使用同一图幅，相对集中，分层排列；剖立面、详图则使用较小图幅，相对集中，分层排列。

3. 建筑装饰施工图的主要内容

（1）图纸目录；

（2）装修施工说明或设计说明；

（3）平面布置图；

（4）楼地面材料铺装图；

（5）顶棚天花图；

（6）装修立面图；

（7）剖面图；

（8）需要说明装修细部的详图和节点图；

（9）给排水、暖、电等专业的施工说明图。

1.2.3 装饰施工图的有关规定

1. 常用的比例、线型及用途

图样中的图形与实物相对应的线性尺寸之比称为比例。

工程图样所使用的各种比例，应根据图样的用途与所绘制物体的复杂程度进行选取。一般应采用表 1-4 中规定的比例。图样中不论放大与缩小，在标注尺寸时，应按物体的实际尺寸标注。每张图样均应填写比例，如“1∶1”，“1∶100”等。

建筑装饰工程施工图常用比例　　表 1-4

比例	部位	图纸内容
1∶200 ～ 1∶100	总平面、总顶面	总平面布置图、总顶棚平面布置图
1∶100 ～ 1∶50	局部平面、局部顶棚平面	局部平面布置图、局部顶棚平面布置图
1∶100 ～ 1∶50	不复杂的立面	立面图、剖面图
1∶50 ～ 1∶30	较复杂的立面	立面图、剖面图
1∶30 ～ 1∶10	复杂的立面	立面放大图、剖面图
1∶10 ～ 1∶1	平面及立面中需要详细表示的部位	详图
1∶10 ～ 1∶1	重点部位的构造	节点图

建筑装饰装修施工图可采用的线型包括实线、虚线、单点长划线、折断线、波浪线、点线、样条曲线、云线等，各线型应符合表 1-5 的规定。

线宽等级分为粗线、中粗线、细线三个等级。以粗实线的线宽为基本单位，用 b 表示。首先确定粗实线的宽度，再选定中实线和细实线的宽度，使它们构成一个线宽组。它们的线宽比可以为 b∶$0.5b$∶$0.25b$（b∶$b/2$∶$b/4$），粗线的宽度 b 约为 0.35 ～ 1.0mm。

通常在一个图样中所用的线宽不宜超过三种。

常用的线型及用途见表 1-5。

常用线型及用途　　表 1-5

名称		线型	线宽	一般用途
实线	粗	━━━	b	1. 平、剖面图中被剖切的房屋建筑和装饰装修构造的轮廓线 2. 房屋建筑室内装饰装修立面图的外轮廓线 3. 房屋建筑室内装饰装修构造详图、节点图中被剖切的主要轮廓线 4. 平、立、剖面图的剖切符号
	中粗	━━━	$0.7b$	1. 平、剖立面图中被剖切的房屋建筑和装饰装修构造的次要轮廓线 2. 房屋建筑室内装饰装修详图中的外轮廓线
	中	———	$0.5b$	1. 房屋建筑室内装饰装修详图中的一般轮廓线 2. 小于 $0.7b$ 的图形线、家具线、尺寸线、索引符号、尺寸界线、标高符号、引出线、地面、墙面的高差分界线等
	细	———	$0.25b$	图形和图例的填充线

续表

名称		线型	线宽	一般用途
虚线	中	- - - - -	0.5*b*	1. 表示被遮挡部分的轮廓线 2. 表示平面中上部的投影轮廓线 3. 预想放置的建筑或装修的构件
	细	- - - - - - -	0.25*b*	表示内容与中虚线相同，适合小于 0.5*b* 的不可见轮廓线
细点划线	细	- · - · - · -	0.25*b*	中心线、对称线、定位轴线
折断线	细		0.25*b*	不需要画全的断开界线
波浪线	细	～～～	0.25*b*	1. 不需要画全的断开界线 2. 构造层次的断开界线 3. 曲线形构件断开界限
样条曲线	细		0.25*b*	1. 不需要画全的断开界线 2. 制图需要的引出线
云线	中		0.5*b*	1. 圈出被索引的图样范围 2. 标注材料的范围 3. 标注需要强调、变更或改动的区域

2. 索引符号的种类、用途、规定及表示方法

图纸的符号很多。有的用图标标志的符号，有的用文字标志的符号等，它们都是为说明某种含义的符号。

（1）剖切符号

剖切符号分剖面和断面两种。

◆ 剖面剖切符号

剖面剖切符号用于平面图上，由剖切位置线和剖视方向线组成。以粗实线绘制；剖切线位置线长 6 ～ 10mm，剖视方向线长 4 ～ 6mm，两者垂直相交；剖面位置线不应与图样上的图线相接触；剖面剖切符号的编号宜用阿拉伯数字表示，编号注写在剖视方向线的顶端。当有多个剖面时，应按由左向右、由下至上的顺序排列，见图 1-15。

需要转折的剖切位置线，应在转折处画转折线。每一剖面只能转折一次，并在转角的外侧加注与该剖面编号数字相同的数字，见图 1-16。

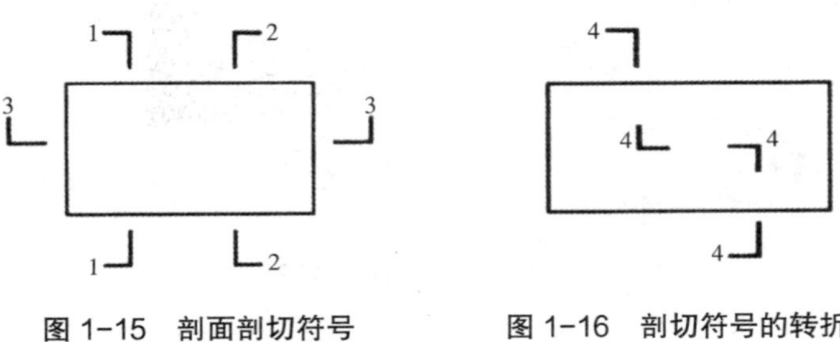

图 1-15　剖面剖切符号　　　图 1-16　剖切符号的转折

◆ 断面剖切符号

断面剖切符号只画剖切位置线，而不画剖视方向线。断面剖切符号的编号注写在剖切位置线的一侧，编号所在的方向为剖视方向，见图 1-17。

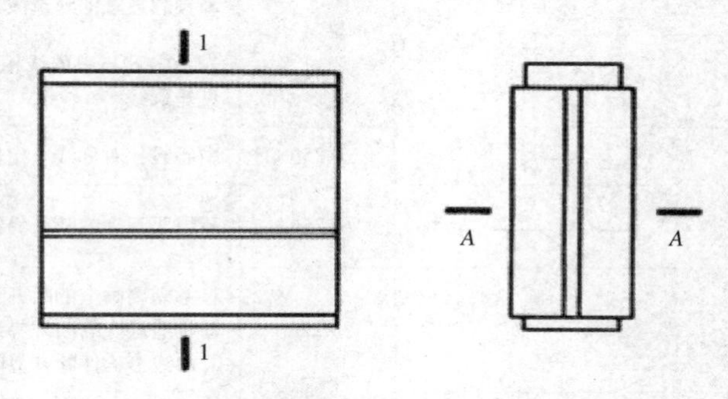

图 1-17　断面剖切符号

（2）索引符号

索引符号是建筑装饰工程图中独有的符号。当工程图中用立面图表示垂直界面时，就要使用索引符号，以便能确指立面图究竟是哪个垂直界面的立面。

◆ 表示室内立面在平面上的位置及立面图所在页码，应在平面图上使用立面索引符号，见图 1-18。

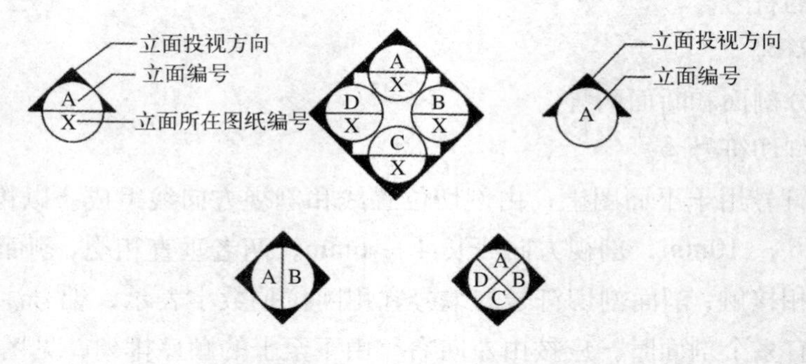

图 1-18　立面索引符号

◆ 表示剖切面在各界面上的位置及图样所在页码，应在被索引的界面图样上使用剖切索引符号，见图 1-19。

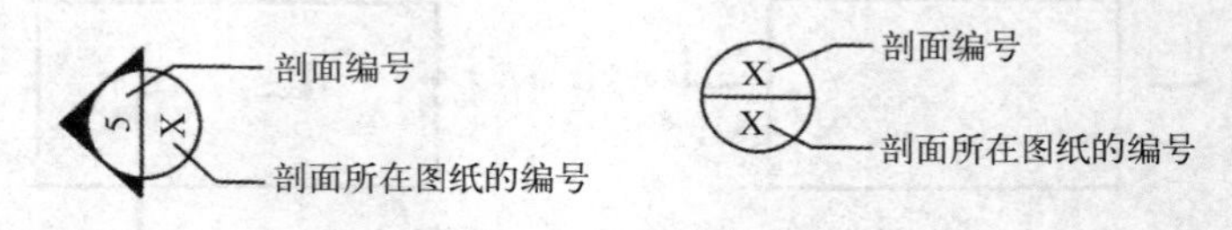

图 1-19　剖切索引符号

◆ 表示局部放大图样在原图上的位置及本图样所在页码，应在被索引图样上使用详图索引符号，见图 1-20。

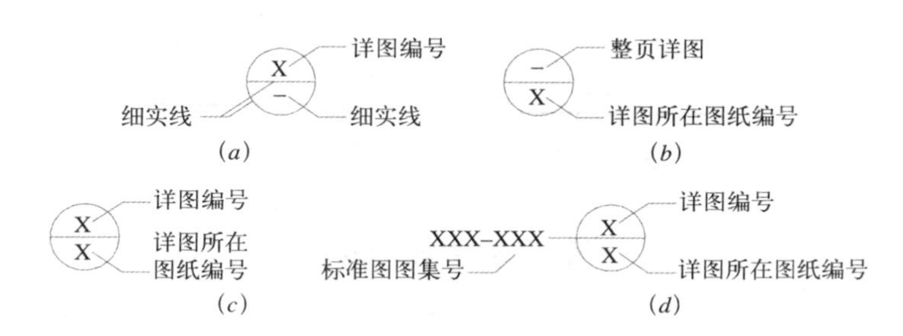

图 1-20 详图索引符号

(a) 本页索引方式；(b) 整页索引方式；(c) 不同页索引方式；(d) 标准图索引方式

◆ 表示各类设备（含设备、设施、家具、灯具等）的品种及对应的编号，应在图样上使用设备索引符号，见图 1-21。

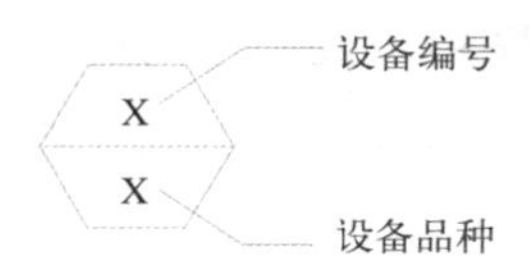

图 1-21 设备索引符号

(3) 引出线

引出线是用来标注文字说明的。这些文字，用以说明引出线所指部位的名称、尺寸、材料和做法等。

引出线有三种，即局部引出线、共同引出线和多层构造引出线。

◆ 局部引出线

局部引出线单指某个局部附加的文字，只用来说明这个局部的名称、尺寸、材料和做法。

局部引出线用细实线绘制。一般采用水平或水平方向成 30°、45°、60°、90°的直线，或经上述角度再折为水平线的折线。附加文字宜注写在横线的上方，也可注写在横线的端部，见图 1-22。

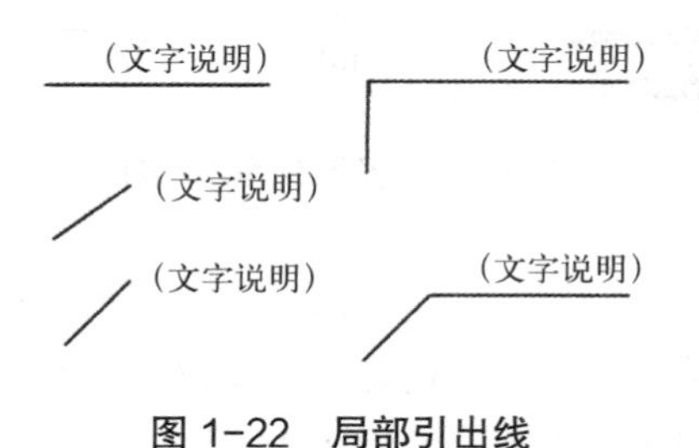

图 1-22 局部引出线

为使图面整齐清楚，用斜线或折线作引出线时，其斜线或折线部分与水平方向形成的角度最好一致，如均为 45°、60° 等。

◆ 共同引出线

共同引出线用来指引名称、尺寸、材料和做法相同的部位。引出线宜互相平行，也可画成集于一点的放射线，见图 1-23。因为，如果一个一个地引出，不仅工作量大，还会影响图面的清晰性。

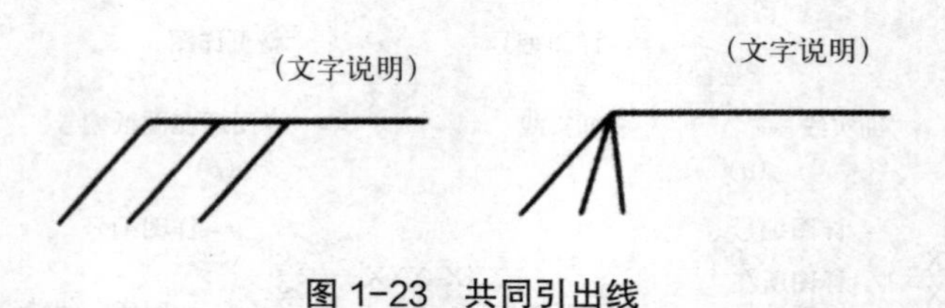

图 1-23　共同引出线

◆　多层构造引出线

多层构造引出线用于指引多层构造物。如由若干构造层次形成的墙面、地面等。

当构造层次为水平方向时，文字说明的顺序应由上至下地标注，即与构造层次的顺序相一致。当构造层次为垂直方向时，文字说明的顺序也应由上至下地标注，其顺序应与构造层次由左至右的顺序相一致，见图 1-24。

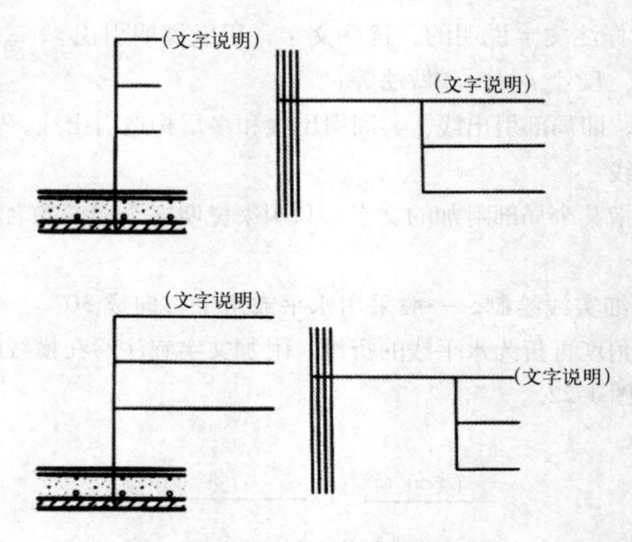

图 1-24　多层构造引出线

(4) 详图符号

详图符号是详图自身编号之用。它是一个用粗实线画的圆，直径为 14mm。圆内只注详图的编号，见图 1-25。

图 1-25　详图符号

3. 其他符号（对称符号、连接符号、转角符号）的规定及表示方法

(1) 对称符号

对称符号由对称线和分中符号组成。对称线用细单点长划线绘制；分中符号用细实线绘制。分中符号的表示可采用两对平行线或英文缩写。采用平行线为分中符号时，应符合现行国家标准《房屋建筑室内装饰装修制图标准》JGJ/T 244－2011 的规定；采用英文缩写为分中符号时，大写英文 CL 置于对称线一端，见图 1-26。

（2）连接符号

连接符号应以折断线或波浪线表示需连接的部位。两部位相距过远时，连接符号两端靠图样一侧宜标注大写拉丁字母表示连接编号。两个被连接的图样必须用相同的字母编号，见图 1-27。

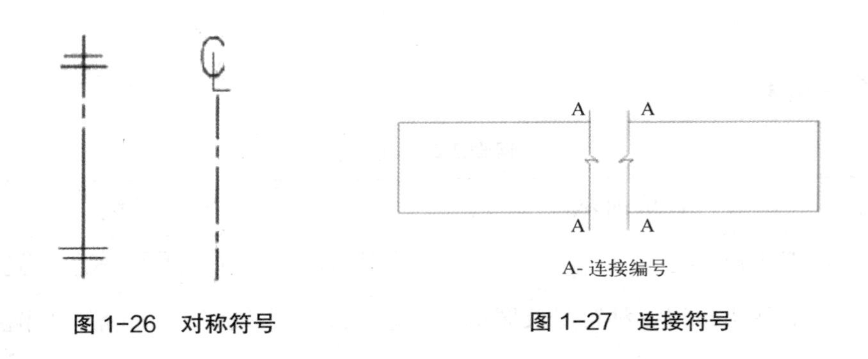

图 1-26　对称符号　　　　图 1-27　连接符号

（3）转角符号

转角符号以垂直线连接两端交叉线并加注角度符号表示。转角符号用于表示立面的转折，见图 1-28。

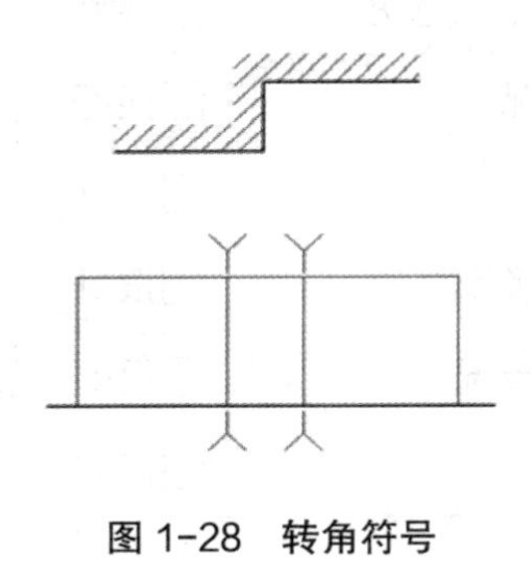

图 1-28　转角符号

课堂活动

装饰施工图基本知识的练习

【任务布置】

根据本项目所讲解的基本内容，结合老师所提供的图纸，进行线型等相关知识的练习。

【任务实施】

请根据上述任务布置，完成以下内容：

1. 试用 1 ∶ 5，1 ∶ 10，1 ∶ 20，1 ∶ 50 等几个比例分别画出实长为 3m 直线段的长度，并加以比较。

2. 在本教材附图中找出两个以上索引符号和构造层次引出线，并阐述该符号的含义。

3. 找出本教材附图中粗实线、细实线、虚线、折断线等线型的用法。

4. 某图纸用 1 ∶ 50 的比例绘制，若比例改为 1 ∶ 100，图样是放大还是缩小？变化了几倍？

【活动评价】

课堂活动评价表

评价方式	评价内容	评价等级
自评（30%）	1. 能积极参与	□很好 □较好 □一般 □还需努力
	2. 能熟练掌握各种符号及图例	□很好 □较好 □一般 □还需努力
	3. 能多角度搜集信息、应用知识	□很好 □较好 □一般 □还需努力
小组互评（30%）	1. 能主动参与和积极配合	□很好 □较好 □一般 □还需努力
	2. 能认真完成各项工作任务	□很好 □较好 □一般 □还需努力
	3. 能听取同学的观点和意见	□很好 □较好 □一般 □还需努力
	4. 整体完成任务情况	□很好 □较好 □一般 □还需努力
教师评价（40%）	1. 小组合作情况	□很好 □较好 □一般 □还需努力
	2. 完成上述任务正确率	□很好 □较好 □一般 □还需努力
	3. 成果整理和表述情况	□很好 □较好 □一般 □还需努力
综合评价		□很好 □较好 □一般 □还需努力

【技能拓展】

选择一套典型的室内装饰装修项目的施工图纸，查找图纸中出现的各种符号，根据所学知识，理解各种符号的含义，并根据各种索引符号，进行立面图、剖面图、详图等查找练习，进一步熟悉各种符号的含义及应用。

项目2 装饰施工图设计说明的识读

【项目概述】

根据国家规定，取消建筑图纸中的“首页”，把原有的设计说明、工程做法、门窗表等三方面的内容统称为“设计说明”。熟悉施工图纸和设计说明书是编制施工图预算的最重要的准备工作。

本项目的学习，拟根据实际装饰装修工程实例，通过完成多个工作任务实现建筑装饰工程图中图纸目录、设计说明、材料表等相关知识的学习和识读技能训练，为后续装饰工程计量与计价以及其他专业课程的学习奠定基础。

任务2.1 图纸目录及设计说明的识读

【任务描述】

本项工作任务，主要通过对装饰施工图中所涉及的图纸目录及设计说明的相关知识的讲解，让学生了解建筑装饰施工图中设计说明与图纸目录的编写内容与方法，掌握装饰施工图设计说明等的识读技巧，为后续施工图识读的学习奠定基础。

通过本工作任务的学习，学生能说出装饰施工图中图纸目录和设计说明的编写内容与编写方法，会通过识读图纸设计说明获取相关信息，能通过图纸目录查阅相关图纸。

【知识构成】

2.1.1 图纸目录的编写内容和编排顺序

1. 图纸目录的编写内容

图纸目录应逐一写明序号、图样名称、图号、档案号和备注等，标注编制日期，并盖设计单位设计专用章。规模较大的建筑装饰装修工程设计，图纸数量一般很大，需要分册装订，通常为了便于施工作业，以楼层或者功能分区为单位进行编制，但每个编制分册都应包括图样总目录。

2. 图纸目录的编排顺序

图纸目录是为了便于工程人员查阅图纸，应编排在施工图纸的最前面。室内设计专业图纸目录包括：新绘图、标准图、重复利用图。

（1）新绘图应该依次按照封面、设计说明（含工程做法、门窗表）、基本图（平面图、天花图、立面图、剖面图）、详图等几方面的顺序进行编排目录。具体如下：

1）施工图设计说明

2）平面图：

①总平面图（室内设计分段示意）；

②各段（区）平面图（简单工程可取消此项）；

③墙体定位图；

④放大平面图（平面布置图）；

⑤地面材料装饰图；

⑥各段（区）顶平面图（也称“天花平面图”）。

3）内视图（立面图、剖面图）

4）详图：

①构造详图；

②配件和设施详图及加工图；

③装饰详图 。

（2）标准图。目前有国家标准图和地区标准图。后者又分为大区标准图和省（市）标准图（均由建设单位或施工单位从相应的供应部门自行购买）选用的标准图，一般应写图册号及图册名称，数量多时可只写图册号。

（3）重复利用图。多是利用本设计单位其他工程项目的部分图纸，随新绘制的图纸再出图。重复利用图纸必须在目录中写明项目的设计号、项目名称、图别、图号、图名，以免出错。

（4）新绘制图、标准图、重复利用图三部分目录之间应留有空格（特别是新绘制图纸的后面），以便以后补充图或者变更图时添加其他图纸。

3. 图纸目录的编写要求

（1）不能把目录编入图纸的序号内。目录内应先列出新绘制的图纸，后列出选用的标准图纸或重复利用图。

（2）目录上的图号、图名要与相应图纸上的图号、图名相一致。结构类型要与结构设计相符合。

（3）顺序号为流水号，不得空缺或重号加注脚码，目的在于表示本子项图纸的实际自然张数。

（4）图号应从“1”开始编排，不应从“0”开始。图号一般不应空缺跳号以避免混乱。

（5）用于相同图名的图纸，图号可以重号但须加注脚码，例如门窗表有多张时，可以编为“2a”“2b”……

（6）变更图或修改图的图号时应加注字码，以表示出与原图的区别。例如：原图图纸局部变更时，可按照整张图纸变更时，可将原图声明作废，在原图图号后加注字码“G”和第几次变更作为新图号，例如：原图号为“20”，第一次变更时新的图号为“20G1”，第二次变更时为“20G2”，以此类推。

（7）总平面图定位图或简单的平面图可编入建施图纸内。复杂者应当另立子项，按总施图自行编号出图，不得将建施图与总图混编在一份目录内。

2.1.2 设计说明的编写内容和编写方法

设计说明主要介绍工程的设计依据、工程概况、材料选择、主要工程做法及施工图未用图形表达的内容等。具体如下：

（1）设计依据：依据性文件名称和文号，如批文、本专业设计所执行的主要法规和所采用的主要标准（包括标准名称、编号、年号和版本号）及设计合同。

（2）工程概况：内容一般应包括建筑名称、建设地点、建设单位、建筑面积、建筑基底面积、项目设计规模等级、设计使用年限、建筑层数和建筑高度、建筑防火分类和耐火等级、人防工程类别和防护等级、人防建筑面积、屋面防水等级、地下室防水等级、主要结构类型、抗震设防烈度等，以及能反映建筑规模的主要技术经济指标等。

（3）材料选择（用料说明和室内外装修）

◆ 墙体、墙身防潮层、地下室防水、屋面、外墙面、勒脚、散水、台阶、坡道、油漆、涂料等处的材料和做法，可用文字说明或部分文字说明，部分直接在图上引注或加注索引号，其中应包括节能材料的说明；

◆ 室内装修部分除用文字说明以外亦可用表格形式表达，在表上填写相应的做法或代号；较复杂或较高级的民用建筑应另行委托室内装修设计；凡属二次装修的部分，可不列装修做法表和进行室内施工图设计，但对原建筑设计、结构和设备设计有较大改动时，应征得原设计单位和设计人员的同意。

(4) 设计标高。工程的相对标高与总图绝对标高的关系。

(5) 对采用新技术、新材料的做法说明及对特殊建筑造型和必要的建筑构造的说明。

(6) 门窗表及门窗性能（防火、隔声、防护、抗风压、保温、气密性、水密性）、用料、颜色、玻璃、五金件等的设计要求。

(7) 幕墙工程（玻璃、金属、石材等）及特殊的屋面工程（金属、玻璃、膜结构等）的性能及制作要求（节能、防火、安全、隔音构造等）。

(8) 电梯（自动扶梯）选择及性能说明（功能、载重量、速度、停站数、提升高度等）。

(9) 建筑防火设计说明。

(10) 无障碍设计说明。

(11) 建筑节能设计说明。

(12) 根据工程需要采取的安全防范和防盗要求及具体措施，隔声减振减噪、防污染、防射线等的要求和措施。

(13) 需要专业公司进行深化设计的部分，对分包单位明确设计要求，确定技术接口的深度。

(14) 其他需要说明的问题。

课堂活动

设计说明的识读练习

【任务布置】

某公寓设计说明具体如下：

某公寓设计说明

一、总说明

1. 本施工图纸的做法、尺寸及材料未经甲方的同意，不得随意改动。施工现场设计变更以甲方文件为主。

2. 设计依据：本装修工程设计及使用材料应符合国家相关标准和规定。

3. 装饰工程施工和验收应严格按照国家现行有关施工和验收标准进行。

4. 施工方在施工前和施工过程中应仔细阅读设计图纸及文字说明，并充分了解施工现场状况，如发现问题，需在图纸会审时提交设计师解答。如在施工过程中发现问题应立即知会设计师解答。

二、设计依据

国家有关建筑装饰工程设计规范、规程：

- ◆《民用建筑设计通则》GB 50352－2005
- ◆《住宅设计规范》GB 50096－2011
- ◆《建筑地面设计规范》GB 50037－2013
- ◆《民用建筑隔声设计规范》GB 50118－2010
- ◆《绿色建筑评价标准》GB/T 50378－2014
- ◆《夏热冬暖地区居住建筑节能设计标准》JGJ 75－2012
- ◆《建筑照明设计标准》GB 50034－2013
- ◆《建筑安全玻璃管理规定》(发改运行 [2003]2116 号)
- ◆《建筑设计防火规范》GB 50016－2014
- ◆《建筑内部装修设计防火规范》GB 50222－2017
- ◆《民用建筑电气设计规范》JGJ 16－2008
- ◆《民用建筑工程室内环境污染控制规范》GB 50325－2010
- ◆《建筑装饰装修工程质量验收规范》GB 50210－2001
- ◆《建筑地面工程施工质量验收规范》GB 50209－2010
- ◆《建筑工程施工质量验收统一标准》GB 50300－2013
- ◆《建筑内部装修防火施工及验收规范》GB 50354－2005
- ◆《建筑电气工程施工质量验收规范》GB 50303－2015
- ◆《建筑给水排水设计规范》GB 50015－2003
- ◆《工业建筑供暖通风与空气调节设计规范》GB 50019－2015

三、设计范围

1. 室内装饰设计范围为某公寓室内装修工程。

2. 不含消防、工程概预算专业设计。

四、材料及做法说明

(一)材料说明

1. 所有材料长、宽应尽量大(除设计尺寸外),以减少驳口,若不可避免时,接缝要全部对齐。施工时应进行现场量度,尺寸有误差应按实际尺寸进行适当调整,如误差过大请与设计师洽商解决。

2. 所有装饰主材见施工图的材料明细表和材料样板。

3. 所有材料必须为品质优良、全新的一级正品,并按材料表品牌、规格及材料样板选用。

4. 如遇货源缺少之材料,代替品必须经建设方和设计方同意方可使用。

5. 所有装饰完成面需干净完整统一,所有钉头隐蔽,不同材料交接位置要处理得干净利落不得用灰或玻璃胶灌缝(防水或防震除外)。

6. 施工时应进行现场量度,实际尺寸有误差应按实际尺寸进行适当调整,如误差过大应与设计师洽商解决。

7. 所有成品或定做装饰灯具需符合设计意图，感应器，监控设备，消防设备等可依现场实际情况做调整。

8. 所有装饰材料如墙地砖、木材及玻璃、布料之色调花样由设计单位提供样板，由甲方认可后封板，对板施工。

9. 所有装饰构件应安装牢固，就位准确，经久耐用。

10. 凡采用的粘结剂应选用着力牢固，经久耐用，且对装饰材料无污染为宜。

11. 正确搭配使用材料，充分发挥和利用其质感、肌理、色彩、材性的特质。

（二）楼地面部分

1. 地面拼装材料填料颜色原则为：浅色的地面用白水泥填缝。

2. 所有地面砖铺贴前 1 ∶ 2.5 水泥砂浆找平层 30mm 厚。

（三）天花部分

1. 除标注外，所有平天花部分均采用热镀锌轻钢龙骨，硅酸钙板底（厚度 6mm/9mm/12mm）。

2. 造型天花部分（包括跌级、灯槽、弧面、拱形等）采用木骨架或定造成型，木骨架应作防火处理，夹板采用防火夹板。

3. 木饰面天花底应作防水、防潮处理。

4. 天花防水涂料应采用乳白色外墙漆涂料作防水、防潮处理。

（四）墙面部分

1. 木饰面应用 12mm 厚防火夹板底或木骨防火夹板底（5mm 夹板底），面粘贴饰面板。

2. 光镜面其镜背贴玻璃防潮纸，镜周边喷防锈剂保护贴膜。

3. 陶瓷块料墙面铺贴前 1∶2.5 水泥砂浆找平层 30mm 厚。

4. 石材块料墙面采用铜线固定，白水泥擦缝。

（五）其他

1. 柜木饰面油叻架 2 度（有具体设计除外）。

2. 所有镜面除标注外均为 6mm 厚，车直边。

3. 所有夹板除标注外均为 12mm 厚。

4. 金属是指玫瑰金不锈钢。

请根据所学基本知识，识读该公寓工程图的设计说明，获取相关信息。

【任务实施】

请根据上述任务布置，以小组合作的形式，完成以下任务：

1. 简述该工程的设计说明包含哪几方面的内容。

2. 说出该工程的设计范围及设计依据。

3. 在该工程的设计说明中，详细说明了哪几部分的材料及做法，并陈述其中某一部分的材料及做法。

【活动评价】

课堂活动评价表

评价方式	评价内容	评价等级
自评（30%）	1. 能积极参与	□很好 □较好 □一般 □还需努力
	2. 能流利叙述设计说明中的内容	□很好 □较好 □一般 □还需努力
	3. 能多角度搜集信息、应用知识	□很好 □较好 □一般 □还需努力
小组互评（30%）	1. 能主动参与和积极配合	□很好 □较好 □一般 □还需努力
	2. 能认真完成各项工作任务	□很好 □较好 □一般 □还需努力
	3. 能听取同学的观点和意见	□很好 □较好 □一般 □还需努力
	4. 整体完成任务情况	□很好 □较好 □一般 □还需努力
教师评价（40%）	1. 小组合作情况	□很好 □较好 □一般 □还需努力
	2. 完成上述任务正确率	□很好 □较好 □一般 □还需努力
	3. 成果整理和表述情况	□很好 □较好 □一般 □还需努力
综合评价		□很好 □较好 □一般 □还需努力

【技能拓展】

某复式公寓装饰施工图目录如图 2-1 所示，请根据所学基本知识，识读该公寓工程图的目录，熟悉图纸目录的编排方法及顺序，了解该套施工图所包含的图纸数量、内容等相关信息。

思考题：

1. 该图纸目录是否符合图纸目录编排的要求？
2. 该目录是按什么顺序编排的？
3. 该套施工图包含哪几部分的图纸？各部分的图纸各有几张，包含哪些内容？

总图号	图纸名称	图号	图幅
01	施工说明		A3
02	主要材料明细表		A3
			A3
			A3
一、	平面图		
	复式下层		
03	（复式下层）平面布置及立面索引图	1P–01	A3
04	（复式下层）家具及立面索引图	1P–02	A3
05	（复式下层）墙体开线及墙身说明图	1P–03	A3
06	（复式下层）天花布置图	1P–04	A3
07	（复式下层）天花大样索引图	1P–05	A3
08	（复式下层）天花开线图	1P–06	A3
09	（复式下层）灯具开线图	1P–07	A3
10	（复式下层）地面材质开线图	1P–08	A3
11	（复式下层）地面材质大样索引图	1P–09	A3
	复式上层		
12	（复式上层）平面布置及立面索引图	2P–01	A3
13	（复式上层）家具及立面索引图	2P–02	A3
14	（复式上层）墙体开线及墙身说明图	2P–03	A3
15	（复式上层）天花布置图	2P–04	A3
16	（复式上层）天花大样索引图	2P–05	A3
17	（复式上层）天花开线图	2P–06	A3
18	（复式上层）灯具开线图	2P–07	A3
19	（复式上层）地面材质开线图	2P–08	A3
20	（复式上层）地面材质大样索引图	2P–09	A3
二、	立面图		
	复式下层		
21	客厅 / 餐厅 1 立面图	1E–01	A3
22	客厅 / 餐厅 2 立面图	1E–02	A3
23	客厅 / 餐厅 3 立面图	1E–03	A3
24	客厅 / 餐厅 4 立面图	1E–04	A3
25	客厅 / 餐厅 5 立面图	1E–05	A3
26	次卧 1 立面图	1E–06	A3
27	次卧 2 立面图	1E–07	A3
28	次卧 3 立面图	1E–08	A3
29	次卧 4 立面图	1E–09	A3
30	储藏间 1/2 立面图	1E–10	A3
31	储藏间 3/4 立面图	1E–11	A3
32	开放式厨房 1/2 立面图	1E–12	A3
33	开放式厨房 3 立面图	1E–13	A3

图 2–1　某复式公寓施工图目录

总图号	图纸名称	图号	图幅
34	玄关 1/2 立面图	1E–14	A3
35	玄关 3 立面图	1E–15	A3
36	卫生间 1/2 立面图	1E–16	A3
37	卫生间 3/4 立面图	1E–17	A3
38	卫生间 5 立面图	1E–18	A3
	复式上层		
39	楼梯间 1 立面图	2E–01	A3
40	楼梯间 2 立面图	2E–02	A3
41	楼梯间 3 立面图	2E–03	A3
42	楼梯间 4 立面图	2E–04	A3
43	衣帽间 / 工作室 1 立面图	2E–05	A3
44	衣帽间 / 工作室 2 立面图	2E–06	A3
45	衣帽间 / 工作室 3 立面图	2E–07	A3
46	衣帽间 / 工作室 4 立面图	2E–08	A3
47	主卧 1 立面图	2E–09	A3
48	主卧 2 立面图	2E–10	A3
49	主卧 3 立面图	2E–11	A3
50	主卧 4 立面图	2E–12	A3
51	主卧 5/6 立面图	2E–13	A3
52	主卫 1/2 立面图	2E–14	A3
53	主卫 3/4 立面图	2E–15	A3
54	主卫 5 立面图	2E–16	A3
三、	剖面图		
55	公寓剖面图	CD–01	A3
56	公寓剖面图	CD–02	A3
57	公寓剖面图	CD–03	A3
58	公寓剖面图	CD–04	A3
59	公寓剖面图	CD–05	A3
60	公寓剖面图	CD–06	A3
61	公寓剖面图	CD–07	A3
62	公寓剖面图	CD–08	A3
63	公寓剖面图	CD–09	A3

图 2–1 某复式公寓施工图目录（续）

任务 2.2 门窗表和材料表的识读

【任务描述】

本项工作任务，主要通过对门窗表和材料表中所涉及的相关知识的讲解，让学生了解门窗表和材料表的相关内容，使学生通过识读门窗表了解门窗表中应反映门窗的类型、大小、所选用的标准图集及其类型编号，和掌握材料表中各种材料的属性和代号，并能在施工图中根据各种材料代号在材料表中迅速找到该种材料。

【知识构成】

2.2.1 门窗表的编写

1. 门窗表的编写内容

门窗表是一个子项目中所有门窗的汇总与索引，目的在于方便施工和厂家制作门窗的设计编号，建议按照材质、功能或特征分类编排，以便于分别加工和增减樘数。

2. 常用门窗的类别代号（表 2-1）

常用门窗的类别及代号　　表 2-1

门的类别及代号			
门的类别	代号	门的类别	代号
木门	MM	门连窗	MLC
钢门	GM	防盗门	FDM
塑料门	SM	防火门	FM
塑钢门	SGM	防火隔声门	FGM
铝合金门	LM	防火卷帘门	FJM
卷帘门	JM		
窗的类别及代号			
窗的类别	代号	窗的类别	代号
木窗	MC	铝合金百叶窗	LBC
钢窗	GC	塑料窗	SC
铝合金窗	LC	防火窗	FC

续表

窗的类别及代号			
窗的类别	代号	窗的类别	代号
木百叶窗	MBC	全玻无框窗	QBC
钢百叶窗	GBC	隔声窗	GSC
塑钢窗	SGC		

3. 门窗表的编写要求

（1）洞口尺寸应与平、剖面及门窗详图中的相应尺寸一致。

（2）各类门窗栏内宜留空格，便于增补。

（3）门窗编号加脚号，一般用于门窗立面及尺寸相同但呈对称者，或者是立面基本相同仅局部尺寸变化者。

（4）各类门窗应连续编号。

（5）工程复杂时，门窗樘数除总数外宜增加分层樘数和分段樘数，这样统计、校核、修改都比较方便。

（6）门窗表的备注内，一般要写以下内容：

参照选用标准门窗时，应注写变化更改的内容；进一步说明门窗的特征，如都为木门，是平开、单项或双向；对材料或配件有其他要求的，如同为甲级防火门但要求为木制，同为铝合金门但要求加写纱门等；书写在图纸上的不易表达的内容，如设有门槛、高窗顶至梁底等。

（7）门窗表外还可以加普遍性的说明，其内容包括门窗立樘位置，玻璃及樘料颜色，玻璃厚度及樘料断面尺寸的确定，过梁的选用、制作及施工要求等。此项内容宜在设计总说明中表述。

2.2.2 材料表的编写内容

装饰工程施工图材料表涵盖设计范围内的建筑装饰所用材料，以材料编号，材料中文名称或英文名称，材料规格、类型、材料使用部位以及做法等组成。材料编号由该材料类型英文编号和该材料属于该类型材料的第几个的数字编号组成，如材料编号“WP-02”，WP 代表墙纸类型的装饰材料，02 代表该材料属于第二种类型的材料。

课堂活动

门窗表与材料表的识读

【任务布置】

某公寓装饰工程的门窗统计表见表2-2，装修材料表见图2-2，请根据所学基本知识，识读该装饰工程门窗表及材料表，获取相关信息。

某公寓门窗统计表　　表2-2

	编号	使用位置	代号	尺寸（mm）	数量	备注
门	M-1	防盗门（大门）	GM	1250×2150	1	外框尺寸
	M-2	楼梯底	MM	700×2000	1	洞口尺寸
	M-3	客厅入次卧	MM	900×2000	1	洞口尺寸
	M-4	客厅出阳台	SGM	1800×2000	1	洞口尺寸
	M-5	次卧入储藏间	MM	800×2100	1	洞口尺寸
	M-6	次卧通往阳台的门	SGM	1800×2000	1	洞口尺寸
	M-7	主卫门洞	SGM	800×2100	1	洞口尺寸
	M-8	主卧通向卫生间门洞	SGM	800×2000	1	洞口尺寸
	M-9	主卧上楼梯门洞	MM	900×2000	1	洞口尺寸
	M-10	主卧通往阳台的门	LM	1800×1800	1	洞口尺寸
窗	C-1	储藏间	SGC	1200×800	1	洞口尺寸
	C-2	主卧	SGC	1200×800	1	洞口尺寸
	C-3	客厅	SGC	1800×800	1	洞口尺寸

区域	使用位置	厂名	类型	规格	型号
入户门夹石	地面	桃花红石	石材	跟门洞宽	水晶面
门廊、后阳台	地面	桃花红石	石材	400×400	荔枝面
	梯级	桃花红石	石材	整块	荔枝面
室内门夹石	地面	英菲米黄石	石材		水晶面
	首层房间地面	欧美	抛光砖	整块	EPK80D102
厨房门夹石（趟门）	地面	英菲米黄石	石材	对缝空间延伸	水晶面
首层客厅、餐厅	地面	欧美	抛光砖	1000×1000	EPK80D102
	地脚线	欧美	抛光砖	120×1000	EPK80D102
首层房间	地面	欧美	抛光砖	600×600	EPK80D102
	地脚线	欧美	抛光砖	120×600	EPK80D102

图2-2　某公寓室内装修材料表

区域	使用位置	厂名	类型	规格	型号
二层以上房间	地面	强化复合地板		805 × 125 × 12	(厂家：现代家居中心老榆木 ED122
	地脚线	跟地板色		80mm 高	
卫生间	墙身	欧美	抛光砖	400 × 800	EPK80X102
	地面	欧美	抛光砖	400 × 400	EPK80X102
	地面波打线	欧美	抛釉砖	100 × 600	EPKB66848
	淋浴区挡水基	银龙白石	石材	80mm 宽	水晶面
	淋浴区地面围边	欧美	抛釉砖	110 × 600	EPKB66848
	卫 2 花洒背墙身围边	英菲米黄石	石材	150mm 宽	水晶面
	卫 2 花洒背墙身	欧美	抛光砖	800 × 800	EPK80X106
	淋浴区地面	欧美	抛光砖	800 × 800	EPK80X106
厨房	墙身	欧美	瓷片	350 × 750	EAM73014
	地面	欧美	抛釉砖	600 × 600	EPKB66848
露台、阳台	地面	欧美	仿古砖	450 × 450	EDA66849
				150 × 450	
	地脚线			150 × 150	
				100mm 高	
储藏室	地面	欧美	仿古砖	600 × 600	EDA66849
	地脚线			100mm 高	
室内楼梯	梯级	英菲米黄石	石材	整块	水晶面
	地脚线	欧美	抛光砖	120mm 高	EPK80D102
	梯级平台	英菲米黄石	石材	800 × 800	水晶面
室内窗台石（厨房、卫生间窗台除外）		英菲米黄石	石材		水晶面
天花	EP-01 乳胶漆 EP-02 防水乳胶漆	华润	乳胶漆		HR0013
墙身	板房为墙纸 货量为乳胶漆 EP-03	华润	乳胶漆		HR1386

图 2-2　某公寓室内装修材料表（续）

【任务实施】

请根据上述任务布置，以小组合作的形式，完成以下任务：

1. 分别说出该别墅门和窗的种类及数量。
2. 说出代号 MM、GM、SGM、LM、SGC 的含义。
3. 对照材料表，简述该工程各部位的装修情况。
4. 叙述该工程地面装饰材料的类型及规格。

【活动评价】

课堂活动评价表

评价方式	评价内容	评价等级
自评 20%	1. 能积极参与	□很好 □较好 □一般 □还需努力
	2. 能熟练说出门窗代号的含义	□很好 □较好 □一般 □还需努力
	3. 能熟练识读材料表	□很好 □较好 □一般 □还需努力
	4. 会用多种方法收集、处理信息	□很好 □较好 □一般 □还需努力
小组互评 40%	1. 能主动参与和积极配合	□很好 □较好 □一般 □还需努力
	2. 能认真完成各项工作任务	□很好 □较好 □一般 □还需努力
	3. 能听取同学的观点和意见	□很好 □较好 □一般 □还需努力
	4. 整体完成任务情况	□很好 □较好 □一般 □还需努力
教师评价 40%	1. 小组合作情况	□很好 □较好 □一般 □还需努力
	2. 完成上述任务正确率	□很好 □较好 □一般 □还需努力
	3. 成果整理和表述情况	□很好 □较好 □一般 □还需努力
综合评价		□很好 □较好 □一般 □还需努力

【能力拓展】

根据图 2-3 某样板房的装修材料表，结合所学知识，进行材料表的识读练习。

思考题：

1. 说出该样板房所使用的装饰材料的种类。
2. 根据表中材料编号说出各种材料的代号。
3. 根据表中各种材料的使用部位，阐述各房间的装修情况。

某样板房精装修材料表

材料编号	材料名称及编号	使用位置	材料编号	材料名称及编号	使用位置
玻璃			木材		
GL 01	钢化清玻璃	客厅隔断	MD 01	实木地板	主卧室地板
GL 02	黑镜	鞋柜背板	MD 02	复合实木地板	次卧室地板
GL 03	茶镜	主卧室背景墙	MD 03	斑马木饰面	木柜子饰面
GL 04	灰镜	客厅电视背景墙造型	MD 04	实木线	木柜子饰线
GL 05	银镜	客厅鞋柜镜面	MD 05	中纤板车花	客厅隔断
GL 06	暗红色镜	多功能房背景墙	MD 06	9 厘夹板	客厅背景墙
石材			MD 07	实木地脚线	卧室地脚线
ST 01	波纹米黄石材	厅地面波打线	MD 08	木方	天花龙骨
ST 02	杭灰石材	客厅地面	MD 09	18 厘大芯板	背景墙板材
ST 03	黑白根石材	客厅地脚线	MD 10	5 厘夹板	背景墙板材
ST 04	爵士白石材	客厅雕塑背景墙装饰线	LP 01	浅斑马木纹防火板	厕所柜板
皮布			FB 01	8 厘硅酸钙板	天花板材
FB 01	浅黄色皮革软包	卧室背景墙	涂料		
吊顶			PT 01	白色 ICI	天花
PS 01	石膏板吊顶系统	部分天花	PT 02	浅灰色机理涂料	部分墙面
PS 02	铝扣板吊顶系统	厕所厨房天花	PT 03	白色外墙防水乳胶漆	厕所天花
PS 03	硅酸钙板吊顶系统	部分天花	PT 04	防潮漆	木柜子背板
PS 04	UV 板吊顶系统	客厅部分天花	墙纸		
PS 05	9+3 厘木夹板吊顶系统	部分天花	WP 01	灰色塑料墙纸	主卧室墙面
不锈钢			WP 02	灰蓝色塑料墙纸	客厅雕塑背景墙
MT 01	香槟金不锈钢	客厅鞋柜	WP 03	棕色皮革墙纸	次卧室墙面
MT 02	镜面玫瑰金不锈钢	墙面装饰线条	瓷砖		
MT 03	拉丝不锈钢	玻璃门门框	CT 01	仿米黄石瓷砖	厕所厨房墙面
MT 04	镜面黑色不锈钢	客厅隔断	CT 02	仿意大利木纹石抛光瓷砖	厕所厨房地板
MT 05	C60 系列龙骨	天花龙骨	CT 03	仿意大利木纹石防滑瓷砖	厕所厨房地板
塑料			CT 04	仿意大利木纹石防滑瓷砖	厕所厨房地板
PL 01	UV 斑马木纹线条	客厅电视背景墙	CT 05	仿深咖网大理石瓷砖	厕所厨房地板
PL 02	UV 斑马木纹板	客厅天花			

图 2-3　某样板房装修材料表

项目 3 装饰施工平面图的识读

【项目概述】

建筑装饰施工平面图是装饰施工图的主要工程图样，其主要用于表示装饰空间布局、空间关系、家具布置、设施设备的位置、地面装饰材料的种类、规格、拼接图案以及天棚造型、天棚装饰、灯具布置等内容，是室内装饰施工、家具和设备制作、购置以及编制装饰工程预算的主要依据。

本项目的学习，拟根据实际装饰装修工程施工平面图，通过完成多个工作任务实现建筑装饰施工平面图识读技能训练以及相关基本知识的学习，为后续装饰工程计量与计价及其他课程的学习奠定基础。

任务 3.1　装饰施工平面图基本知识

【任务描述】

本项工作任务，主要通过对装饰施工平面图中所涉及的基本知识的讲解，让学生了解建筑装饰施工平面图的图纸种类、编排顺序及内容，掌握建筑装饰施工平面图的基本规定及绘制方法，为后续平面图的识读奠定基础。

通过本工作任务的学习，学生能说出装饰施工平面图的图纸种类，会简述各平面图的基本内容，能详述装饰施工平面图的基本规定及绘制方法，并会整理、编排装饰施工平面图。

【知识构成】

3.1.1 平面图图纸种类及编排顺序

装饰施工平面图图纸种类及编排顺序如下：

1. 总平面图
2. 轴线关系及分段（区）平面图
3. 各层平面图
4. 墙体定位平面图
5. 平面布置图
6.（楼）地面终饰平面图（地面铺装图）
7. 顶棚（天花）平面图
8. 平面节点索引图
9. 放大平面图

……

注：图纸种类可根据工程复杂程度增减、合并。

3.1.2 平面图的内容

1. 总平面图

常用比例 1∶500。适用于大型或复杂的工程，主要用于标示在建筑群中室内设计的范围、轴线关系及室内设计分段（区）的示意。应标明分段（区）序号并附有分段（区）使用性质说明。

2. 段（区）平面图及各层平面图

常用比例 1∶100、1∶50。注明定位轴线和轴线编号、门窗位置、编号及定位尺寸、门的开启方向、房间名称或编号等内容。

注：室内设计中为便于工程发包，经常以单一建筑为一段（区）。建筑面积较大时也可按楼层分段（区）或按室内功能空间的性质划分。

3. 墙体定位图

常用比例 1∶150、1∶100、1∶50。适用于对原建筑设计墙体进行调整的工程。主要内容包括墙体位置、墙体材料及厚度，并应标注详细尺寸。图中新砌筑与需拆除的墙体的图例，应有别于原建筑设计墙体的图例。

墙体定位图可按段（区）室内设计平面图绘制，若比例小于 1∶100 表达不清楚，定位尺寸、细部尺寸标注不全，亦可在放大平面图中表示。

4. 平面布置图

常用比例 1∶100、1∶50。明确标注房间分隔、家具、室内设备及室内装饰物的布置摆放。

5.（楼）地面材料终饰图

常用比例 1∶100、1∶50。适用于（楼）地面材料分割复杂的工程，图中应清晰表达（楼）地面材料分块形状、尺寸，不同（楼）地面装饰材料的分界、交接，标注（楼）地面标高。

6. 天棚（天花）平面图（天棚综合平面图）

常用比例 1∶100、1∶50。适用于有吊顶的工程，图中应包括吊顶材料、造型、标高、尺寸及建筑电气、给水排水、暖通空调等相关设施（如风口、灯具、音响、检修口等）的详细定位尺寸、剖切索引等内容。

7. 平面节点索引图

常用比例 1∶200、1∶150、1∶100、1∶50。适用于平面较复杂工程，标注尺寸、文字说明较多、图面布置过密且放大节点较多或多层索引时，则可集中绘制此索引图。主要包括详图、剖视图的索引编号及其所在页次、平面节点详图等内容。

8. 放大平面图

常用比例 1∶30、1∶20、1∶10。各厅室的放大平面图是设计文件不可缺少的重要部分。放大平面图中应全面、准确、清楚地表达厅室中的墙体位置、门窗位置、家具位置、室内设备、活动隔断、屏风、盆栽、地坪标高、地面装饰材料等内容及相关尺寸，平面局部放大索引、立面索引等内容。

3.1.3 平面图的绘制要求

1. 除顶棚平面图外，各种平面图应按正投影法绘制。

2. 平面图宜取视平线以下适宜高度水平剖切俯视所得，并根据表现内容的需要，可增加剖视高度和剖切平面。

3. 平面图应表达室内水平界面中正投影方向的物象，且需要时，还应表示剖切位置中正投影方向墙体的可视物象。

4. 局部放大图的方向宜与楼层平面图的方向一致。

5. 平面图中宜注写房间的名称或编号，编号应注写在直径为 6mm 细实线绘制的圆圈内，其字体大小应大于图中索引文字标注，并应在同张图纸上列出房间名称表。

6. 对于平面图中的装饰装修物件，可注写名称或用相应的图例符号表示。

7. 在同一张图纸上绘制多于一层的平面图时，应按现行国家标准《建筑制图标准》GB/T 50104－2010 的规定执行。

8. 对于较大的房屋建筑室内装饰装修平面，可分区绘制平面图，且每张分区平面图均应以组合示意图表示所在位置。对于在组合示意图中要表示的分区，可采用阴影线或填充色块表示。各分区应分别用大写拉丁字母或功能区名称表示。各分区视图的分区部位及编号应一致，并应与组合示意图对应。

9. 房屋建筑室内装饰装修平面起伏较大的呈弧形、曲折形或异形时，可用展开图表示，不同的转角面应用转角符号表示连接。

10. 在同一张平面图内，对于不在设计范围内的局部区域应用阴影线或填充色块的方式表示。

11. 为表示室内立面在平面图上的位置，应在平面图上表示出相应的索引符号。

12. 对于平面图上未被剖到的墙体立面的洞、龛等，在平面图中可用细虚线连接表明其位置。

13. 房屋建筑室内各种平面出现异形的凹凸形状时，可用剖面图表示。

3.1.4 平面图尺寸的标注

1. 平面图尺寸的标注：分为总尺寸、定位尺寸和细部尺寸三种：

（1）总尺寸：为外轮廓尺寸，是若干定位尺寸之和；

（2）定位尺寸：

◆ 轴线尺寸；

◆ 空间净尺寸；

◆ 建筑物构配件（如墙体、门窗、洞口等）和室内设计装饰部件、固定家具、设施（如厨具、洁具等）确定位置尺寸。

（3）细部尺寸：建筑构配件、室内设计装饰部件、固定家具、设施的详细尺寸。在一段定量尺寸内进行等分，不必标出每个等分单元的具体尺寸，可用“EQ”表示。

2. 平面图尺寸标注的简化

（1）定位尺寸的简化：定位尺寸在各平面图中表达清晰时，放大平面图中可省略。各层平面墙体位置均相同时，有一层标注，其余各层可省略。

（2）细部尺寸的简化：当细部尺寸在索引的详图（含标准图）中已标注，则各平面图中可省略。若引用的标准图中细部尺寸有多种时，则平面图应标明选用的尺寸。此外，大量重复性的细部尺寸可在附注中注写，不必在图内重复标注。

（3）当已索引局部放大平面图时，在该层平面图上的相应部位，可不重复标注相关尺寸。

（4）平面图尺寸和轴线，如果是对称平面可省略重复部分的分尺寸；楼层平面，除开间跨度等主要尺寸及轴线编号外，与底层相同的尺寸可省略。

（5）室内设计中沿用建筑设计的墙体，只需标注轴线编号及主要尺寸，其做法和细部尺寸可省略。

课堂活动

装饰施工平面图整理及编排练习

【任务布置】

某三层别墅整套装饰工程施工图包含以下各平面图，请结合所学装饰平面图基本知识，整理和编排该装饰工程施工平面图。

图纸名称如下：别墅总平面图、一层平面图、二层平面图、三层平面图、一层平面布置图、二层平面布置图、三层平面布置图、一层墙体开线图、二层墙体开线图、三层墙体开线图、一层天花平面图、二层天花平面图、三层天花平面图、一层地面铺装图、二层地面铺装图、三层地面铺装图、一层灯具开线图、二层灯具开线图、三层灯具开线图。

注：可根据具体情况提供实际装饰工程平面图供学生练习。

【任务实施】

请根据上述任务布置，以小组合作的形式，完成以下工作任务：

1. 查阅所提供的装饰施工平面图，说出该套平面图共有几张，包含哪些类型的平面图。
2. 请根据所学知识，按平面图编排顺序整理该套平面图，并绘制平面图目录。
3. 简述各类平面图包含的基本内容及常用绘制比例。

【活动评价】

课堂活动评价表

评价方式	评价内容	评价等级
自评（20%）	1. 能积极参与	□很好 □较好 □一般 □还需努力
	2. 能说出装饰施工平面图的图纸种类，会简述各平面图的基本内容	□很好 □较好 □一般 □还需努力
	3. 会整理、编排装饰施工平面图	□很好 □较好 □一般 □还需努力
	4. 会用多种方法收集、处理信息	□很好 □较好 □一般 □还需努力
小组互评（40%）	1. 能主动参与和积极配合	□很好 □较好 □一般 □还需努力
	2. 能认真完成各项工作任务	□很好 □较好 □一般 □还需努力
	3. 能听取同学的观点和意见	□很好 □较好 □一般 □还需努力
	4. 整体完成任务情况	□很好 □较好 □一般 □还需努力

续表

评价方式	评价内容	评价等级
教师评价（40%）	1. 小组合作情况	□很好　□较好　□一般　□还需努力
	2. 完成上述任务正确率	□很好　□较好　□一般　□还需努力
	3. 成果整理和表述情况	□很好　□较好　□一般　□还需努力
综合评价		□很好　□较好　□一般　□还需努力

【技能拓展】

1. 知识拓展：平面图标注的补充说明：

（1）重叠窗标注：当在一个空间里的窗分上、下两樘时，窗号可重叠标注。如标注为上 LC01 下 LC02。

（2）门的开启方向标注：门的开启方向应在平面上表示，单扇（或双扇）单面弹簧门与单扇（或双扇）内外开双层门平开门的平面图例相同，卷帘门和提升门的平面图例一样，应依靠编号或文字说明区别。

（3）家具、厨具、洁具平面应标注家具尺寸及距墙尺寸。有固定下水位置要求的洁具应标注下水口距墙尺寸。

（4）房间名称标注：各类建筑的平面均应注明房间名称或编号。

（5）房间面积标注：

◆ 一般工程应标注各房间使用面积。

◆ 住宅单元平面应标注各房间使用面积、阳台面积。

（6）设备设施文字标注：室内设计装饰部件、活动家具、固定家具、设施应有文字注释或编号。

2. 能力拓展：某公寓二层家具开线图如图 3-1 所示，请根据所学知识，完成下列思考题：

（1）该平面图中标注了哪几种尺寸？

（2）说出图中各尺寸分别属于哪一类尺寸？

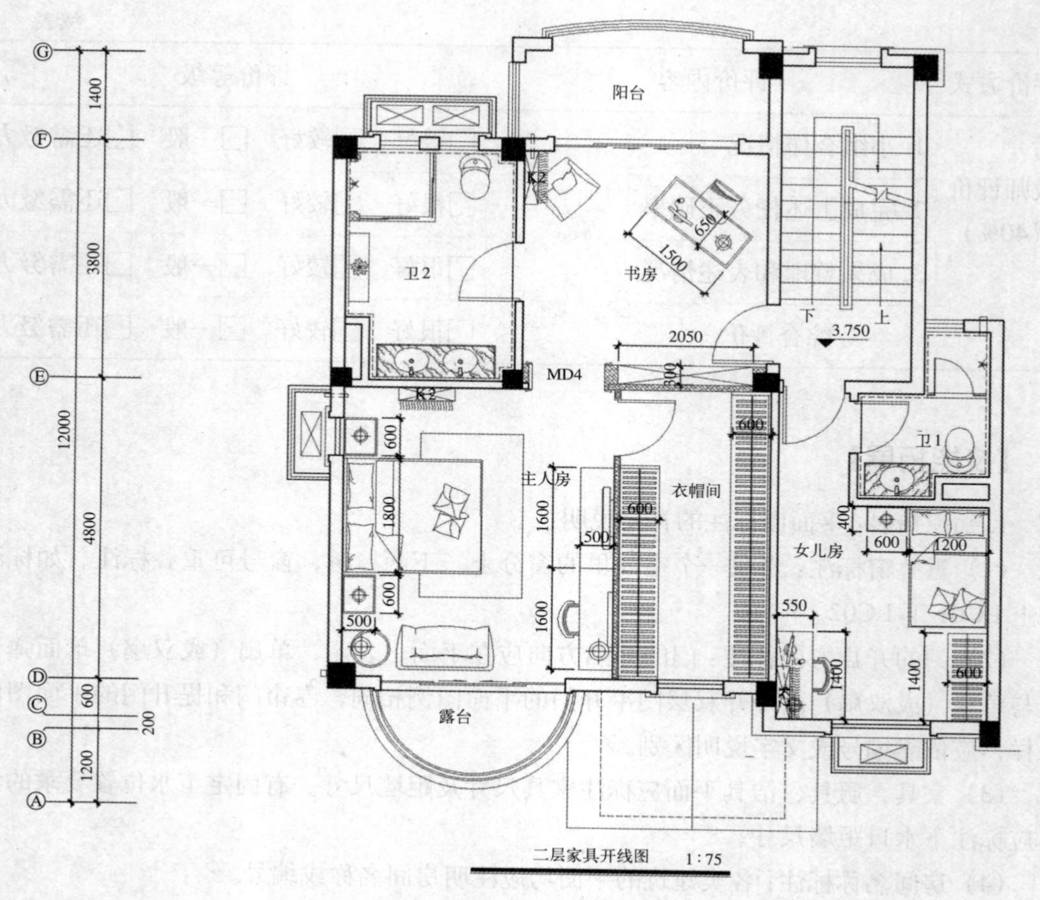

图 3-1 某公寓二层家具开线图

任务 3.2 平面布置图的识读

【任务描述】

本项工作任务，主要以实际装饰工程施工图纸为例，引导学生学会平面布置图的识读及相关知识的学习，并获取相关信息。

通过本工作任务的学习，学生能够根据装饰施工平面布置图说出室内总体布局，能详细描述各装饰空间的陈设、家具、部品部件、设施设备的名称、平面位置、大小、形状以及其与建筑构件之间的关系等，并能准确识读平面图中的各种符号及其代表的含义。

【知识构成】

3.2.1 平面布置图的图示方法

1. 平面布置图的形成

平面布置图是用一个假想的水平面，将建筑物通过门窗洞的位置进行水平剖切，移去上面部分，所得到的水平正投影图，用以表明室内总体布局以及各装饰空间陈设、家具、部品部件、设施设备的平面形状、大小、位置情况以及其与建筑构件之间的关系等。

2. 常用绘制比例

平面布置图的比例一般采用 1∶100、1∶50，内容比较少时采用 1∶200。

3. 常用线型

（1）用粗实线和图例表示剖切的建筑实体断面，并标注相关尺寸，如墙体、柱子、楼梯、门、窗等。为区分轻质隔墙可增加中实线表示。在同一平面中使用的材料种类较多，图例应绘制清楚并标注于图面内。

（2）用细实线表示投影方向所见的建筑构配件，室内设计的楼地面、踏步、电梯及扶梯、窗台、固定家具及设备、设施等，并标注细部尺寸。大开间活动隔断可以用虚线示意位置。如需表示高窗、洞口、通气孔等未剖切部分，则用虚线绘制，并注明尺寸及标高。

（3）非固定设施，如活动家具、设备（如冰箱、洗衣机等）、屏风、盆栽等，在平面图中用细实线绘制，以作为设备工种布置管线的依据。

4. 绘制平面布置图常用图例

（1）常用家具图例

常用家具图例，可按表 3-1 中的图例绘制。

常用家具图例　　表 3-1

序号	名称		图 例	备注
1	沙发	单人沙发		1. 立面样式根据设计自定； 2. 其他家具图例根据设计自定
		双人沙发		
		三人沙发		
2	办公桌			

续表

序号	名称		图 例	备注
3	椅	办公椅		1. 立面样式根据设计自定； 2. 其他家具图例根据设计自定
		休闲椅		
		躺椅		
4	床	单人床		
		双人床		
5	橱柜	衣柜		1. 柜体的长度及立面图根据设计自定； 2. 其他家具图例根据设计自定
		低柜		
		高柜		

（2）常用电器图例

常用电器图例可按表 3-2 中的图例绘制。

常用电器图例　　表 3-2

序号	名称	图 例	备注
1	电视	TV	1. 立面样式根据设计自定； 2. 其他电器图例根据设计自定
2	冰箱	REF	
3	空调	A C	
4	洗衣机	W M	

续表

序号	名称	图 例	备注
5	饮水机	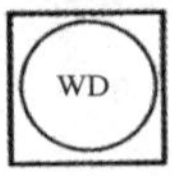 WD	1. 立面样式根据设计自定； 2. 其他电器图例根据设计自定
6	电脑	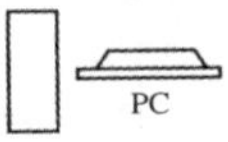 PC	
7	电话	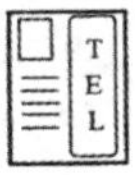 TEL	

(3) 常用厨具图例

常用厨具图例可按表 3-3 中的图例绘制。

常用厨具图例　　表 3-3

序号	名称		图 例	备注
1	灶具	单头灶		1. 立面样式根据设计自定； 2. 其他厨具图例根据设计自定
		双头灶	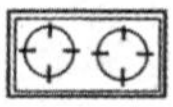	
		三头灶	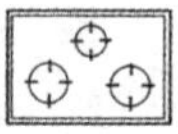	
		四头灶	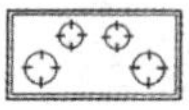	
		六头灶	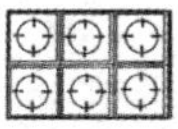	
2	水槽	单盆	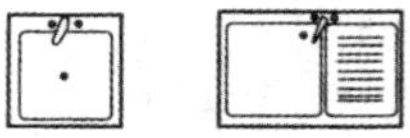	
		双盆	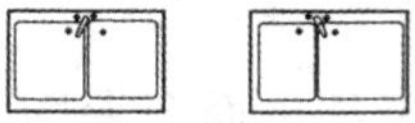	

(4) 常用洁具图例

常用厨具图例可按表 3-4 中的图例绘制。

常用洁具图例　　表 3-4

序号	名称		图例	备注
1	大便器	坐式		1. 立面样式根据设计自定； 2. 其他洁具图例根据设计自定
		蹲式		
2	小便器			
3	台盆	立式		
		台式		
		挂式		
4	污水池			
5	浴缸	长方形		
		三角形		
		圆形		
6	淋浴房			

3.2.2　平面布置图的类型

平面布置图可分为陈设、家具平面布置图、部品部件平面布置图、设备设施布置图、绿化布置图、局部放大平面布置图等。

规模较小的房屋建筑室内装饰装修中陈设、家具平面布置图、设备设施布置图以及绿化布置图，可合并绘制。

一般情况下，房屋的装修平面图可套用原来的建筑平面图进行绘制。但如果房屋各装修空间的内容、材料、色彩和做法差别较大时，从方便施工的角度考虑，应单独绘制各空间的平面图样，并采用相对较大的比例，以便于注写细部尺寸和文字说明。

3.2.3 平面布置图的内容

(1) 平面布置图应标明原有建筑平面图中的柱网、承重墙以及非承重墙的位置和尺寸，主要轴线和编号。

(2) 陈设、家具平面布置图应标注陈设品的名称、位置、大小、必要的尺寸以及布置中需要说明的问题；应标注固定家具和可移动家具及隔断的位置、布置方向，以及规模或橱柜开启方向，并应标注家具的定位尺寸和其他必要的尺寸。必要时，还应确定家具上电器摆放的位置。

(3) 部品部件平面布置图应标注部品部件的名称、位置、尺寸、安装方法和需要说明的问题。

(4) 设备设施布置图应标明设备设施的位置、名称和需要说明的问题。

(5) 规模较小的室内装饰装修中以上各平面布置图可合并。

(6) 规模较大的室内装饰装修中应有绿化布置图，应标注绿化品种、定位尺寸和其他必要尺寸。

(7) 应标注所需的构造节点详图的索引号。

(8) 当照明、绿化、陈设、家具、部品部件或设备设施另行委托设计时，可根据需要绘制照明、绿化、陈设、家具、部品部件及设备设施的示意性和控制性布置图。

(9) 对于对称平面，对称部分的内部尺寸可省略，对称轴部位应用对称符号表示，轴线号不得省略；楼层标准层可共用同一平面，但应注明层次范围及各层的标高。

3.2.4 平面布置图的识读要点及方法

1. 识读图名、比例，认定该图是什么平面图，并了解其结构形式。

由图 3-2 可知，该图为某复式公寓下层平布置图，比例为 1 : 50。其结构形式为框架结构。

2. 了解房间的分隔以及各房间的名称和功能。

由图 3-2 可知，该公寓进门处是玄关，玄关左侧是卫生间，右侧是开放式厨房，与餐厅相连，餐厅正对楼梯间，另一侧与客厅相连，客厅与次卧相邻，次卧和客厅都设有推拉门通往阳台。

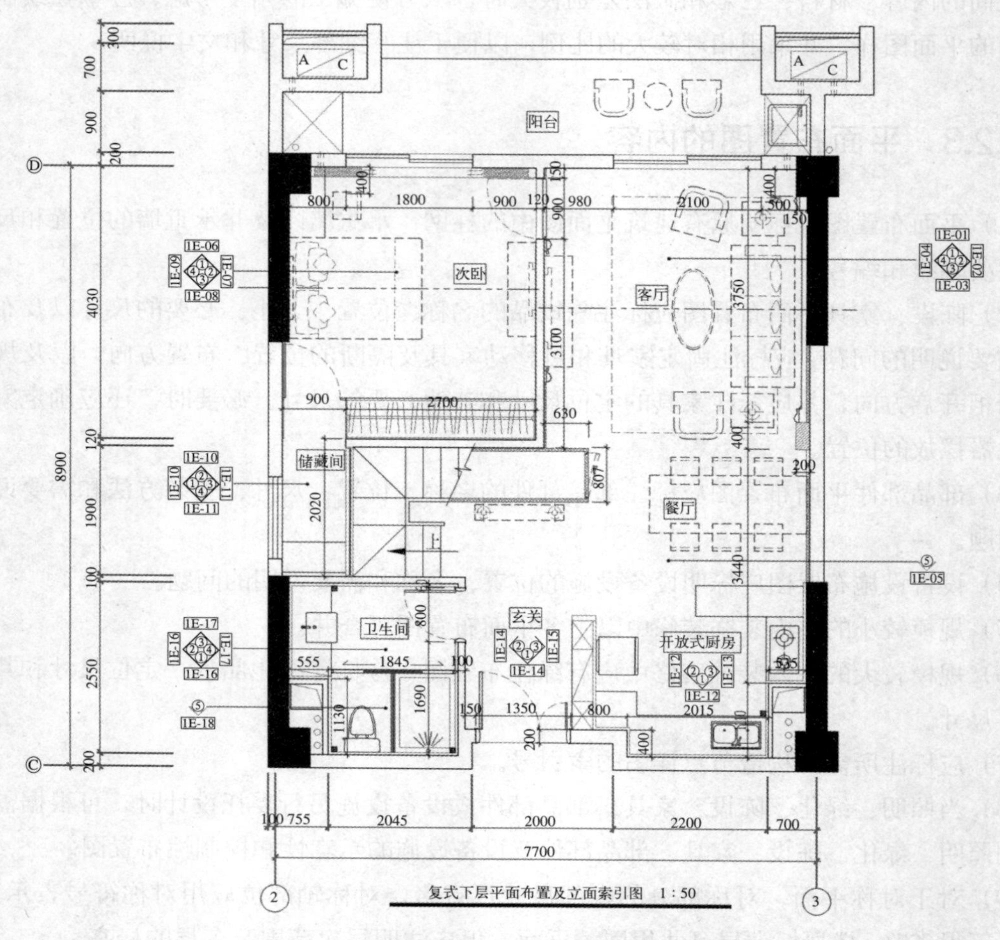

图 3-2 某复式公寓下层平面布置图

3. 识读平面布置图的尺寸标注。

平面布置图中的尺寸内容一般有三种：

（1）建筑结构及构件尺寸，包括定位轴线尺寸、空间净尺寸、墙体厚度等尺寸；

（2）装饰布局和装饰结构的尺寸，即建筑物构配件（如墙体、门窗、洞口等）和室内设计装饰部件、固定家具、设施设备（如厨具、洁具等）确定位置的尺寸；

（3）家具、设备的尺寸。

平面布置图上为了避免重复，同样的尺寸往往只代表性地标注一个，读图时要注意将相同的构件或部件归类。

如图 3-2 所示，该平面②－③轴线尺寸为 7.7m，Ⓒ～Ⓓ轴线尺寸为 8.9m；入口处凹进部分的长度为 2.0m，凹进部分与厨房管道井之间的距离为 2.2m，卫生间净宽为 2.55m；外墙厚 200mm，卫生间与楼梯之间墙厚为 100mm 等。次卧内衣柜距墙边为 0.9m，推拉门距墙边分别为 0.8m 和 0.9m 等。

4. 通过平面图中的图例及文字说明，了解各房间的陈设、家具、设施设备、花卉的摆放位置、大小、数量、规格等。

由图 3-2 可知，客厅右侧布置有一个三人沙发、两个单人沙发、一个椭圆形茶几、两个角几，并铺设了地毯，左侧布置了电视柜等；次卧中摆放了一张双人床、一套桌椅、一个电视柜、一个衣柜等；开放式厨房沿墙布置了地柜，地柜上安置了炉具及洗菜盆，且被管道井隔断，此外，还放置了冰箱；厨房与玄关之间用一中间矮柜、两端高柜的组合柜隔开；卫生间设置了台式洗手盆、坐便器及淋浴设备等。此外，此平面布置图中为了区别可移动家具和固定家具，采用了虚线表示可移动家具，实线表示固定家具。

5. 识读各种符号：在装饰平面图中通常要绘制以下符号：

(1) 标高符号：了解室内各地面的高度关系。

(2) 立面索引符号：表示室内立面在平面上的位置及立面所在图中的编号，后续识读立面图时应与该符号对照。

图 3-2 中，共有八个立面索引符号（内视符号），表示有八个空间绘制了立面图。其中，次卧、客厅、储藏间和卫生间洗手空间是四面内视符号，表示这几个空间的四个立面均有绘制立面图；厨房和玄关是三面内视符号，表示这两个空间有三个立面绘制了立面图；餐厅和卫生间如厕空间是单面内视符号，表示这两个空间只有一个立面绘制了立面图。此外，通过每个内视符号的立面编号和立面所在页次的编号可查找到各立面图。

(3) 剖切索引符号：表示剖切面在界面上的位置或图样所在图纸编号，后续识读剖面图时应与该符号对照。

课堂活动

平面布置图识读

【任务布置】

某别墅各层平面布置图分别如图 3-3 ～图 3-5 所示，请根据所学基本知识，识读该别墅各层平面布置图，获取相关信息。

【任务实施】

请根据上述任务布置，以小组合作的形式，完成以下工作任务：

1. 说出该别墅的层数及结构形式。

2. 简述该别墅各层分别布置了哪几个空间，并分别说出各层房间的名称及大小。

3. 分别说出该别墅的建筑总长度、总宽度、各层楼地面的标高以及客厅、餐厅、厨房、主人房（含衣帽间）、书房、多功能房的开间和进深。

4. 请结合各层的平面布置图，详细叙述该别墅各层房间的家具或设施设备的名称、种类、数量、尺寸及摆放位置等情况。

5. 参考各层的平面布置图以及索引符号，分别说出各层有哪些房间绘制了立面图，该立面图的编号及如何查找；哪些空间绘制了详图，该详图的编号及如何查找。

【活动评价】

课堂活动评价表

评价方式	评价内容	评价等级
自评（20%）	1. 能积极参与	□很好 □较好 □一般 □还需努力
	2. 能熟练识读各平面图，准确说出平面图中的图例、符号及其所代表的意义	□很好 □较好 □一般 □还需努力
	3. 会用多种方法收集、处理各种数据及信息，并能完整叙述出相关内容	□很好 □较好 □一般 □还需努力
小组互评（40%）	1. 能主动参与和积极配合	□很好 □较好 □一般 □还需努力
	2. 能认真完成各项工作任务	□很好 □较好 □一般 □还需努力
	3. 能听取同学的观点和意见	□很好 □较好 □一般 □还需努力
	4. 整体完成任务情况	□很好 □较好 □一般 □还需努力
教师评价（40%）	1. 小组合作情况	□很好 □较好 □一般 □还需努力
	2. 完成上述任务正确率	□很好 □较好 □一般 □还需努力
	3. 成果整理和表述情况	□很好 □较好 □一般 □还需努力
综合评价		□很好 □较好 □一般 □还需努力

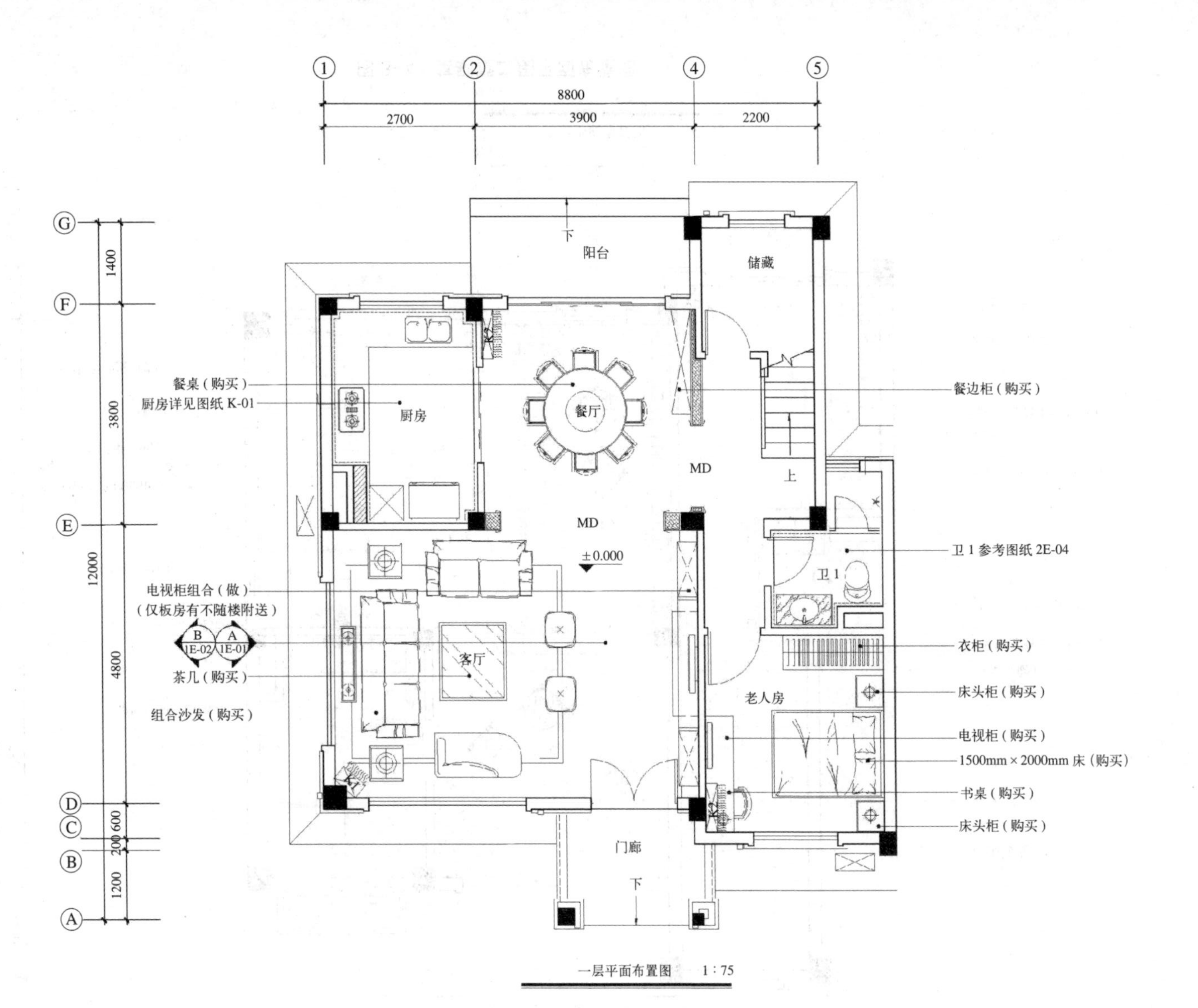

图 3-3　某别墅一层平面布置图

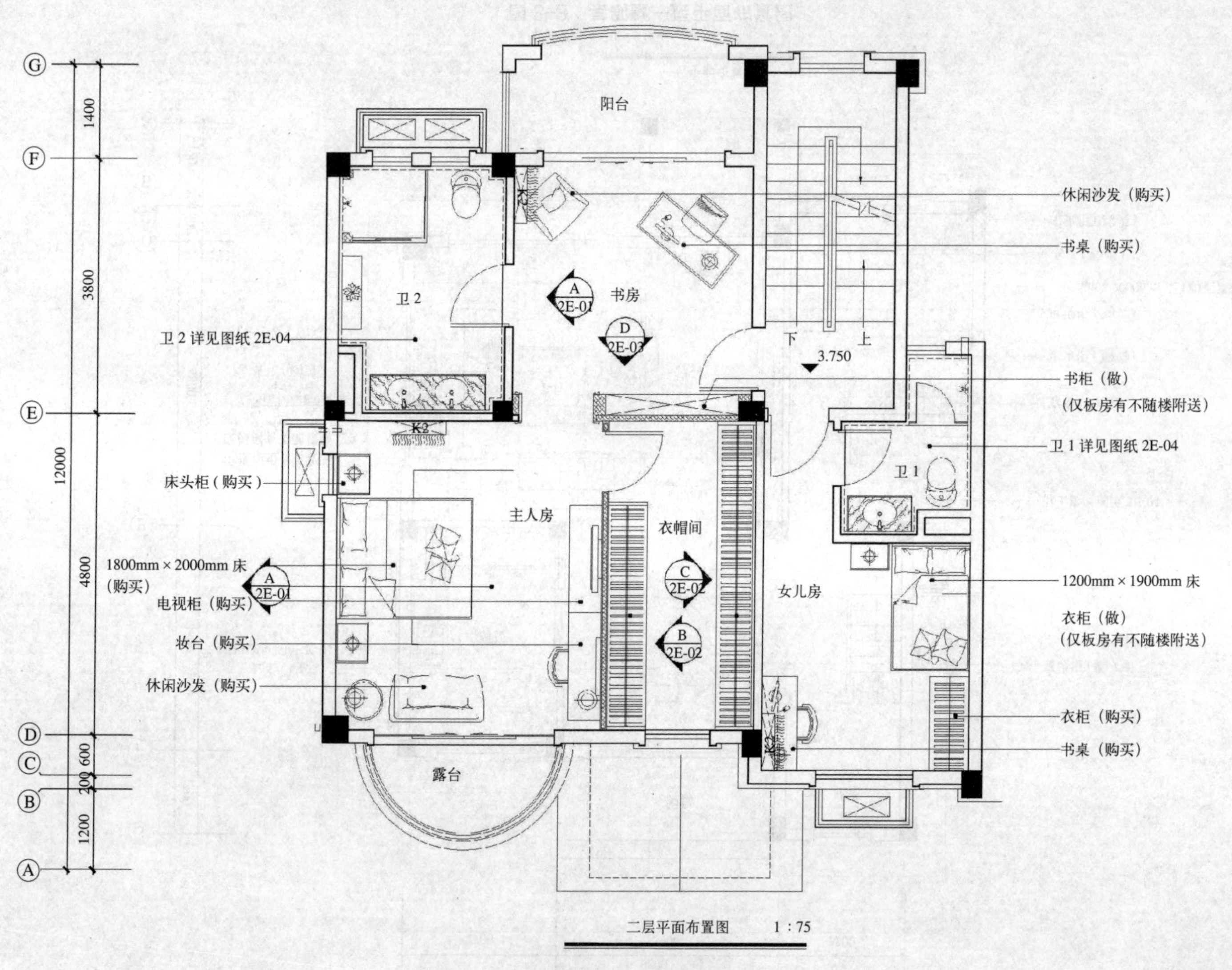

图 3-4　某别墅二层平面布置图

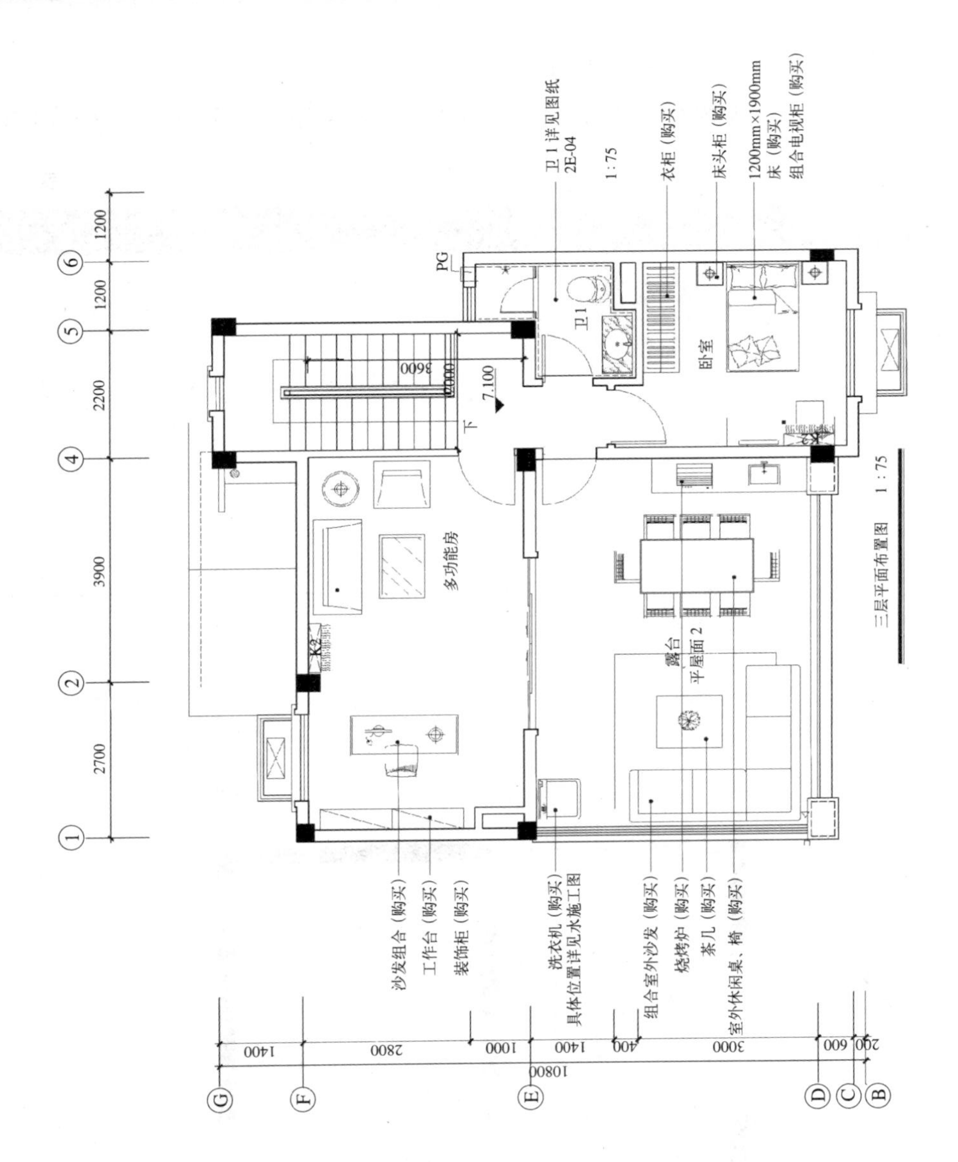

图 3-5 某别墅三层平面布置图

【技能拓展】

根据图 3-6 所示某样板房的平面布置图，结合所学知识，进行平面图的识读练习，并绘制家具和设备清单。

思考题：

1. 读图名、比例，说出该样板房的结构形式和户型。

2. 了解房间整体布局，简述各房间之间的位置关系。

3. 读尺寸，了解各房间开间、进深尺寸，并计算各房间面积。

4. 结合图例及文字说明，了解各房间的陈设、家具、设施设备的摆放位置、规格、数量等，并绘制家具和设备清单，见表 3-5。

5. 看索引符号，了解哪些立面绘制了立面图，并会根据立面索引号查找立面图。

各房间家具和设备清单　　表 3-5

序号	房间名称	面积	家具或设备名称	数量	备注
1	客厅				
2	餐厅				
3	……				

注：具体所需行数根据每个房间的实际情况来定。

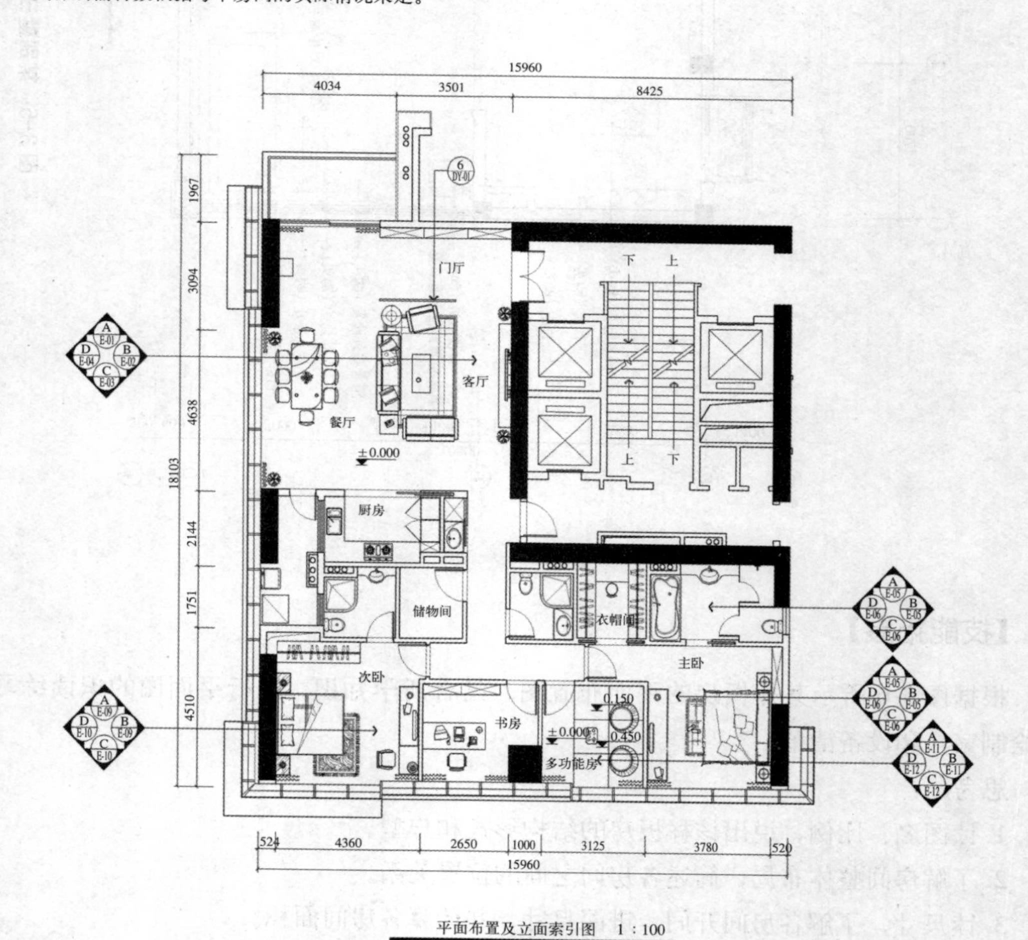

图 3-6　某样板房平面布置图

任务 3.3 地面铺装图识读

【任务描述】

本项工作任务主要以实际装饰工程施工图纸为例，引导学生学会地面铺装图的识读及相关知识的学习，并获取相关信息。

通过本工作任务的学习，学生能够根据地面铺装图准确说出室内地面装饰材料的种类及拼接图案，能找出地面不同材料的分界线，能说出地面装饰的定位尺寸及材料的规格等，并能准确识读平面图中的各种符号及其代表的含义。

【知识构成】

3.3.1 地面铺装图的内容

地面铺装图除应标明原有建筑平面图中柱网、承重墙以及非承重墙的位置和尺寸，主要轴线和编号外，尚应标注下列内容：

1. 地面装饰材料的种类、拼接图案、不同材料的界限；
2. 地面装饰的定位尺寸、规格和异形材料的尺寸、施工做法；
3. 地面装饰嵌条、台阶和梯段防滑条的定位尺寸、材料种类及做法。

3.3.2 地面铺装图常用装饰材料图例

地面铺装图常用装饰材料图例可按表 3-6 所示图例绘制。

地面装饰材料常用图例　　表 3-6

序号	名称	图例	备注
1	混凝土	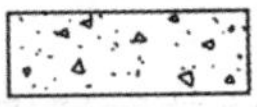	—
2	钢筋混凝土	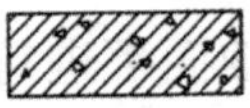	—
3	泡沫塑料材料	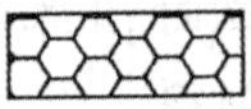	—
4	金属	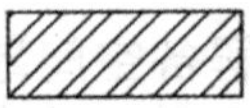	—
5	不锈钢		—

续表

序号	名称	图例	备注
6	液体		注明具体液体名称
7	普通玻璃		注明材质、厚度
8	磨砂玻璃		1. 注明材质、厚度； 2. 本图例采用较均匀的点
9	夹层（夹绢、夹纸）		注明材质、厚度
10	镜面		注明材质、厚度
11	镜面石材		—
12	毛面石材		—
13	大理石		—
14	文化石		—
15	木地板		—
16	马赛克		—
17	地毯		—

注：2、4、5、7、9、12 图例中的斜线、短斜线、交叉斜线等均为 45°。

3.3.3 地面铺装图识读要点及方法

1. 先通读，了解室内各空间地面的装饰情况

从图 3-7 可知，该层所有空间的地面都进行了材料铺装，其中，客厅、餐厅和开放式厨房采用了相同的地面装饰材料，次卧和储藏间也采用了同种装饰材料，而卫生间和玄关及阳台各采用了其他不同的装饰材料。

2. 借助图例及文字说明，详细了解各空间地面装饰材料的品种、规格、色彩及铺装方式等

从图 3-7 可知，玄关地面中间采用 600mm × 600mm 的仿大理石拼花瓷砖，四周采用 600mm × 235mm 的仿深啡网大理石瓷砖；客厅、餐厅和开放式厨房都采用 600mm × 600mm 的瓷砖；次卧和储藏间采用 100mm × 900mm 的复合木地板；卫生间采用 300mm × 600mm 的瓷砖；阳台采用 150mm × 600mm 的瓷砖；所有门槛石和楼梯地面均采用了同种石材。

3. 读标高，了解不同界面高差变化情况

读地面铺装图时需要注意的是：地面铺装图中标高的标注均是以当前楼层室内主体地面高度为 ±0.000 进行标注的，要与建施图中的设计标高 ±0.000 区别开来。

从图 3-7 可知，客厅、餐厅、玄关、开放式厨房、次卧及储藏间铺装后的地面等高，标高为 ±0.000，卫生间地面标高为 –0.01，低于以上地面 10mm；阳台地面低 20mm，标高为 –0.02。此外，还要注意卫生间、厨房和阳台地面由于有地漏，所以铺装地面装饰材料时要有 2% 的坡度，坡向地漏方向。

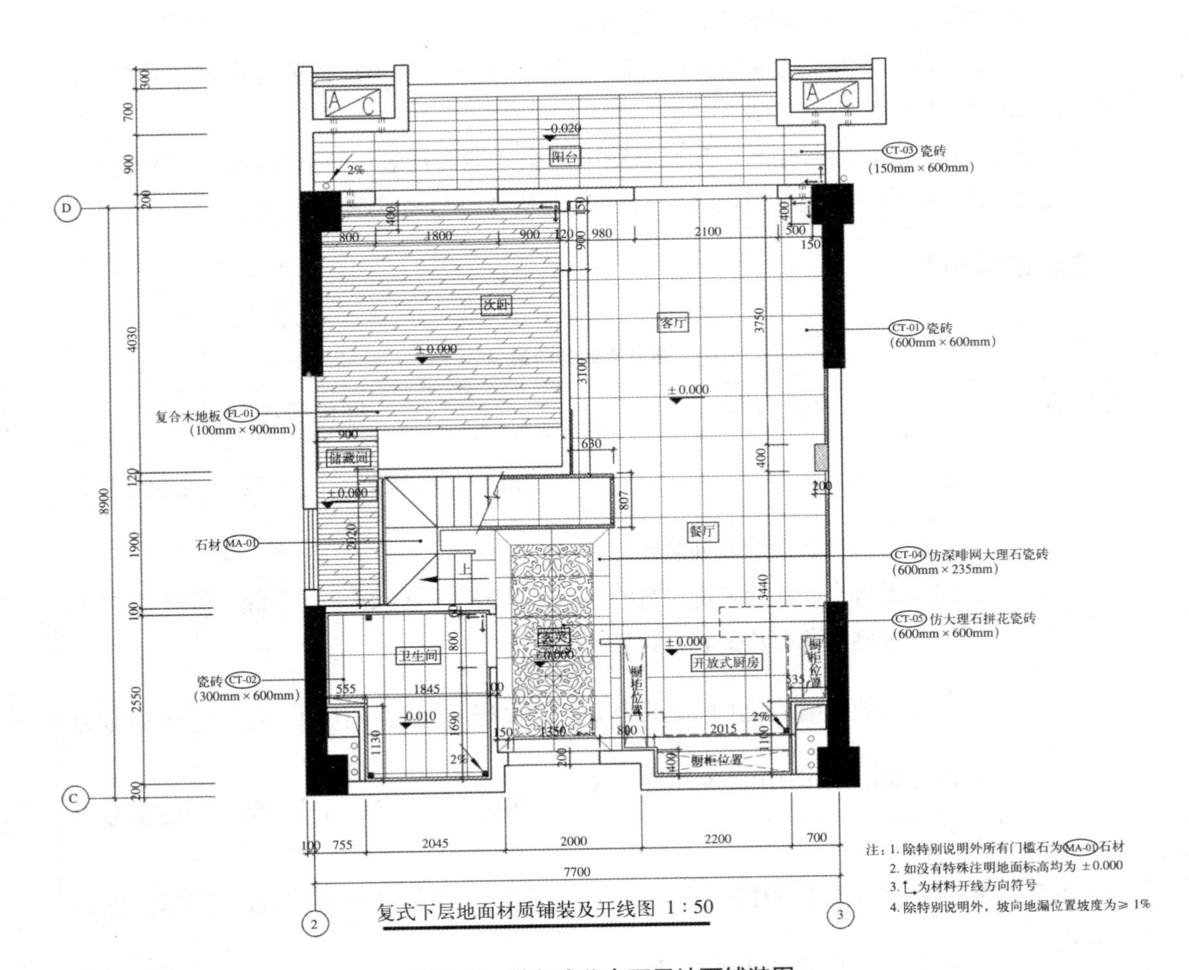

图 3-7 某复式公寓下层地面铺装图

4. 识读各种符号，如剖切符号、详图索引号等

可根据详图索引号查阅该处详图，进一步了解不同界面连接处的地面构造处理。

课堂活动

地面铺装图识读

【任务布置】

某别墅各层地面铺装图分别如图 3-8 ~图 3-10 所示，请根据所学基本知识，识读该别墅各层地面铺装图，获取相关信息。

【任务实施】

请根据上述任务布置，以小组合作的形式，完成以下工作任务：

1. 简述各楼层各室内空间地面的装饰情况。

2. 详细叙述各层各空间地面装饰材料的品种、规格、色彩及铺装方式等，并将上述资料进行整理，绘制装饰材料表。

3. 识读图中各空间地面标高，分楼层说出各空间地面铺装后不同界面高差变化情况。

4. 识读图中各种符号，并说出各符号的类型及该符号所代表的意义。

【活动评价】

课堂活动评价表

评价方式	评价内容	评价等级
自评 （20%）	1. 能积极参与	□很好 □较好 □一般 □还需努力
	2. 能熟练识读各层地面铺装图，准确说出各空间地面装饰材料的品种、规格、色彩及铺装方式等	□很好 □较好 □一般 □还需努力
	3. 能说出地面铺装图中标高的含义	□很好 □较好 □一般 □还需努力
	4. 能准确识读图中的各种符号及其所代表的意义	□很好 □较好 □一般 □还需努力
小组互评 （40%）	1. 能主动参与和积极配合	□很好 □较好 □一般 □还需努力
	2. 能认真完成各项工作任务	□很好 □较好 □一般 □还需努力

续表

评价方式	评价内容	评价等级
小组互评（40%）	3. 能听取同学的观点和意见	□很好　□较好　□一般　□还需努力
	4. 整体完成任务情况	□很好　□较好　□一般　□还需努力
教师评价（40%）	1. 小组合作情况	□很好　□较好　□一般　□还需努力
	2. 完成上述任务正确率	□很好　□较好　□一般　□还需努力
	3. 成果整理和表述情况	□很好　□较好　□一般　□还需努力
综合评价		□很好　□较好　□一般　□还需努力

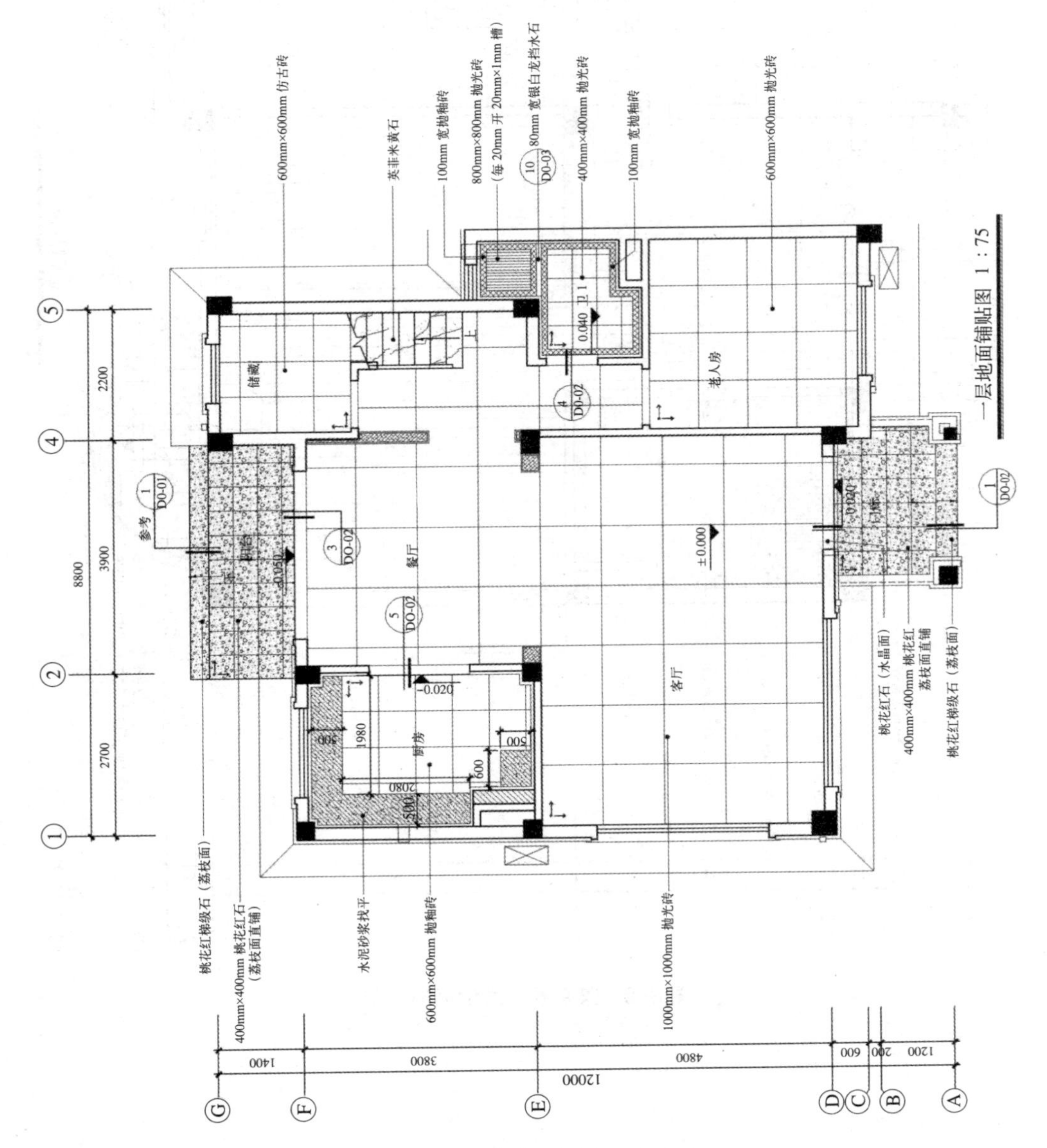

图 3-8　某别墅一层地面铺装图

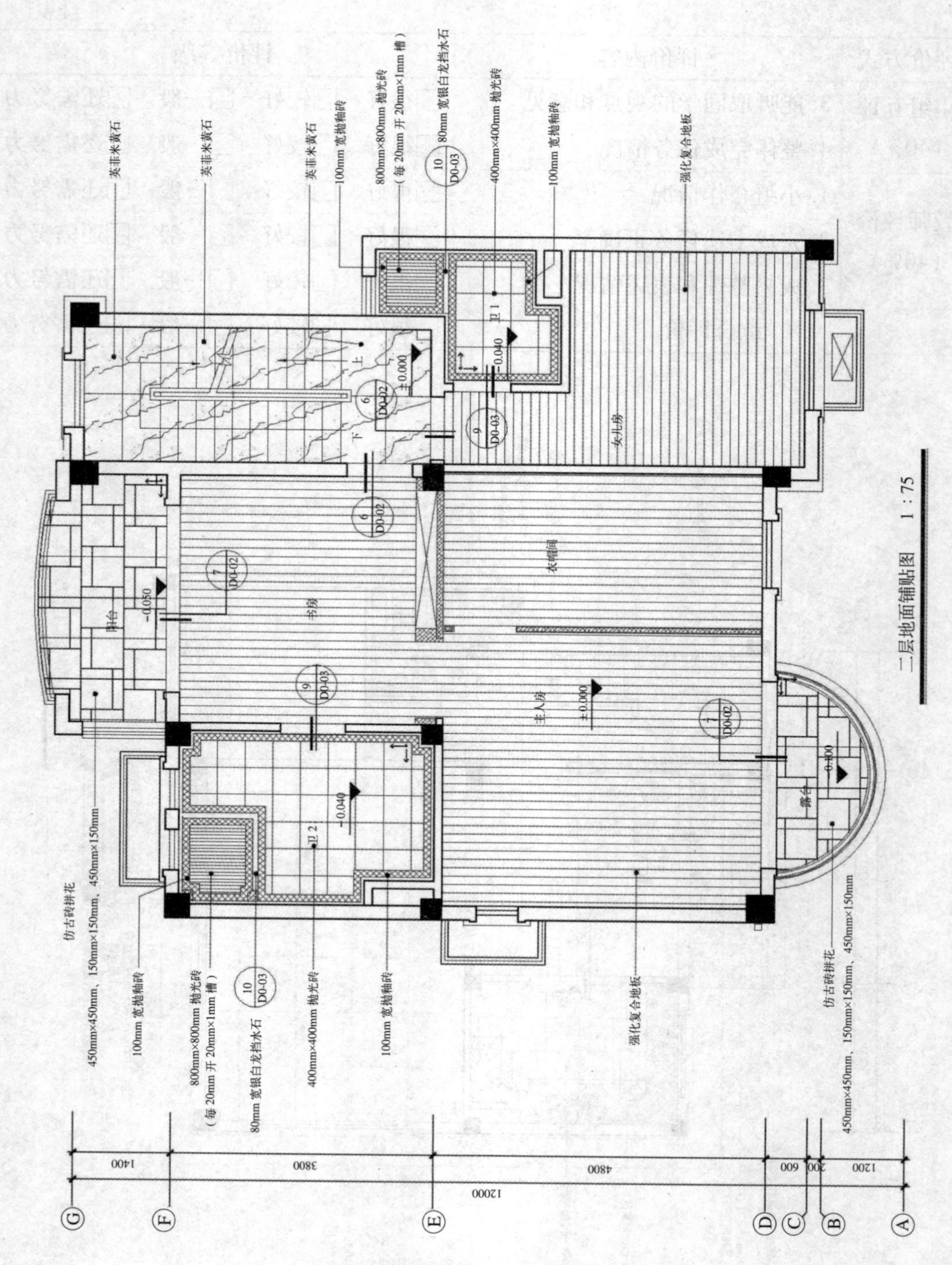

图 3-9　某别墅二层地面铺装图

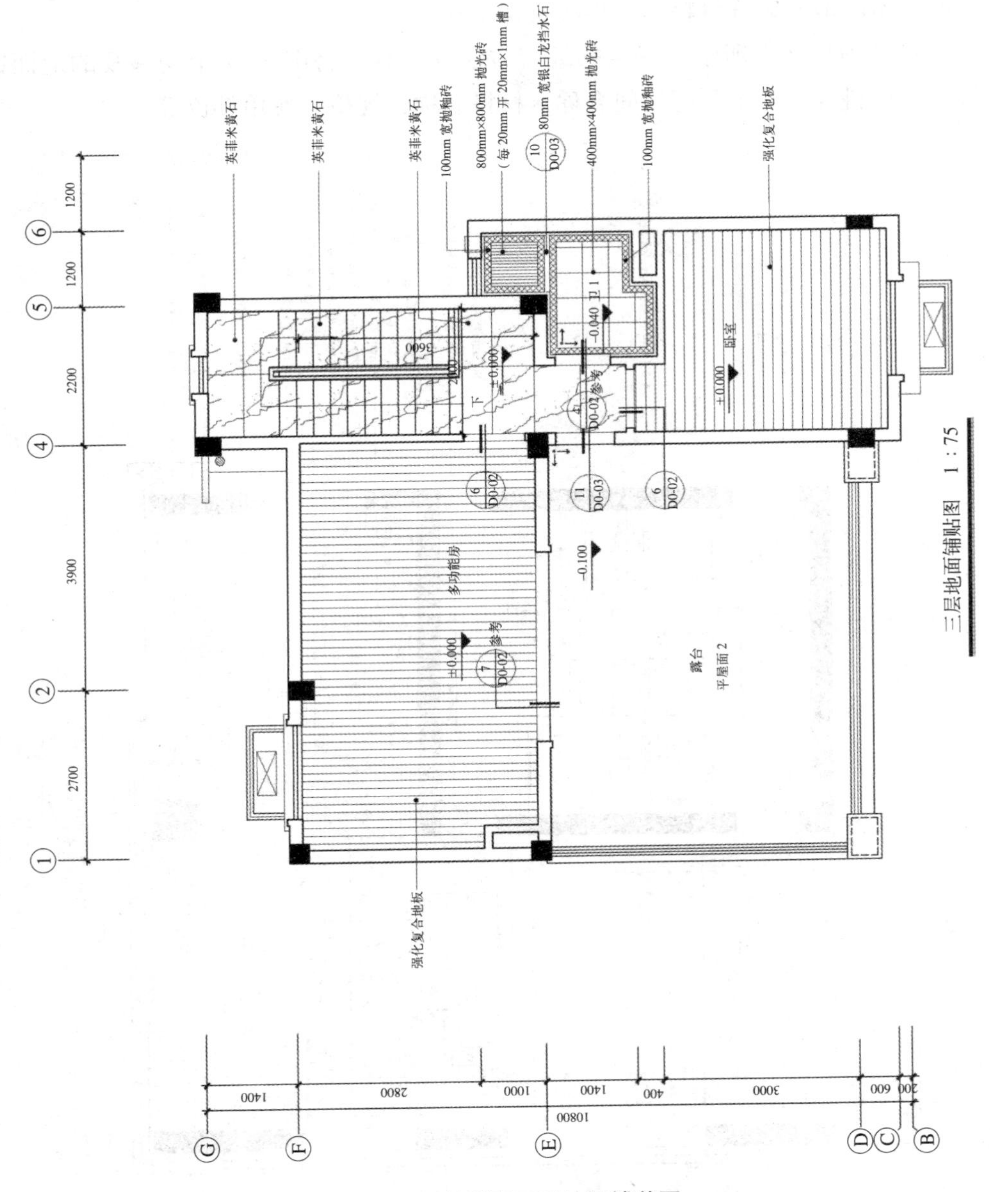

图 3-10　某别墅三层地面铺装图

【能力拓展】

根据图 3-11 某样板房的地面铺装图，结合所学知识，进行地面铺装图的识读练习，并绘制装修材料表。

思考题：

1. 结合图 3-6 样板房平面布置图说出各空间的名称及功能；
2. 简述不同地面装饰材料的种类、规格、色彩及铺装方式；

3. 明确不同地面装饰材料的分界线及文字标注；

4. 可参照项目 2 中所学材料表的编写方法及内容，将图 3-11 中所涉及的地面铺装材料绘制成材料表，要求列明房间名称、材料名称、规格、使用部位等。

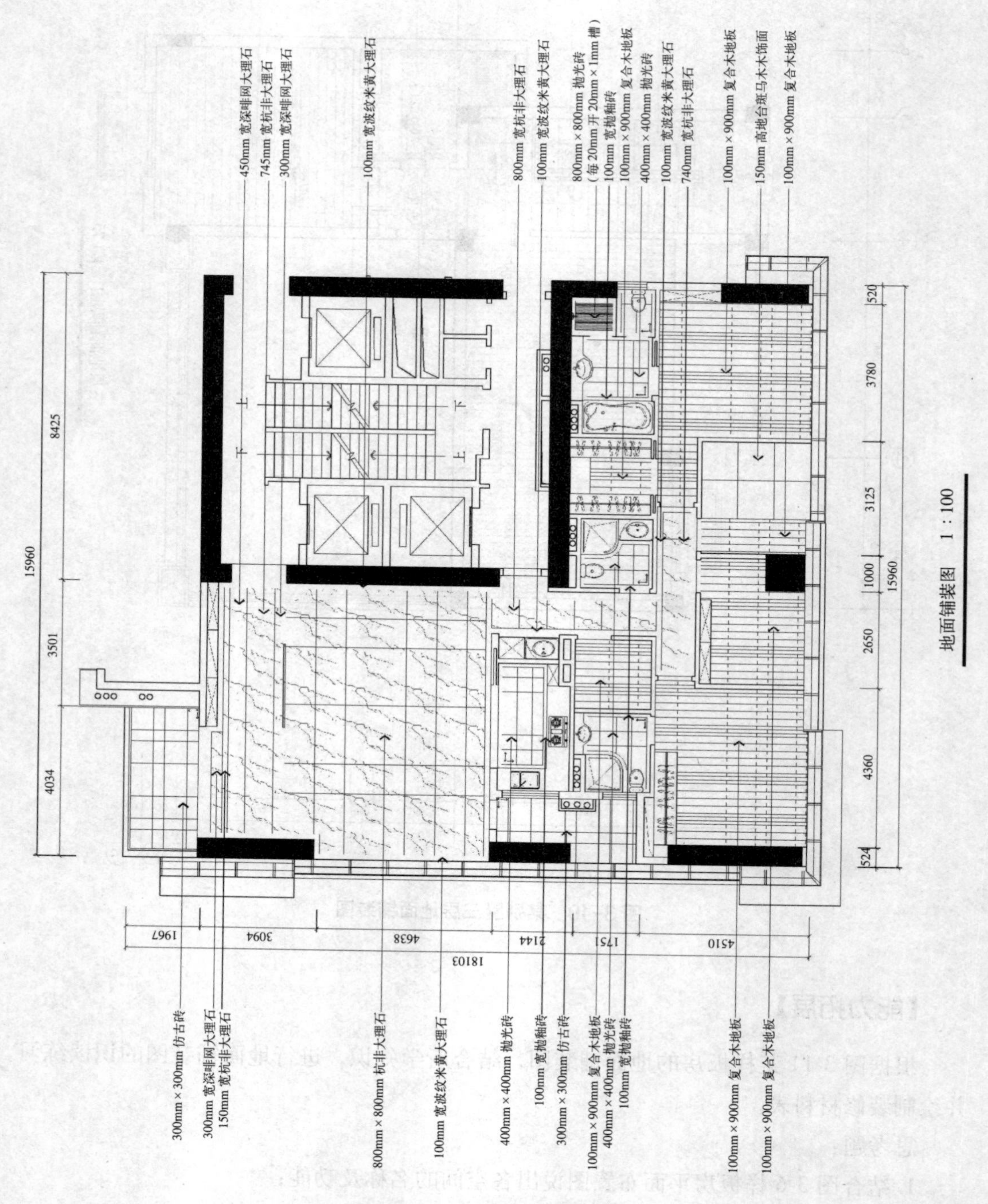

图 3-11 某样板房地面铺装图

任务 3.4　顶棚平面图识读

【任务描述】

本项工作任务，主要以实际装饰工程施工图纸为例，引导学生学会顶棚平面图的识读及相关知识的学习，并获取相关信息。

通过本工作任务的学习，学生能够根据顶棚平面图描述顶棚平面的总体装修情况，能说出顶棚造型、顶棚装饰、灯具布置、消防设施及其他设备布置等内容；会根据顶棚装饰情况，说出装饰材料的种类、规格、定位尺寸及拼接图案，并能找出地面不同材料的分界线；能说出图中顶棚造型与设施设备的位置及尺寸关系等；并能准确识读平面图中的各种符号及其代表的含义。

【知识构成】

3.4.1　顶棚平面图的图示方法

1. 顶棚平面图的形成

（1）顶棚平面图应采用镜像投影法绘制，即将地面视为镜面，对镜中顶棚的形象作正投影而成。因此，其图像中纵横轴线排列应与平面图完全一致，如图 3-12 所示。

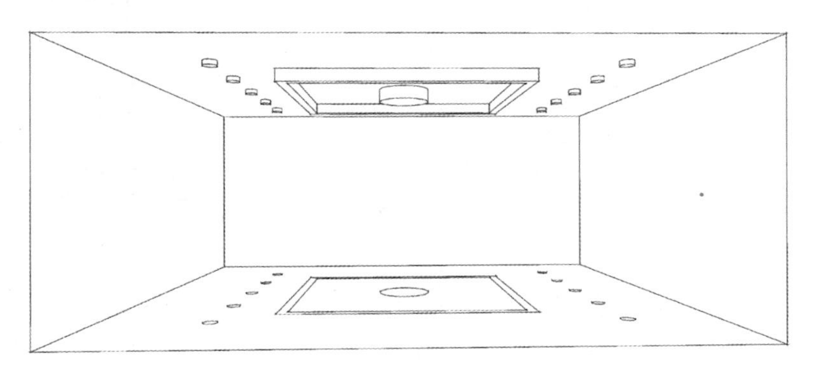

图 3-12　镜像投影法

（2）当装饰装修界面与投影面不平行时，可用展开图表示。

2. 常用线型

（1）顶棚平面图中应省去平面图中门的符号，并应用细实线连接门洞以表明其位置。墙体立面的洞、龛等，在顶棚平面图中可用细虚线连接表明其位置。

（2）墙、柱等建筑实体断面用粗实线和图例表示，其余吊顶造型及材料分割、各专业的设施均用细实线结合图例、文字、尺寸标注。

3. 常用图例

常用灯具图例可按表3-7所示图例绘制。

常用灯具图例 表3-7

序号	名称	图例
1	艺术吊灯	
2	吸顶灯	
3	筒灯	
4	射灯	
5	轨道射灯	
6	格栅射灯	（单头）
		（双头）
		（三头）
7	格栅荧光灯	
8	暗藏灯带	
9	壁灯	
10	台灯	
11	落地灯	
12	水下灯	

续表

序号	名称	图例
13	踏步灯	
14	荧光灯	
15	投光灯	
16	泛光灯	
17	聚光灯	

3.4.2 顶棚平面图的类型

施工图中顶棚平面图应包括装饰装修楼层的顶棚总平面图、顶棚装饰灯具布置图、顶棚综合布点图、各空间顶棚平面图等。

3.4.3 顶棚平面图的内容

1. 顶棚总平面图

（1）应全面反映顶棚平面的总体情况，包括顶棚造型、顶棚装饰、灯具布置、消防设施及其他设备布置等内容；

（2）应标明需特殊工艺或造型的部位；

（3）应标注顶棚装饰材料的种类、拼接图案、不同材料的分界线；

（4）在图纸空间允许的情况下，可在平面图旁绘制需要注释的大样图。

2. 顶棚平面图

（1）应标明顶棚造型、天窗、构件、装饰垂挂物及其他装饰配置和饰品的位置，注明定位尺寸、标高或高度、材料名称和做法；

（2）房屋建筑单层面积较大时，可根据需要单独绘制局部的放大顶棚图，但应在各放大顶棚图的适当位置上绘出分区组合示意图，并应明显地表示本分区部位编号；

（3）应标注所需的构造节点详图的索引号；

（4）表述比较单一的顶棚平面，可缩小比例绘制；

(5) 对于对称平面，对称部分的内部尺寸可省略；对称轴部位应用对称符号表示，但轴线号不得省略；楼层标准层可共用同一顶棚平面，但应注明层次范围及各层的标高。

3. 顶棚综合布点图

应标明顶棚装饰装修造型与设备设施的位置尺寸关系。

4. 顶棚装饰灯具布置图

应标注所有明装和暗藏的灯具（包括火灾和事故照明灯具）、发光顶棚、空调风口、喷头、探测器、扬声器、挡烟垂壁、防火卷帘、防火挑檐、疏散和指示标志牌等的位置，标明定位尺寸、材料名称、编号及做法。

3.4.4 顶棚平面图识读要点及方法

1. 天花（顶棚）布置图识读

(1) 首先了解天花（顶棚）布置图与平面布置图各部分的对应关系。

平面布置图的功能分区、交通流线以及尺度等对顶棚的形式、造型、高度、选材等有着十分密切的关系，只有了解平面的布置情况，才能读懂天花（顶棚）布置图。

例如，要读懂图 3-13 的天花（顶棚）布置图，我们首先要参照图 3-1 的平面布置图，了解每个空间的对应关系及功能，才能更清晰地读懂各空间的天花造型。从图 3-15 可知，该层天花所对应的空间有玄关、开放式厨房、餐厅、客厅、次卧及卫生间等。

(2) 分空间识读天花底面标高，了解各空间天花的造型。

为了便于施工和识读，顶棚底面标高一般标注吊顶距地面实际高度。根据《房屋建筑室内装饰装修制图标准》JGJ/T 244－2011 的规定，标高符号可采用直角三角形，也可采用涂黑的三角形或 90° 对顶角的圆。标注顶棚标高时，也可采用 CH 符号表示，如图 3-13 所示。

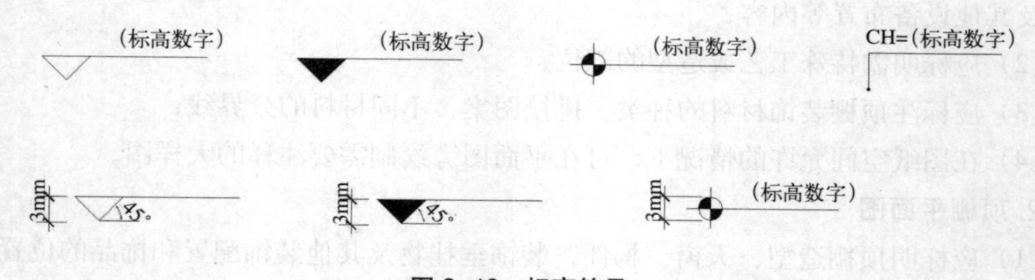

图 3-13　标高符号

如图 3-14 所示，该层原楼板高度为 2.2m，玄关、开放式厨房、餐厅的顶棚高度均是 2.2m，没有做吊顶；次卧顶棚中间的标高是 2.2m，四周做了局部吊顶，标高是 2.1m；而客厅空间与二楼共享，顶棚造型在二层表示。

(3) 通过文字注解及尺寸标注，了解顶棚各部分的尺寸和所用材料的品种、规格及施工要求。

结合图 3-14 及其文字注解可知，该玄关、开放式厨房、餐厅的天花均为扇灰面刷乳胶漆；厨房、洗手间及阳台天花刷防水乳胶漆；次卧天花四周用轻钢龙骨硅钙板做了局部吊顶，面刷乳胶漆，中间用 10mm × 5mm 的玫瑰金不锈钢条做了一边长为 1.8m 的正方形装饰；开放式厨房与餐厅之间也用 10mm × 5mm 的玫瑰金不锈钢条做了一直线装饰。

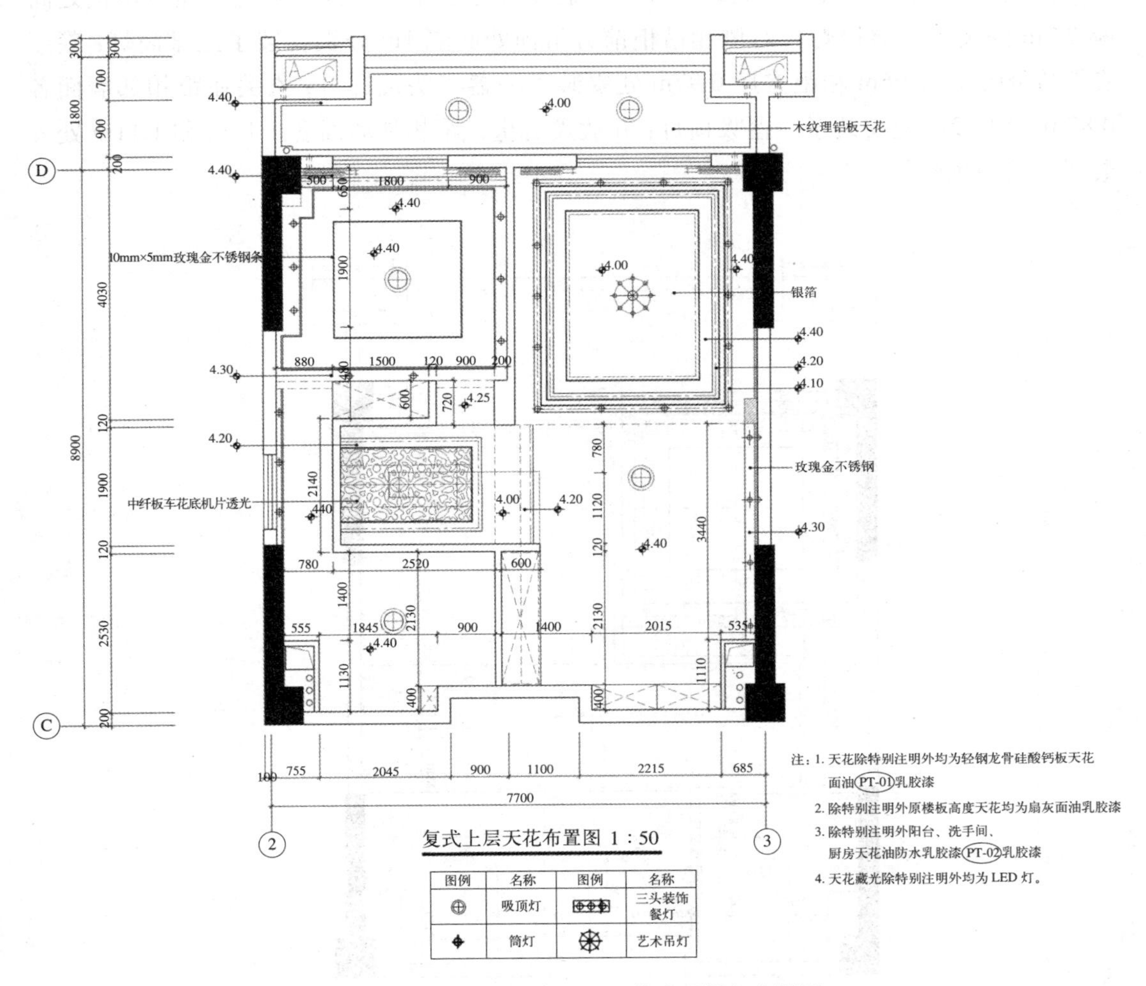

图 3-14　某复式公寓下层天花（顶棚）布置图

（4）通过天花（顶棚）平面图，结合灯具图例，了解顶部灯具和设施设备的品种、规格和数量。

如图 3-14 可知，玄关、开放式厨房、卫生间以及储藏间安装了吸顶灯，次卧中间安装了吸顶灯，四周吊顶部分安装了筒灯，餐厅安装了三头装饰灯。

（5）通过索引符号，结合天花详图，详细了解天花的详细构造。

2. 天花（顶棚）装饰灯具布置图识读

灯具布置图主要反映的是灯具的具体安装位置，大型装饰工程还应标注所有明装和暗藏的灯具（包括火灾和事故照明灯具）、发光顶棚、空调风口、喷头、探测器、疏散和指示标志牌等的位置、材料名称、编号及做法等。因此，灯具布置图的识读比较简单，重点放在识读灯具及有关设备的定位尺寸，了解灯具及设备的具体位置。

如图 3-15 可知，次卧中间的吸顶灯安装在天花造型对中线交点处，左侧吊顶处间隔 0.7m 安装了三盏筒灯，右侧和吊柜前方吊顶处间隔 1m 分别安装了三盏筒灯；餐厅在距左侧墙面 1.06m 和距客厅 0.97m 处安装了一盏三头装饰灯；玄关在距相邻墙面各 0.82m 和 1.12m 处安装了一盏吸顶灯；开放式厨房在距相邻墙面各 1.14m 和 1.11m 处安装了一盏吸顶灯等。

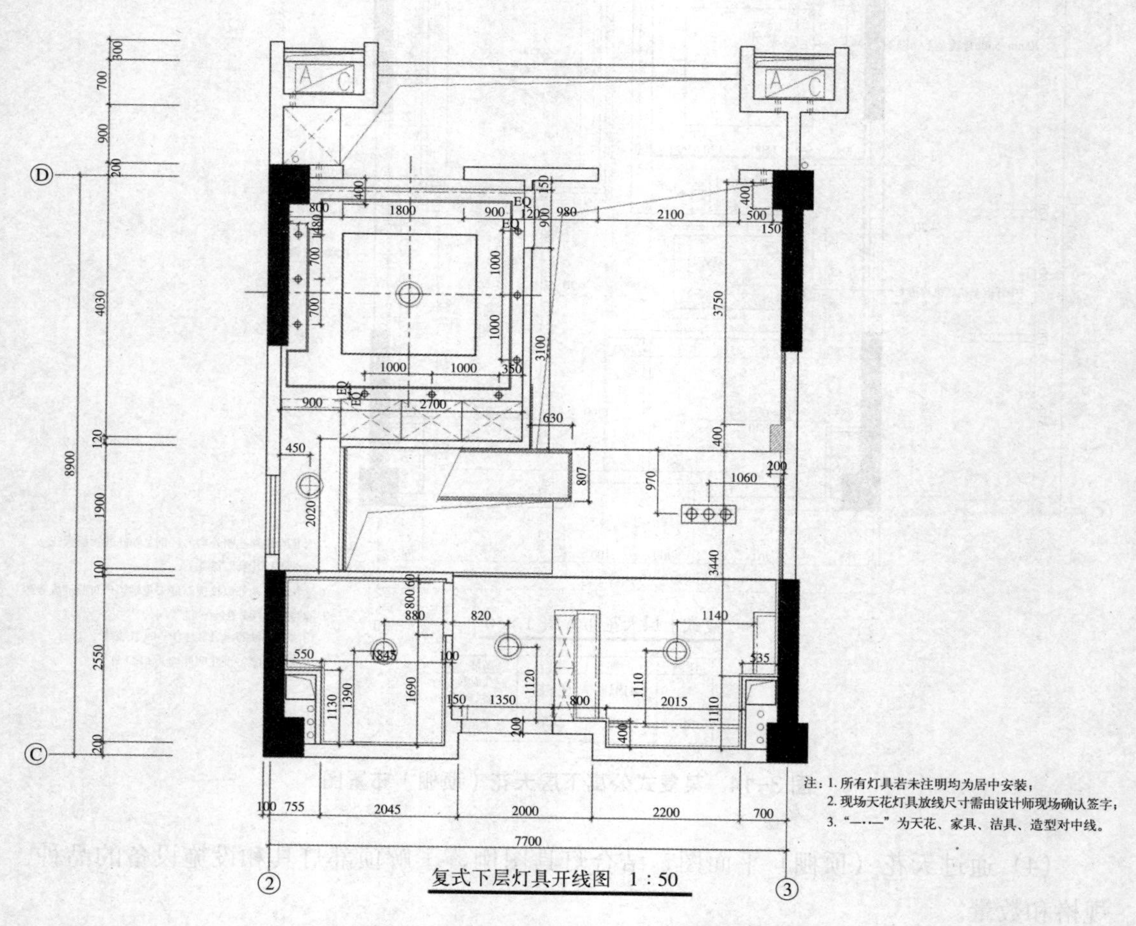

图 3-15 某复式公寓下层灯具布置图

课堂活动

活动 1　天花（顶棚）布置图识读

【任务布置】

某别墅各层天花布置图分别如图 3-16 ～图 3-18 所示，请根据所学基本知识，识读该别墅各层天花布置图，获取相关信息。

【任务实施】

请根据上述任务布置，以小组合作的形式，完成以下工作任务：

1. 结合该别墅各层平面布置图（图 3-3 ～图 3-5），简述各层天花布置图与平面布置图的空间对应关系及各空间的功能特点。

2. 根据图 3-16 ～图 3-18 及图中所给标高，分楼层描述各空间天花的装饰造型。

3. 通过文字注解及尺寸标注，分楼层说出各空间天花的尺寸和所用材料的品种、规格及施工要求。

【活动评价】

课堂活动评价表

评价方式	评价内容	评价等级
自评（20%）	1. 能积极参与	□很好　□较好　□一般　□还需努力
	2. 能熟练识读各层天花布置图，准确说出各空间天花装饰材料的品种、规格、色彩、施工要求等	□很好　□较好　□一般　□还需努力
	3. 能根据图中标高描述天花造型	□很好　□较好　□一般　□还需努力
	4. 能多角度搜集信息、应用知识	□很好　□较好　□一般　□还需努力
小组互评（40%）	1. 能主动参与和积极配合	□很好　□较好　□一般　□还需努力
	2. 能认真完成各项工作任务	□很好　□较好　□一般　□还需努力
	3. 能听取同学的观点和意见	□很好　□较好　□一般　□还需努力
	4. 整体完成任务情况	□很好　□较好　□一般　□还需努力
教师评价（40%）	1. 小组合作情况	□很好　□较好　□一般　□还需努力
	2. 完成上述任务正确率	□很好　□较好　□一般　□还需努力
	3. 成果整理和表述情况	□很好　□较好　□一般　□还需努力
综合评价		□很好　□较好　□一般　□还需努力

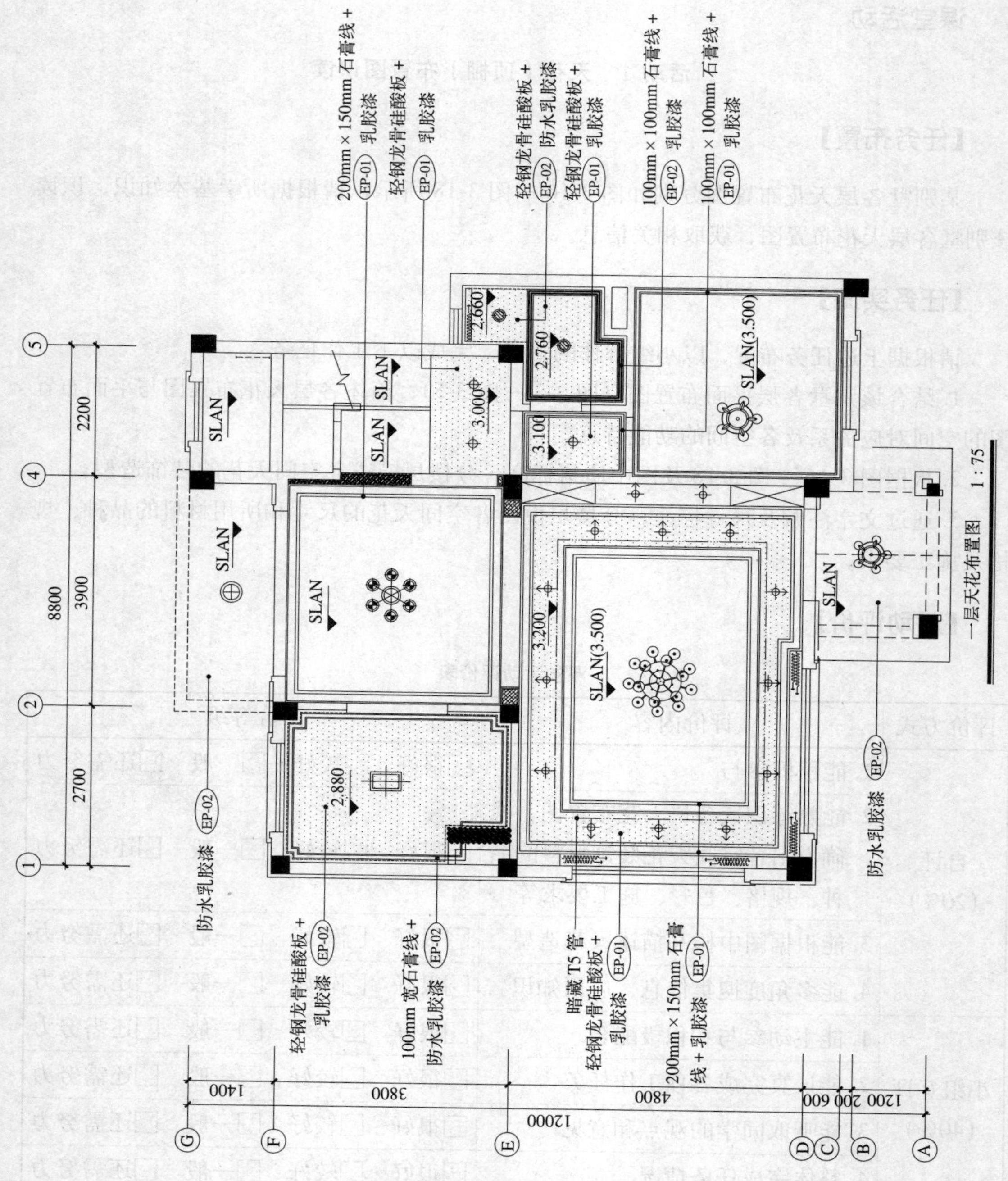

图 3-16　某别墅一层天花布置图

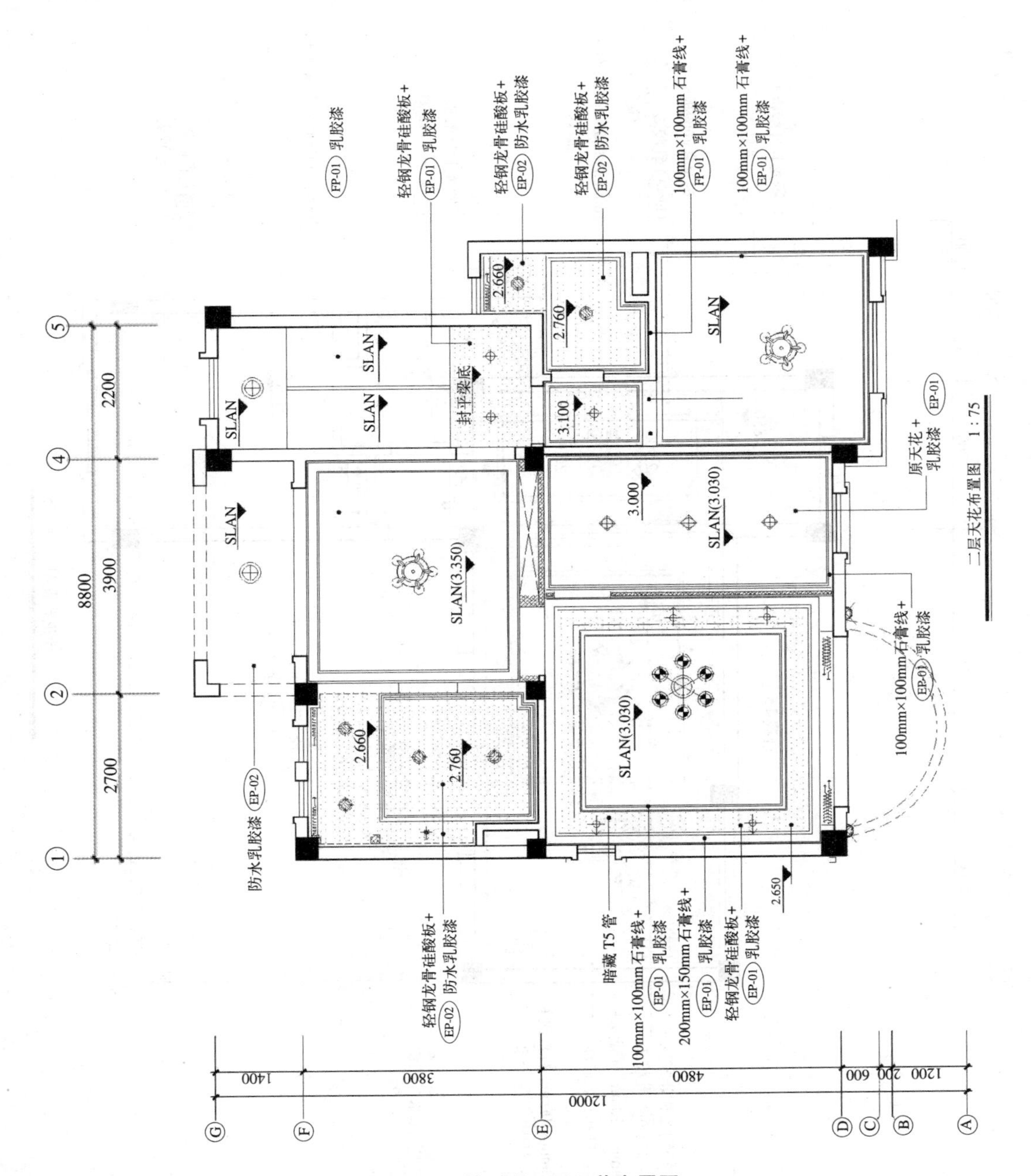

图 3-17　某别墅二层天花布置图

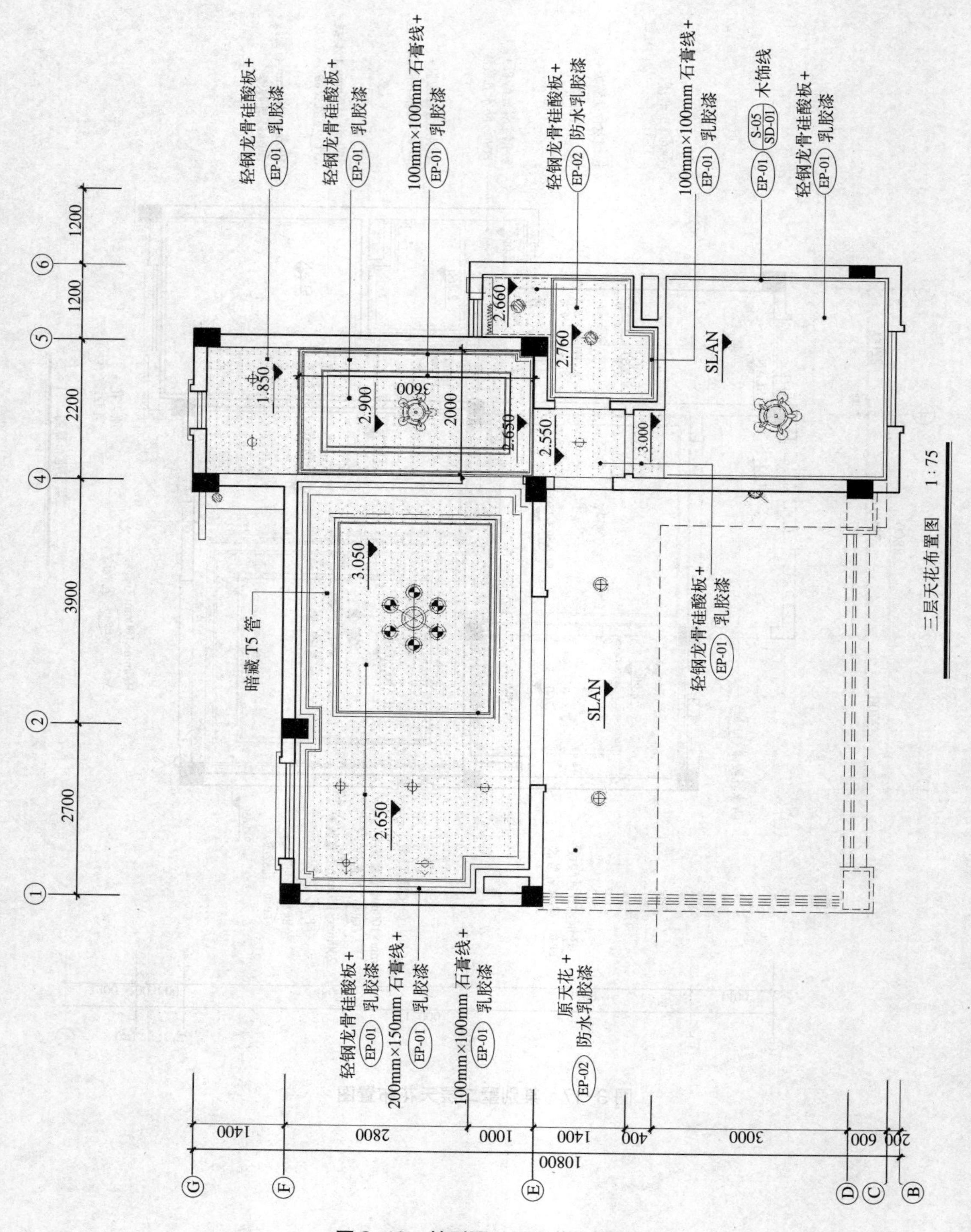

图 3-18 某别墅三层天花布置图

活动 2　灯具布置图识读

【任务布置】

某别墅各层灯具布置图分别如图 3-19 ～图 3-21 所示，请根据所学基本知识，识读该别墅各层灯具布置图，获取相关信息。

【任务实施】

请根据上述任务布置，以小组合作的形式，完成以下工作任务：

1. 结合灯具图例，分楼层简述各空间顶部灯具的名称和数量等。
2. 分楼层读取各空间顶部灯具的定位尺寸，说出灯具的具体安装位置。

【活动评价】

课堂活动评价表

评价方式	评价内容	评价等级
自评（20%）	1. 能积极参与	□很好　□较好　□一般　□还需努力
	2. 能熟练识读各层灯具布置图，准确说出各空间灯具的名称及数量等	□很好　□较好　□一般　□还需努力
	3. 能根据图中尺寸说出各空间顶部灯具的安装位置	□很好　□较好　□一般　□还需努力
小组互评（40%）	1. 能主动参与和积极配合	□很好　□较好　□一般　□还需努力
	2. 能认真完成各项工作任务	□很好　□较好　□一般　□还需努力
	3. 能听取同学的观点和意见	□很好　□较好　□一般　□还需努力
	4. 整体完成任务情况	□很好　□较好　□一般　□还需努力
教师评价（40%）	1. 小组合作情况	□很好　□较好　□一般　□还需努力
	2. 完成上述任务正确率	□很好　□较好　□一般　□还需努力
	3. 成果整理和表述情况	□很好　□较好　□一般　□还需努力
综合评价		□很好　□较好　□一般　□还需努力

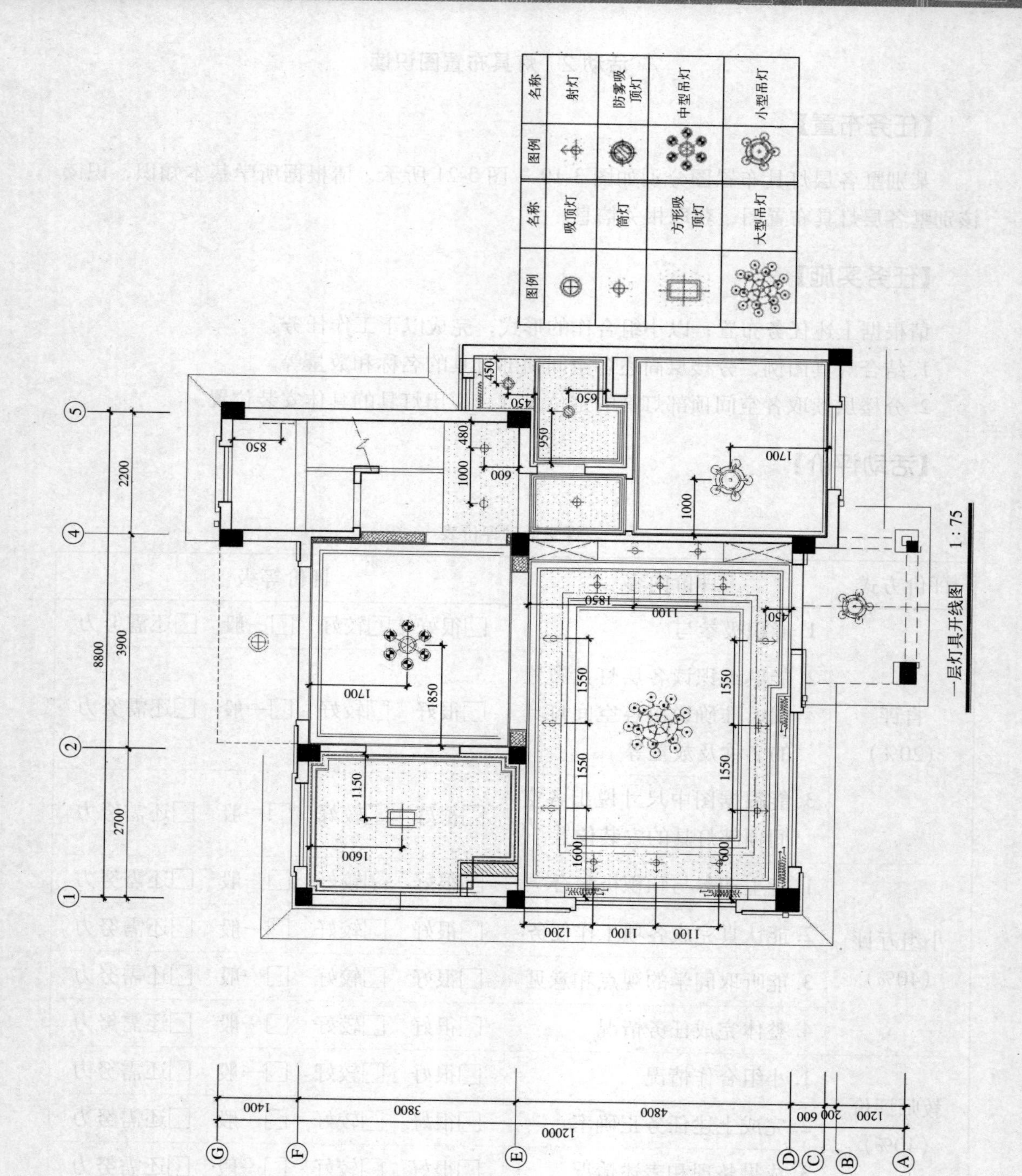

图 3-19　某别墅一层灯具布置图

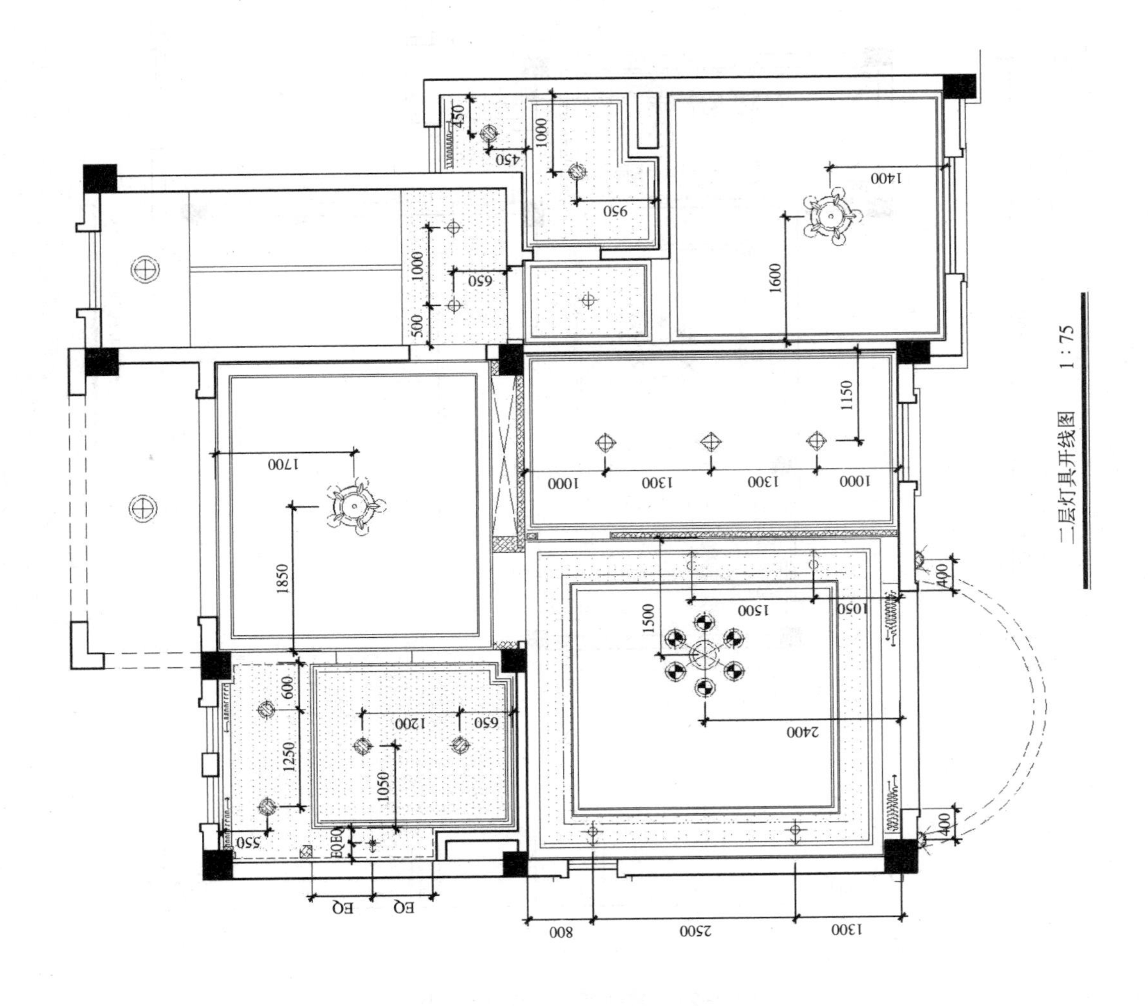

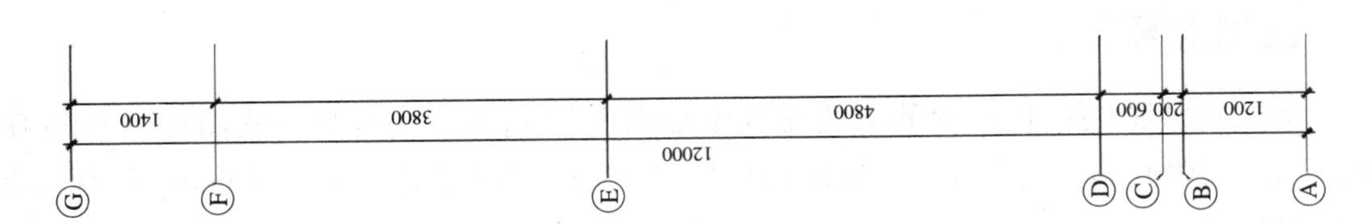

图 3-20　某别墅二层灯具布置图

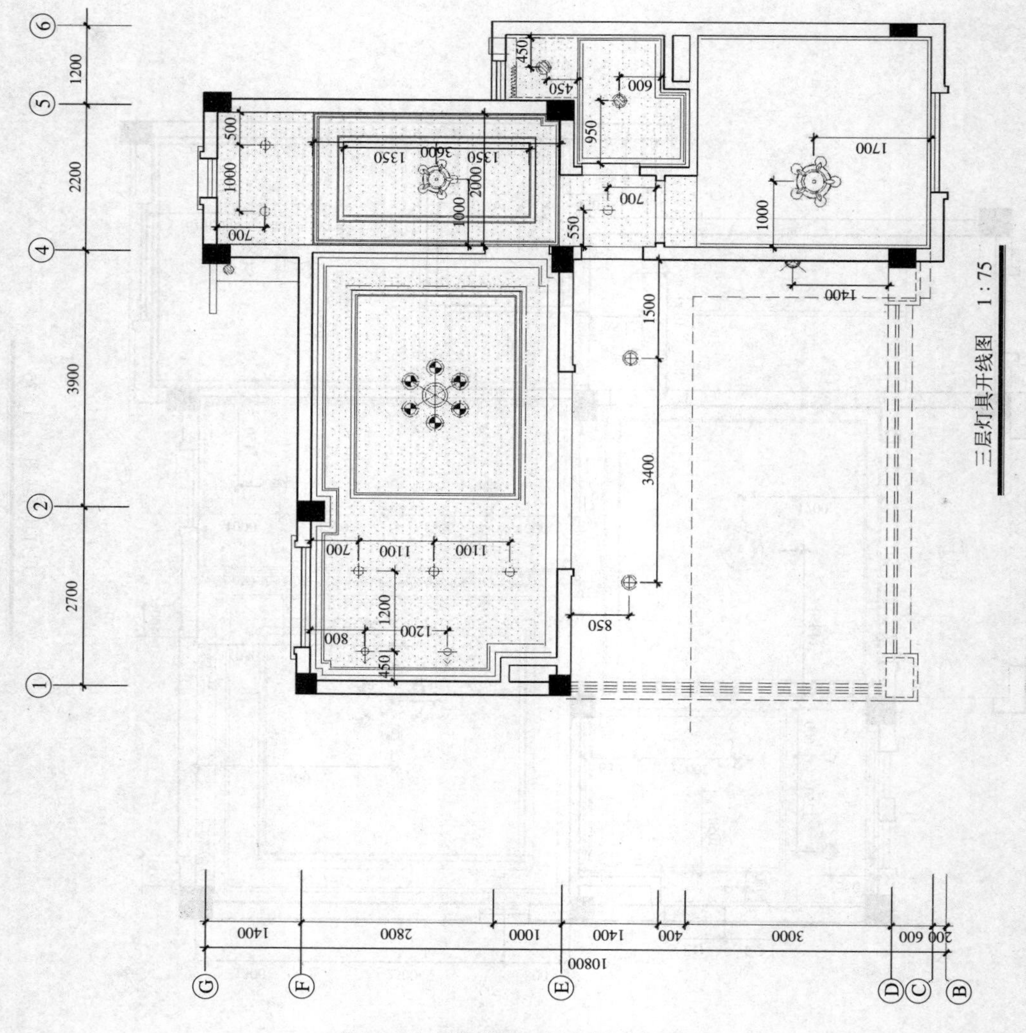

图 3-21 某别墅三层灯具布置图

【技能拓展】

某一户型精装修样板房的天花布置图如图 3-22 所示，其灯具布置图如图 3-23 所示，结合所学知识，进行天花布置图和灯具布置图的识读练习，并绘制天花装修材料表和灯具统计表。

思考题：

1. 说出天花平面图（见图 3-22）与平面布置图（见图 3-6）各部分的对应关系。

2. 根据天花布置图中的标高，简述各空间的顶棚造型。

3. 根据天花布置图中尺寸标注及文字注解，了解顶棚各部分所用材料的品种、尺寸及做法，并绘制天花装修材料表。

4. 根据灯具布置图（图 3-23），了解顶部灯具的品种、规格、数量，编写灯具统计表。编写灯具统计表时，要求列明灯具的名称、使用位置（房间名称参考图 3-6 该户型平面布置图）、数量等。

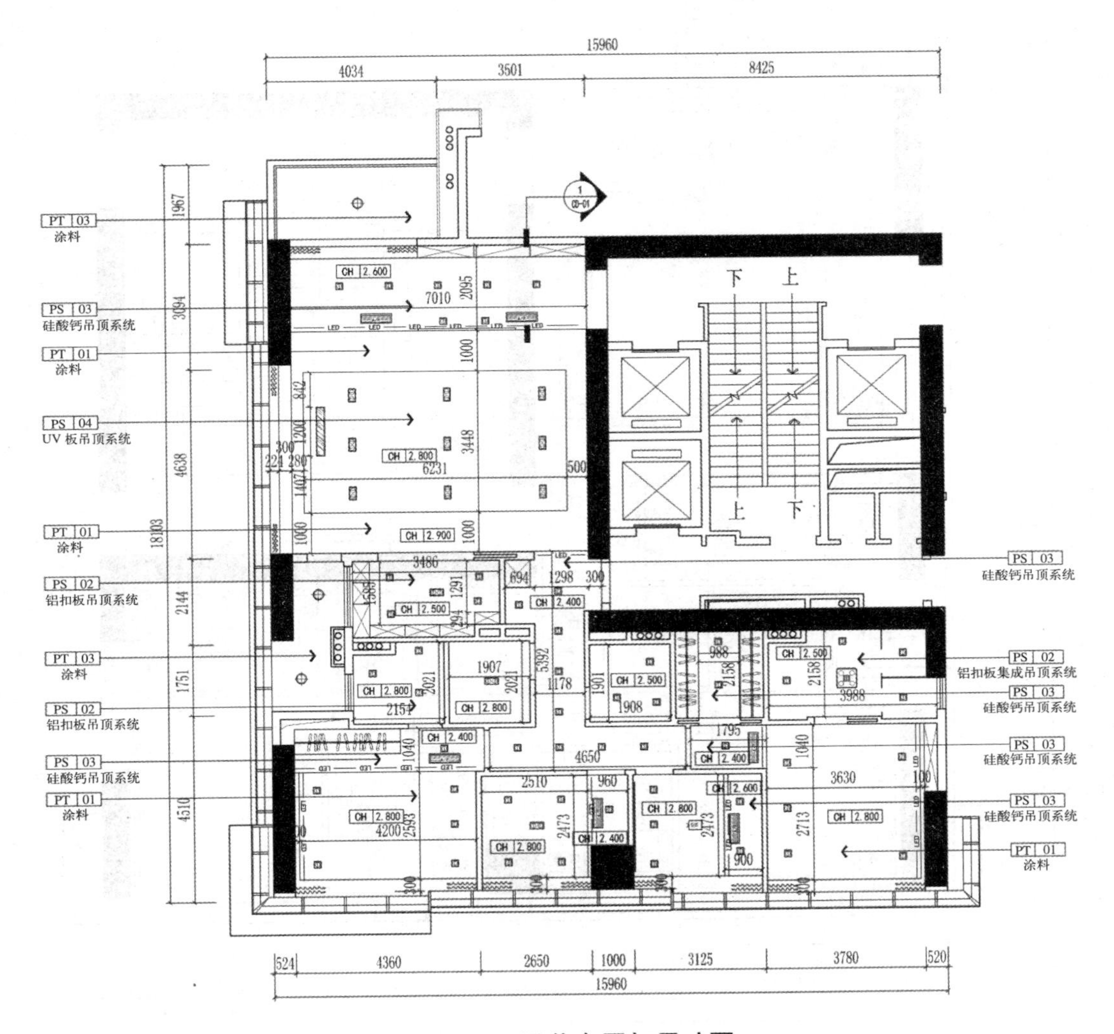

灯具说明

图例	说明	图例	说明
	LED 灯带		吸顶灯
	200mm×1200mm 吊灯（吊线式）		格栅射灯（可调方向）
A/S	条形出风口		双格栅射灯（可调方向）
A/R	条形回风口		浴霸

图 3-22 某样板房天花布置图

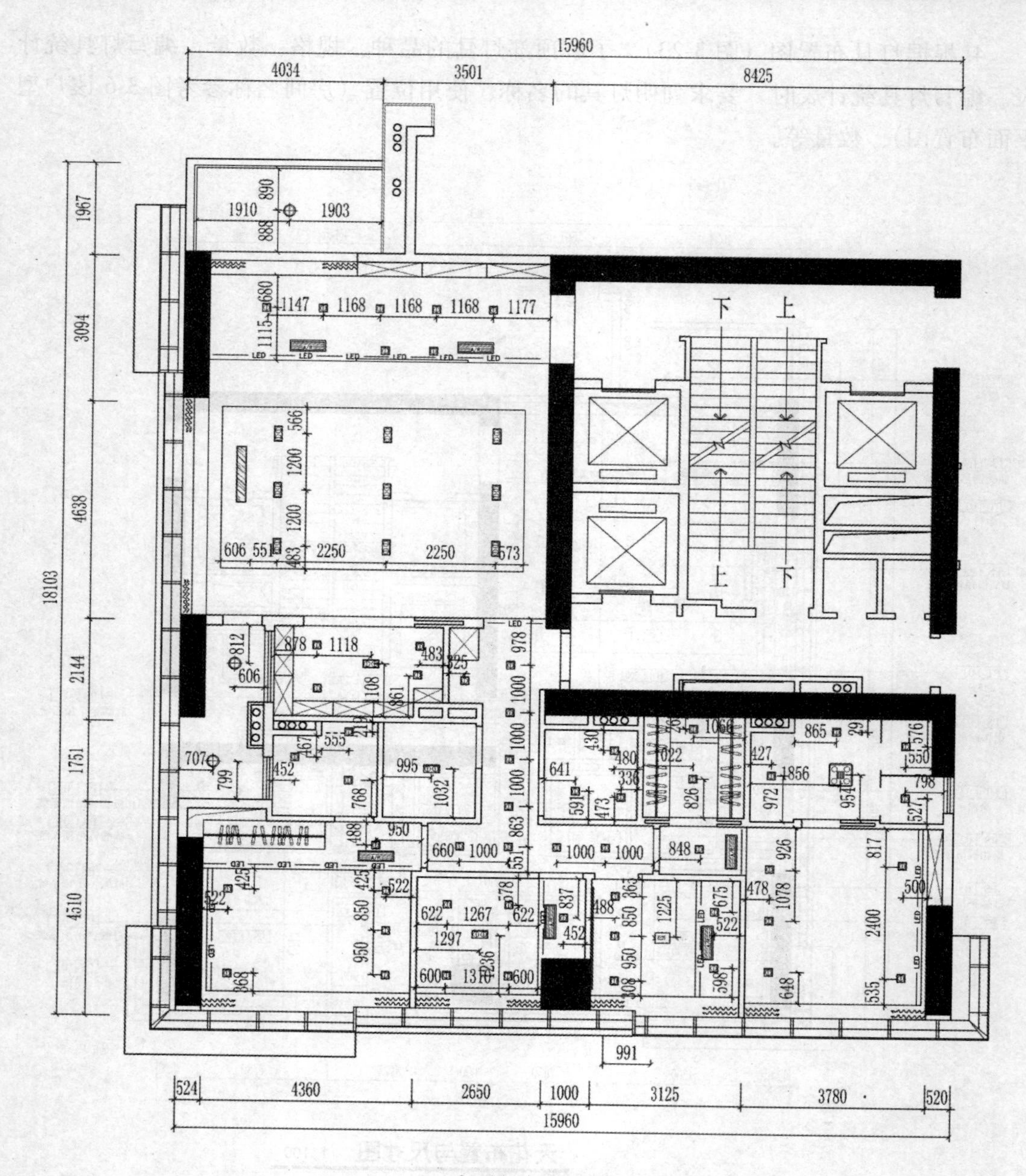

灯位布置图 1:100

灯具说明

图例	说明	图例	说明
	LED 灯带	①	吸顶灯
	200mm×1200mm 吊灯（吊线式）		格栅射灯（可调方向）
A/S	条形出风口		双格栅射灯（可调方向）
A/R	条形回风口		浴霸

图 3-23　某样板房灯具布置图

项目 4
装饰施工立面图的识读

【项目概述】

建筑装饰施工立面图是装饰施工图的主要工程图样，反映构成室内空间各围合界面内可见的内容，包括垂直界面的形状，装修做法、墙面的装饰造型、饰面处理以及剖切到的顶棚的断面形状、投影到的灯具或设备等内容，是室内装饰施工以及编制装饰工程预算的主要依据。

本项目的学习，拟根据实际装饰装修工程施工立面图，通过完成多个工作任务实现建筑装饰施工立面图识读技能训练以及相关基本知识的学习，为后续装饰工程计量与计价及其他课程的学习奠定基础。

任务 4.1　装饰施工立面图基本知识

【任务描述】

本项工作任务，主要通过对装饰施工立面图中所涉及的基本知识的讲解，让学生了解建筑装饰施工立面图的形成、内容等，掌握建筑装饰施工立面图的基本规定及绘制方法，为后续立面图识读的学习奠定基础。

通过本工作任务的学习，学生能说出装饰施工立面图的形成方法，会简述各立面图的基本内容，能详述装饰施工立面图的基本规定及绘制方法，会整理、查阅装饰施工立面图。

【知识构成】

4.1.1 立面图的形成

将建筑物装饰的内墙面向与其平行的投影面所作的正投影图称为装饰立面图。室内装饰立面图目前采用的方法主要有三种。

1. 假设将室内空间垂直剖开，移去剖切平面和观察者之间的部分，对剩下部分作正投影图，如图 4-1 所示。

2. 假设将室内各墙面沿面与面的相交处拆开，移去不予图示的墙面，将剩余墙面及其装饰布置沿铅直投影面所作的投影，如图 4-2 所示。

3. 设想将室内各墙面沿某轴阴角拆开，依次展开，直至都平行于同一投影面，形成的立面展开图，如图 4-3 所示。

室内装饰立面图的形成比较复杂，且形式不一。目前常采用的形成方法多为上面叙述的第二种图示方法。

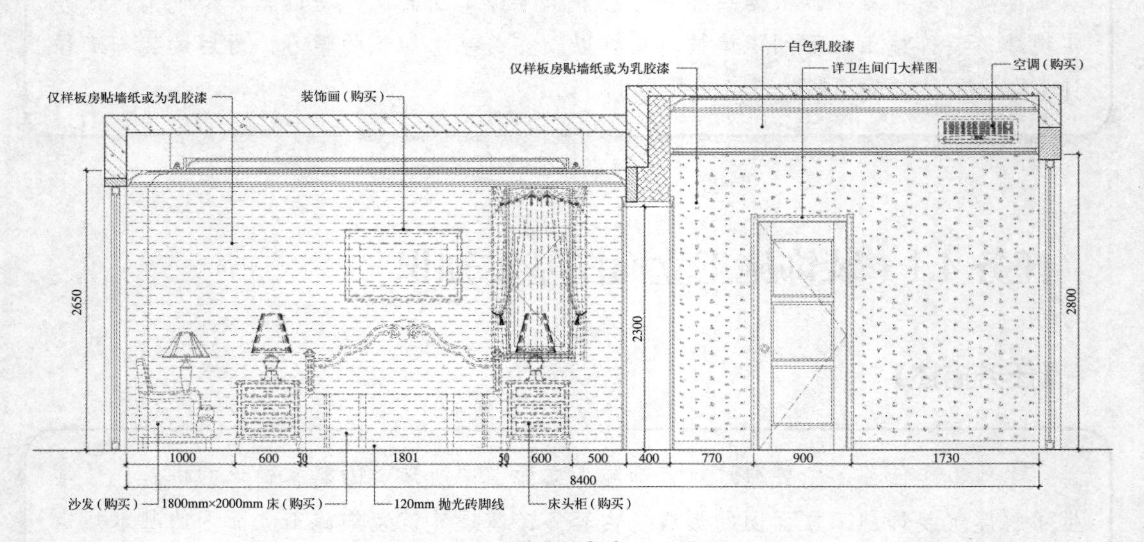

图 4-1　卧室 / 书房 A 立面图

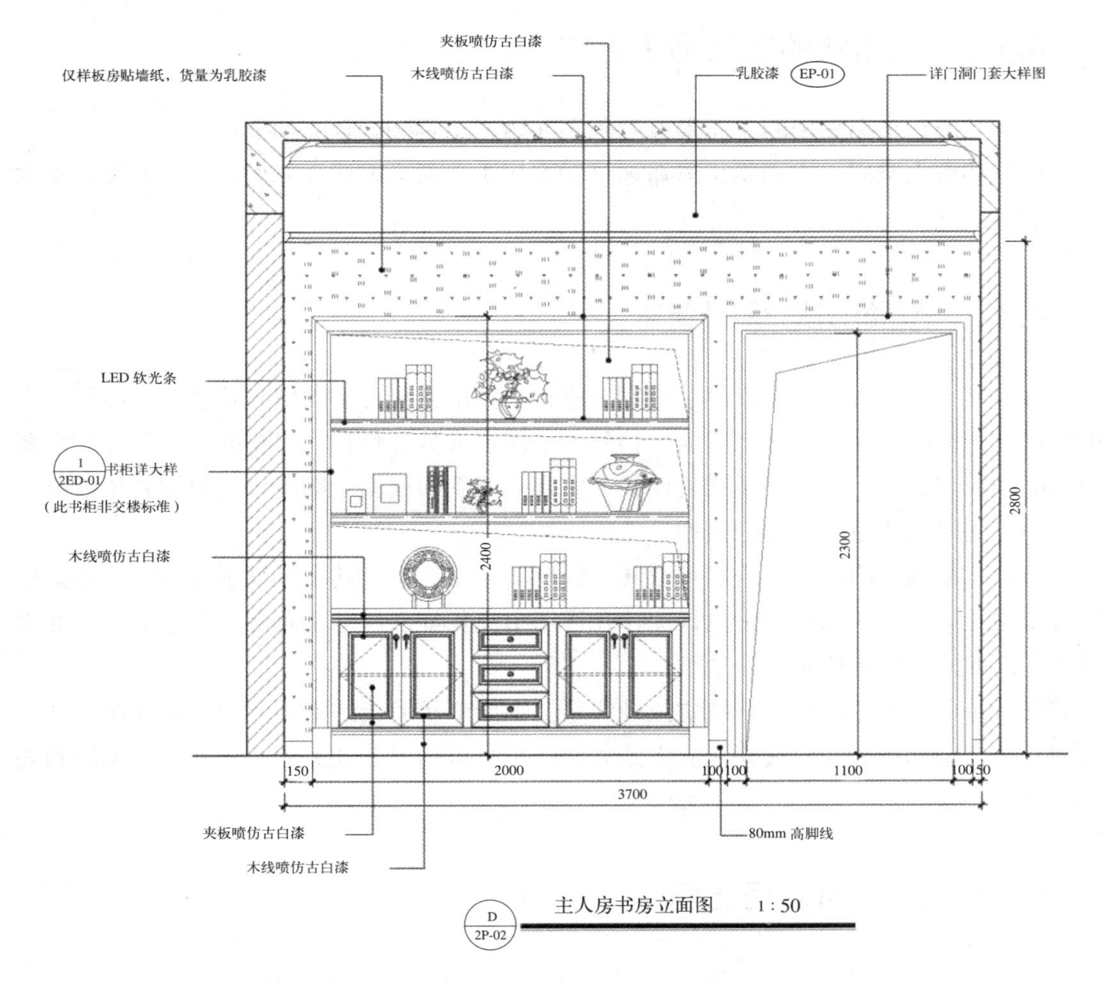

图 4-2 主人房 B 立面图

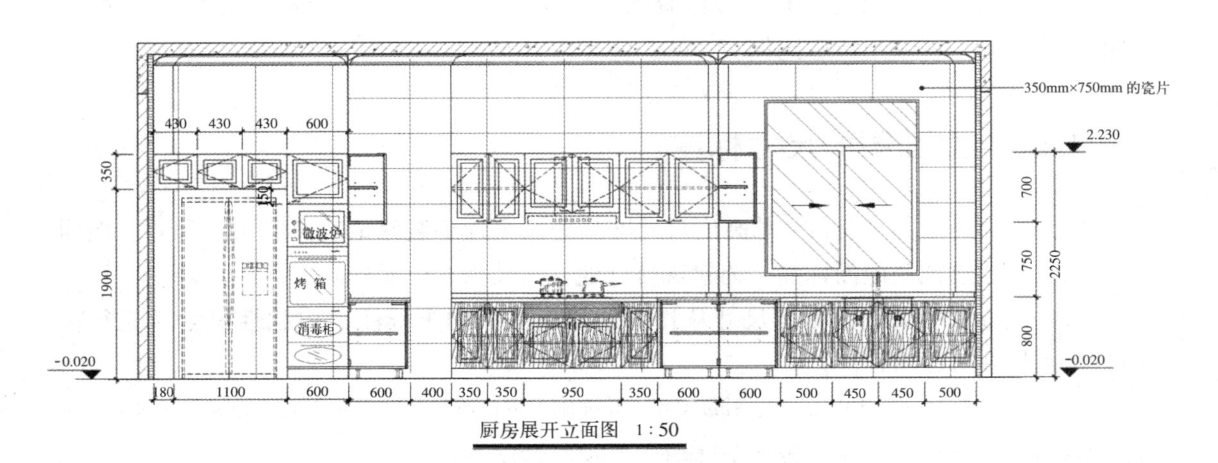

图 4-3 厨房展开立面图

4.1.2 立面图的常用命名方式

(1) 按所在平面图中的立面索引号命名（如 A 立面图，B 立面图……）；

(2) 按室内空间 + 立面索引号命名（如客厅 1 立面，客厅 2 立面……，或首层 1 立面，首层 2 立面……）。

4.1.3 立面图的绘制要求

(1) 室内立面图应按正投影法绘制。应包括投影方向可见的室内轮廓线、线脚、立面装修材料交接和装饰构造、门窗、构配件、固定家具、灯具、必要的尺寸和标高需要表达的非固定家具、灯具、装饰物件等（室内立面图的顶棚轮廓线、可根据具体情况表达吊顶或同时表达吊顶及结构顶棚）。

(2) 凡相同的门窗、阳台等可取其一绘出其完整形象，其余可只画轮廓线。细部花饰可简绘轮廓，注明索引号另见详图，在详图中交代细部尺寸及做法。当遇前后立面重叠时，前面的外轮廓线宜向外加粗。

(3) 每一立面图应绘注两端定位轴线号。平面形状曲折的室内立面，可绘制展开立面图，并在图名后加注“展开”二字。立面转折时可用展开立面表示，并应绘制转角处的轴线号。

4.1.4 立面图常用比例

装饰立面图常用比例一般为：1 ∶ 20、1 ∶ 30、1 ∶ 50、1 ∶ 60、1 ∶ 100。

立面图的比例以表达清楚、方便看图为原则，图幅尺寸要适合施工携带现场翻阅，根据图幅要求也可采用特殊比例。

4.1.5 立面图的尺寸标注

(1) 立面图总高度标注：总高度尺寸即从地面至顶部装修最高点的实际尺寸。地面起始点，标注建筑楼地面标高，为建筑楼（地）面装修完成面标高。

(2) 立面装修尺寸：高度尺寸从楼（地）面开始向上标注，控制性尺寸应先行标注，自由尺寸可以不标注。

注：控制性尺寸是施工时必须控制的尺寸，要准确，但控制性尺寸之和不能正好等于总尺寸，否则会给施工带来难度。立面装修其余尺寸标注，要以轴线为基准。

(3) 立面装修尺寸应采用等分标注时，应标注等分的总尺寸，且总尺寸的一端要有一个可控制度量的基点。

4.1.6 立面图的内容

(1) 应绘制立面左右两端的墙体构造或界面轮廓线、原楼地面至装修楼地面的构造层、顶棚面层、装饰装修的构造层。

(2) 应标注设计范围内立面造型的定位尺寸及细部尺寸。

(3) 应标注立面投视方向上装饰物的形状、尺寸及关键控制标高。

(4) 应标明立面上装饰装修材料的种类、名称、施工工艺、拼接图案、不同材料的分界线。

(5) 应标注所需的构造节点详图的索引号。

(6) 对需要特殊和详细表达的部位，可单独绘制其局部放大立面图，并应标明其索引位置。

(7) 无特殊装饰装修要求的立面，可不画立面图，但应在施工说明中或相邻立面的图纸予以说明。

(8) 各个方向的立面应绘齐全，对于差异小、左右对称的立面可简略，但应在与其对称的立面的图纸上予以说明；中庭或看不到的局部立面，可在相关剖面图上表示，当剖面图未能表示完全时，应单独绘制。

(9) 对于影响房屋建筑室内装饰装修效果的装饰物、家具、陈设品、灯具、电源插座、通信和电视信号插孔、空调控制器、开关、按钮、消火栓等物体，宜在立面图中绘制出其位置。

课堂活动

装饰施工立面图的整理和编排练习

【任务布置】

某别墅装饰工程施工平面布置图如下：图 3-3 所示某别墅一层平面布置图、图 3-4 所示某别墅二层平面布置图、图 3-5 所示某别墅三层平面布置图，请找出各图中立面索引符号，明确其含义，确定立面图的数量，并结合所学基本知识，整理和编排该装饰工程施工立面图。

【任务实施】

请根据上述任务布置，以小组合作的形式，完成以下工作任务：

1. 根据立面索引符号，说出该装饰工程共有几张立面图，并列出这些立面图的名称（例如：一层客厅 A 立面图、一层客厅 B 立面图等）。

2. 请根据所学知识，把上述立面图按顺序整理编排，编写立面图目录（见表 4-1）。

立面图目录　　表 4-1

序号	楼层	图纸名称	图纸编号
1	一层	一层客厅 A 立面图	1E—01
2		一层客厅 B 立面图	1E—02
3	二层	……	……

【活动评价】

课堂活动评价表

评价方式	评价内容	评价等级
自评（20%）	1. 能积极参与	□很好　□较好　□一般　□还需努力
	2. 会根据立面索引号查找立面图	□很好　□较好　□一般　□还需努力
	3. 会整理、编排装饰施工立面图	□很好　□较好　□一般　□还需努力
	4. 能多角度搜集信息、应用知识	□很好　□较好　□一般　□还需努力
小组互评（40%）	1. 能主动参与和积极配合	□很好　□较好　□一般　□还需努力
	2. 能认真完成各项工作任务	□很好　□较好　□一般　□还需努力
	3. 能听取同学的观点和意见	□很好　□较好　□一般　□还需努力
	4. 整体完成任务情况	□很好　□较好　□一般　□还需努力
教师评价（40%）	1. 小组合作情况	□很好　□较好　□一般　□还需努力
	2. 完成上述任务正确率	□很好　□较好　□一般　□还需努力
	3. 成果整理和表述情况	□很好　□较好　□一般　□还需努力
综合评价		□很好　□较好　□一般　□还需努力

【技能拓展】

1. 知识拓展：立面图标注的补充说明：

标注在立面图上的装修用料、颜色等，应标明“工程做法”编号索引。装修立面分格应绘制清楚。当立面分格较复杂时，用放大索引号标注，将立面分格及装修做法另行出图。装饰造型、线脚等做法应注明节点详图索引号，绘制节点详图。

2. 能力拓展：某客厅 / 餐厅 A 立面图如图 4-4 所示，请结合所学知识，完成下列思考题：

（1）图 4-4 所示立面图属于哪种立面图？

（2）图中尺寸标注，标出了哪几部分的尺寸？

（3）结合立面图的内容，说一说图 4-4 所表达的内容是否完整，若不完整，还应添加哪些内容？

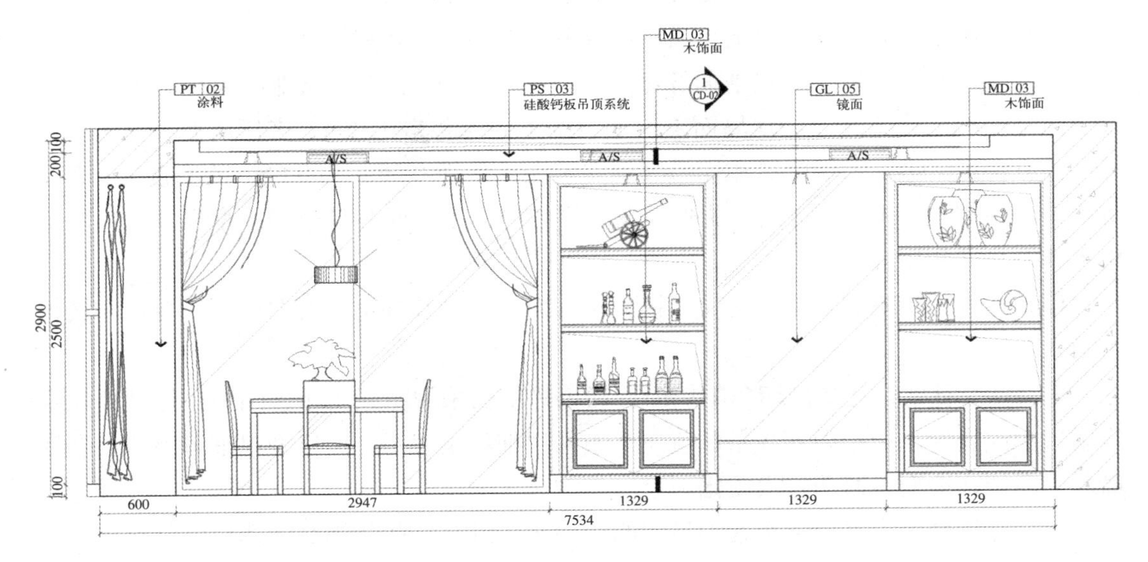

图 4–4　某客厅 / 餐厅 A 立面图

任务 4.2　立面图的识读

【任务描述】

本项工作任务，主要通过对立面图中所涉及的相关知识的学习，以实际装饰工程施工图纸为例，引导学生学会立面图的识读，获取相关信息。

通过本工作任务的学习，学生能够根据装饰施工立面图，阐述立面的装饰造型、装修做法、饰面处理等，能说出装饰品的式样、位置、大小尺寸以及门窗、设备的位置，会识读各种立面装修尺寸。

【知识构成】

4.2.1 立面图的识读要点

(1) 读图名、比例，了解该立面图的位置和空间布局情况。

由图 4-5 可知，该图为某公寓客厅和餐厅 4 立面图，比例为 1 ： 30。沿该立面投影方向看，可知该公寓左面是两层复式，右面是上下两层的共享空间。

(2) 明确建筑装饰立面图上与该工程有关的各部分尺寸和标高。

如图 4-5 中表明复式下层地面标高为 ±0.000，即以复式下层地面为标高零点，复式上层地面标高为 2.2m；厨房墙面上的烟感器底部标高为 0.35m，客厅墙面上插座底部标高为 0.65m，即表示烟感器和插座分别安装在离地面 0.35m 和 0.65m 的高度处；客厅电视安装在离地 1m 的高度处。此外，图中详细标出了墙面各部分的造型尺寸和门及固定家具的尺寸和位置。

(3) 通过图中不同线型的含义，搞清楚立面上各种装饰造型的凹凸起伏变化和转折关系。

由图 4-5 可知，凡是剖切到的墙面、楼板等结构采用粗线表示，门窗、造型外轮廓线采用中线表示，造型内部线条和填充线条采用细线条表示。由线型粗细可以看出客厅墙面中间装饰造型有凹凸起伏变化。

(4) 弄清楚每个立面上有几种不同的装饰面，以及这些装饰面所选用的材料与施工工艺要求。明确装饰结构之间以及装饰结构与建筑结构之间的连接固定方式，以便提前准备预埋件和紧固件。

由图 4-5 可知，该立面从左至右随空间变化，墙面装饰均采用了不同的装饰材料，因此产生了不同的装饰效果。厨房墙面为石材饰面，一般采用挂贴方式安装，需预埋紧固件；楼梯位置的墙体转折处墙面和梯井位墙面贴了墙纸，楼梯踏步贴了石材；客厅墙面造型多变，结合图 4-6 可知，左右两侧墙面贴了木饰面，中间墙面贴了墙纸，在木饰面与墙纸之间贴了石材装饰条。

(5) 立面上各装饰面之间的衔接收口较多，这些内容在立面图上表现得比较概括，多在节点详图中表明。要注意找出这些详图，明确它们的收口方式，工艺和所用材料。

由图 4-6 可知，客厅墙面上木饰面与墙纸之间采用石材装饰条进行收口和过渡。

(6) 门窗的位置、形式及墙面、顶棚上的灯具及其他设备，要注意设备的安装位置，电源开关，插座的安装位置和安装方式，以便在施工中预埋位置。

由图 4-5 可知，本图立面上可看到两扇门，一扇是进入楼梯段下面空间的门，另一扇是客厅进卧室的门。此外，在客厅共享空间中间 4m 高处安装了一盏吊灯、旁边做了局部吊顶，暗藏灯管，具体的位置要参考天花平面图；电视柜上装有二三插座、网络插座和电视插座，离地高度 0.65m。

(7) 固定家具在墙面的位置、立面形式、主要尺寸及表面装饰的主要材料。

由图 4-5 可知，只有厨房做了固定家具，分别是宽度为 560mm 的地柜和宽度为 350mm 的吊柜，且柜表面均刷了白色钢琴漆。

需要注意的是：阅读室内装饰立面图时，要结合平面布置图，顶棚平面图和该室内其他立面图对照阅读，明确该室内的整体做法与要求。阅读室外装饰立面图时，要结合平面布置图和该部位的装饰剖面图综合阅读，全面弄清楚它的构造关系。

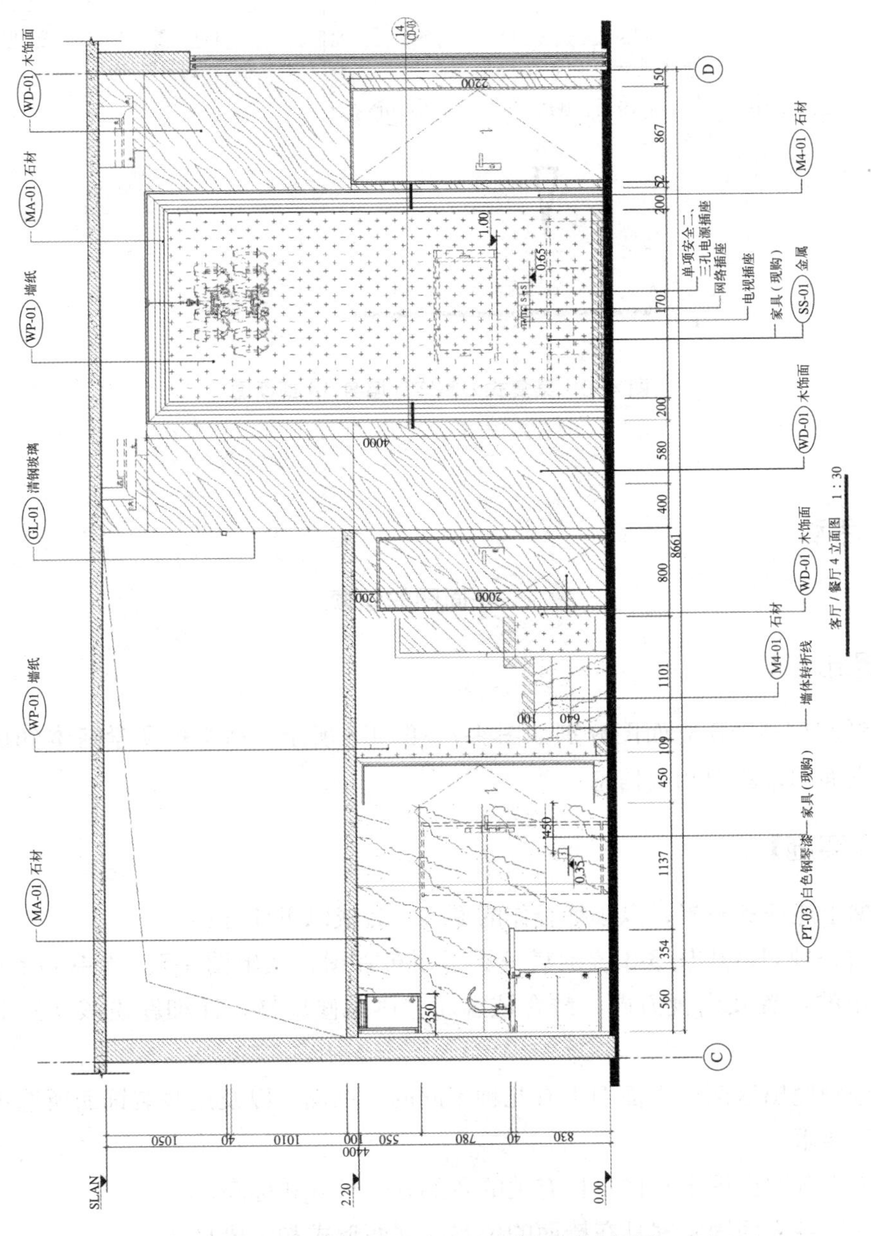

图 4-5　某复式公寓客厅和餐厅 4 立面图

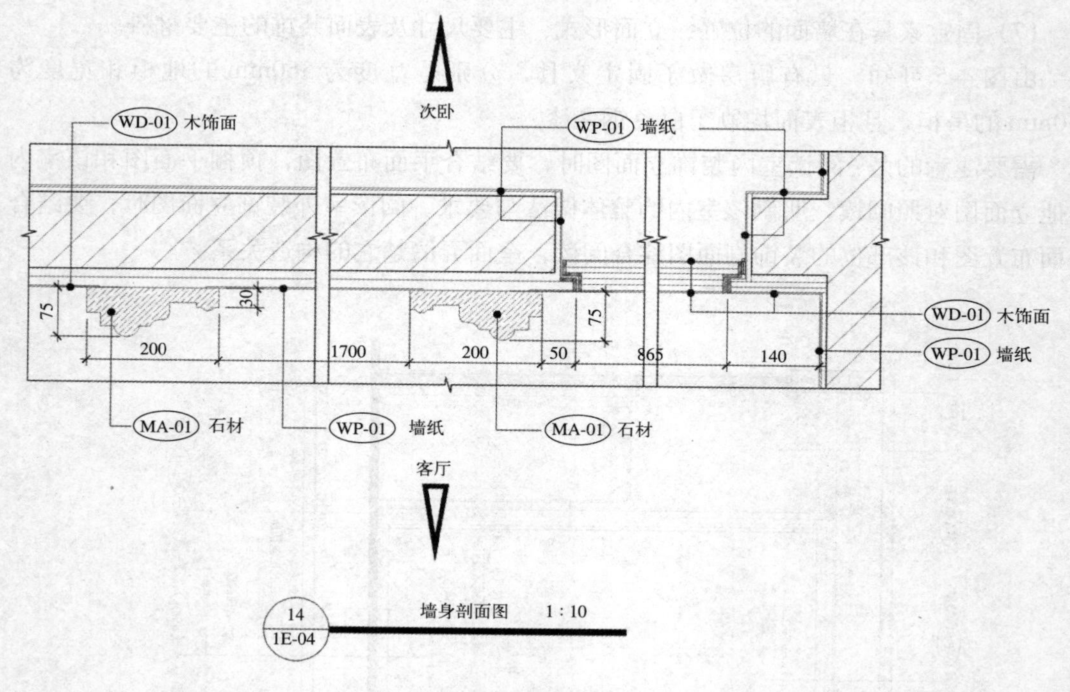

图 4-6 某复式公寓客厅墙身 14 剖面图

课堂活动

立面图的识读

【任务布置】

某别墅客厅 A、B 立面图分别如图 4-7、图 4-8 所示，请根据所学基本知识，识读该别墅各立面图，获取相关信息。

【任务实施】

请根据上述任务布置，以小组合作的形式，完成以下任务：

（1）结合项目 3 中图 3-3 该别墅一层平面布置图，找出图 4-7、图 4-8 所示立面图在平面图中的位置及内视方向，结合该客厅整体装修风格，详细叙述该立面上的装饰造型。

（2）分别说出这两个立面图上有几种不同的装饰面，以及这些装饰面所选用的材料与施工工艺要求。

（3）说出各立面图上与该工程有关的各部分的尺寸和标高。

（4）说出各立面固定家具在墙面的位置、立面形式和主要尺寸。

【活动评价】

课堂活动评价表

评价方式	评价内容	评价等级
自评（20%）	1. 能积极参与	□很好　□较好　□一般　□还需努力
	2. 能熟练识读各立面图	□很好　□较好　□一般　□还需努力
	3. 会用多种方法收集、处理信息	□很好　□较好　□一般　□还需努力
小组互评（40%）	1. 能主动参与和积极配合	□很好　□较好　□一般　□还需努力
	2. 能认真完成各项工作任务	□很好　□较好　□一般　□还需努力
	3. 能听取同学的观点和意见	□很好　□较好　□一般　□还需努力
	4. 整体完成任务情况	□很好　□较好　□一般　□还需努力
教师评价（40%）	1. 小组合作情况	□很好　□较好　□一般　□还需努力
	2. 完成上述任务正确率	□很好　□较好　□一般　□还需努力
	3. 成果整理和表述情况	□很好　□较好　□一般　□还需努力
综合评价		□很好　□较好　□一般　□还需努力

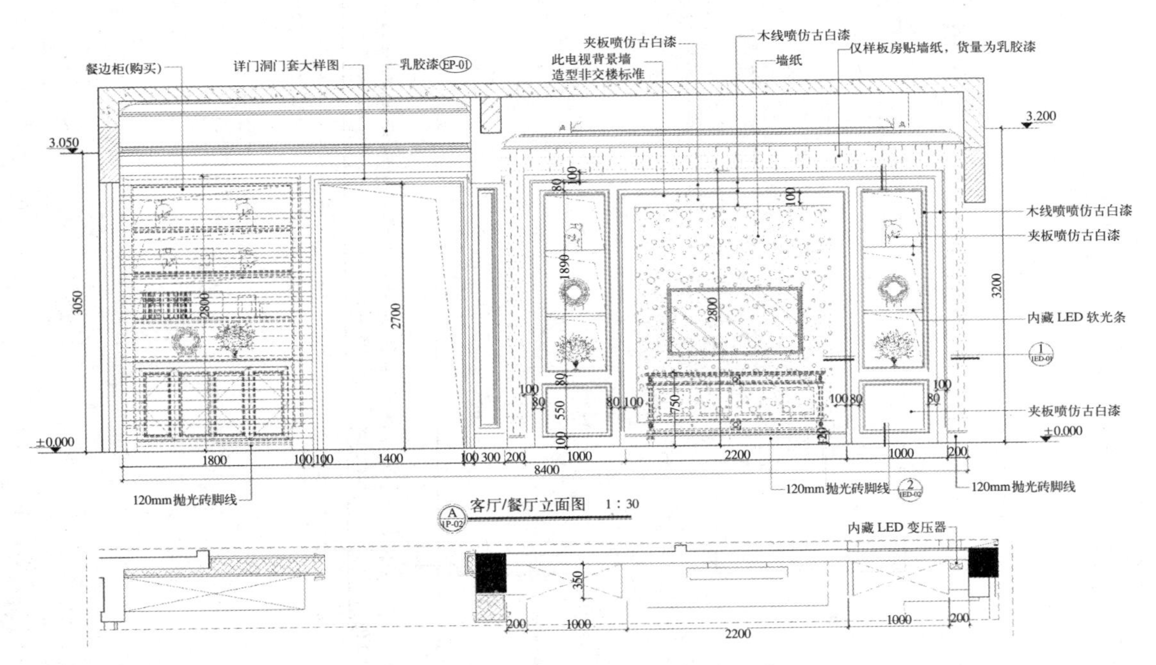

图 4-7　某别墅一层客厅 / 餐厅 A 立面图

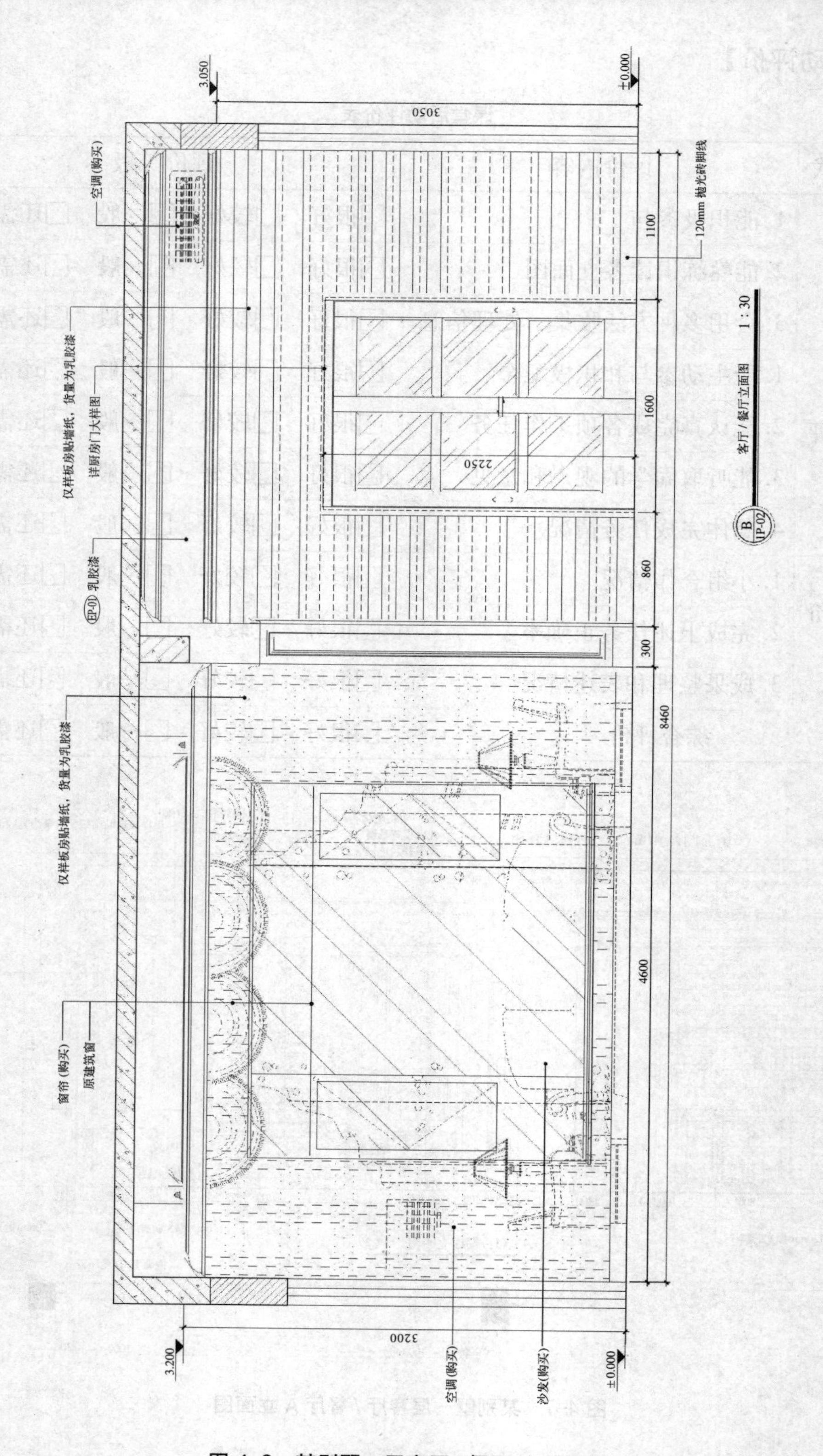

图 4-8　某别墅一层客厅 / 餐厅 B 立面图

【技能拓展】

某公寓开放式厨房的平面布置及立面索引图如图 4-9 所示，各装饰立面图如图 4-10 ~ 图 4-12 所示，结合所学知识，进行各立面图的识读练习，全面了解该厨房立面装修风格及特点，并绘制该厨房固定家具制作表，要求标明家具的名称、尺寸、饰面材料等。

思考题：

（1）在图 4-9 中，找出各立面图的平面位置及内视方向。

（2）简述各立面表达的内容和特点。

（3）说出各立面图上各部分的尺寸及标高。

（4）清楚了解每个立面上的装修构造层次及饰面类型，简述其材料要求和施工工艺要求。

（5）了解各立面上装修造型和饰面的衔接处理，描述各饰面的拼接图案、饰面的收边处理等。

（6）熟悉主要电源开关、插座、灯具等设备的安装位置。

（7）结合各立面图上固定家具的尺寸、文字说明等绘制固定家具制作表。

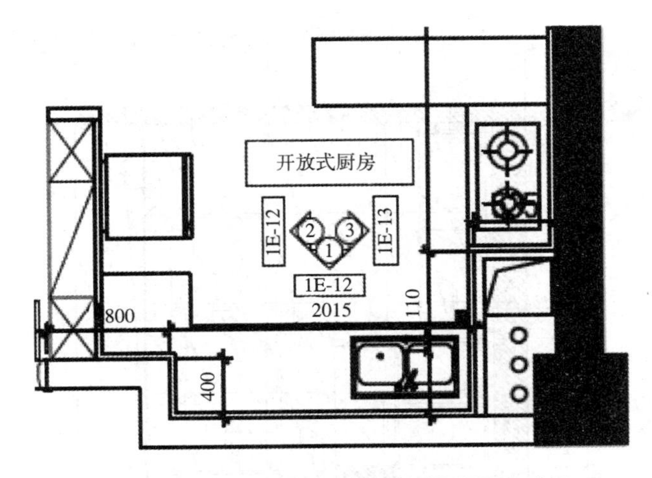

图 4-9　开放式厨房平面布置图及立面索引图

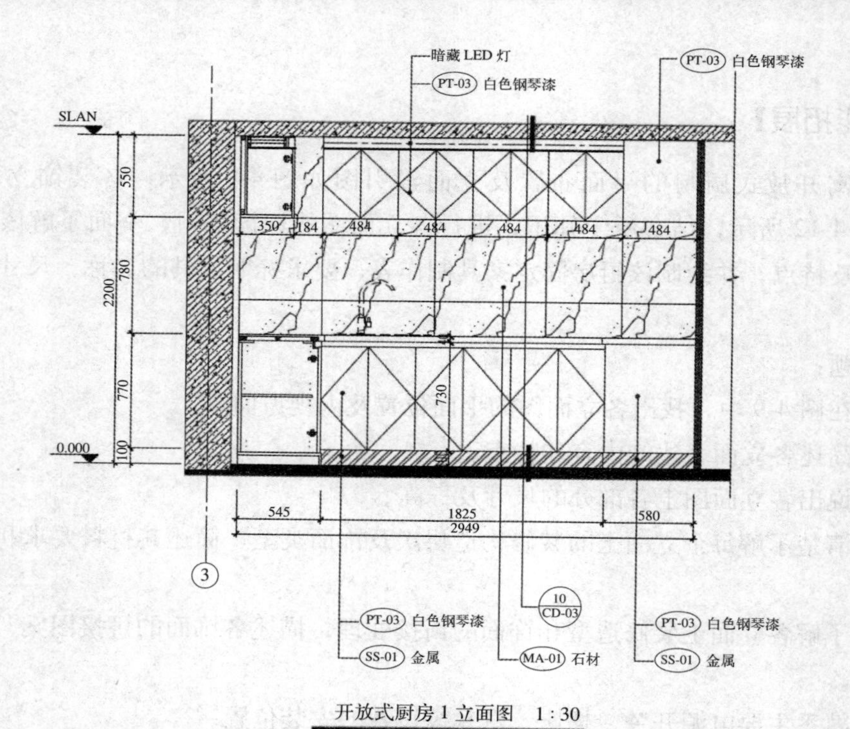

开放式厨房 1 立面图　1 : 30

图 4-10　开放式厨房 1 立面图

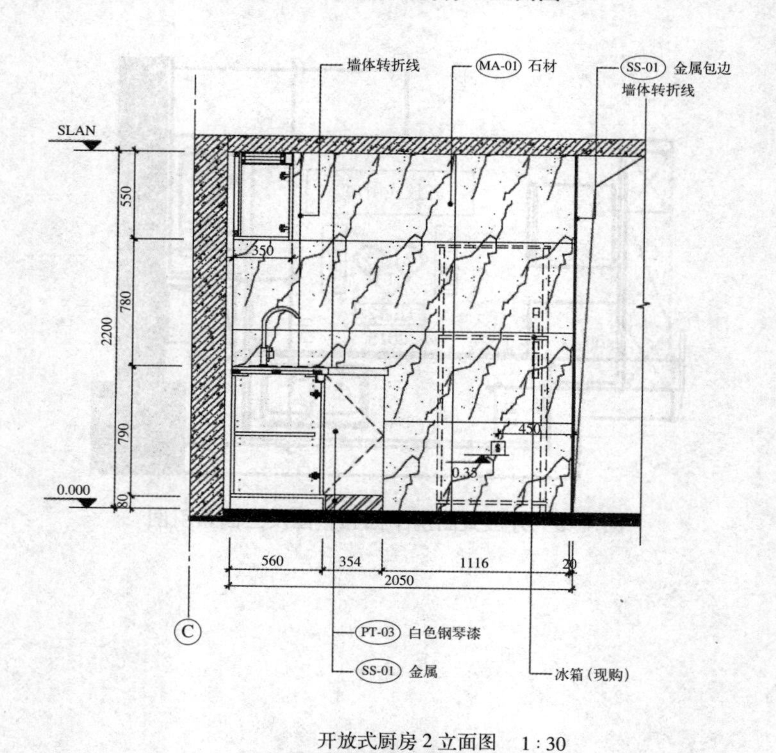

开放式厨房 2 立面图　1 : 30

图 4-11　开放式厨房 2 立面图

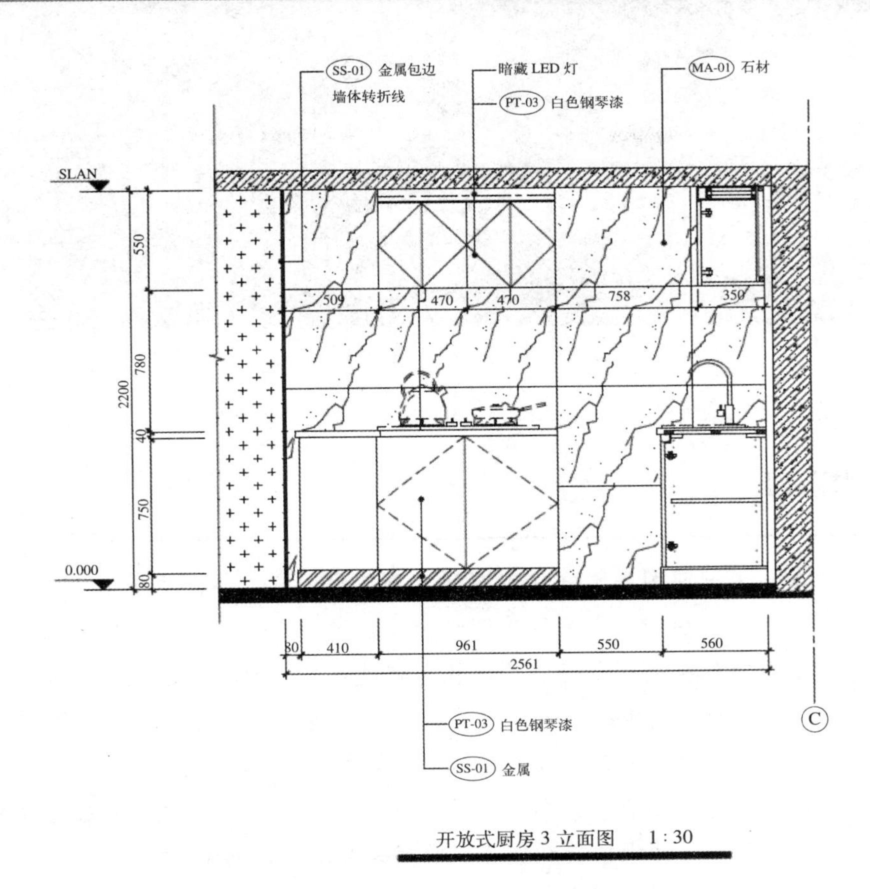

图 4-12 开放式厨房 3 立面图

项目 5
装饰施工剖面图的识读

【项目概述】

建筑装饰施工剖面图是装饰施工图的主要工程图样之一，主要用于补充表达装饰施工图平面图、顶棚图、立面图等图纸中无法清楚表达的复杂或特殊部位、空间的内部结构情况，包括剖切部位装饰结构与建筑结构、装饰饰面材料之间的构造关系，并标明了使用材料的规格、详细尺寸、构件连接方式等内容，是室内装饰施工、设备制作、购置以及编制装饰工程预算的主要依据。

本项目的学习，拟根据实际装饰装修工程施工剖面图，通过完成多个工作任务实现建筑装饰施工剖面图识读技能训练以及相关基本知识的学习。

任务 5.1　装饰剖面图基本知识

【任务描述】

本项工作任务，主要通过对剖面图中所涉及的相关知识的学习，以实际装饰工程施工图纸为例，引导学生了解建筑装饰施工剖面图的内容：建筑装饰施工剖面图的分类及用途；建筑装饰施工剖面图的图示内容。

通过本工作任务的学习，学生能够了解学习建筑装饰施工剖面图的目标：能说出装饰施工剖面图的分类及用途，能描述装饰施工剖面图的内容。

【知识构成】

5.1.1 建筑装饰剖面图的分类及用途

1. 剖面图的形成

建筑装饰剖面图是用一个假想的平面，将建筑某装饰空间或某装饰部位垂直剖开，移去剖视方向另一侧部分后，所得到的正投影图，其中须在剖切到的构件区域绘制剖面线并填充材料图例。

2. 剖面图的分类

建筑装饰剖面图可分为整体剖面图和局部剖面图。

整体剖面图又称剖立面图，其形成与建筑剖面图相似，也是用一剖切平面将整个房间切开，然后画出切开房间内部空间物体的投影，如图 5-1 所示。

局部剖面图与建筑剖面详图相似，都是用局部剖视来表达装修节点处的内部构造，如图 5-2 所示。

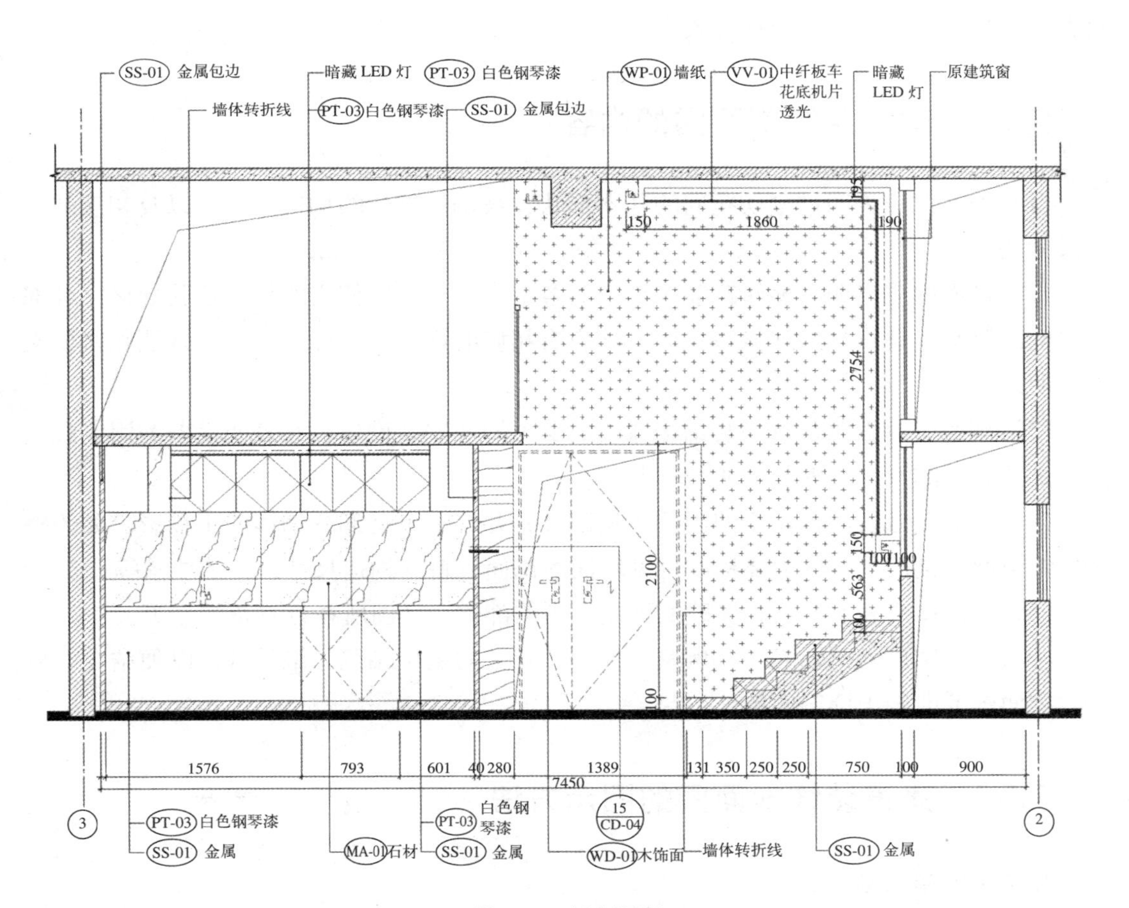

图 5-1 剖立面图

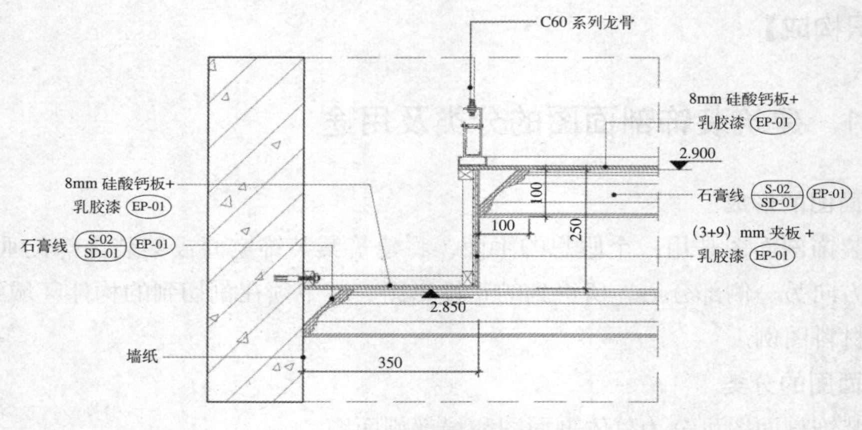

图 5-2　天花局部剖面图

3. 剖面图的用途

剖面图主要用于表明室内装饰空间或装饰部位的内部构造与建筑结构、饰面材料之间的关系。可通过剖面图读取剖切部位的相关信息，包括构造的组成、各组成部分使用材料、规格、详细尺寸、连接方式等。

5.1.2　建筑装饰剖面图的内容

（1）剖面图应表明被剖切空间的基本形状、被剖切部位的构造形式，以及相应部分的尺寸关系。

（2）剖面图应表明主要建筑装饰构造的各组成部分、所使用的材料及其规格、各部分之间以及与建筑结构的连接方式等，并应有相应的详细尺寸标注、工艺做法和必要文字说明。

（3）剖面图应表明被剖切装饰构造或面层上的各安装设备，并表明设备的固定或连接方式及必要的尺寸、安装说明。

（4）剖面图应表明剖切空间内的可见部分，并绘制可见部分物体的正投影。如为整个装饰空间的剖面图，则需要标明可见墙面的饰面材料、构造尺寸、工艺要求等。

（5）剖面图应表明与其相关联的详图索引的部位、详图所在位置及编号等。

（6）剖面图应表明图名、比例及与剖面图相关的定位轴线、编号等，以便结合对应平、立面图纸准确识读剖面图。

5.1.3　建筑装饰剖面图的图示方法

1. 常用绘制比例

剖面图的比例一般采用 1 ： 100、1 ： 50、1 ： 30、1 ： 20、1 ： 10，结构较复杂

的剖面有时会采用 1 ∶ 1。

2. 尺寸标注

剖面图的尺寸标注根据剖面图类型的不同选择不同的标注形式，但都应清楚标明图纸主要装饰构配件尺寸、装饰构配件细部尺寸、装饰构配件与建筑结构之间的尺寸以及涉及整体空间的定位尺寸和总尺寸等。

3. 常用线型

在建筑装饰剖面图中，剖切到的建筑实体及装饰构造轮廓线用粗实线绘制，投影方向上可见的建筑构造和构配件、装饰外轮廓线用中实线绘制，投影方向上可见的室内装饰、家具、陈设及门窗开启线等用细实线绘制。

5.1.4 剖面图常用材料图例

剖面图常用材料图例可按表 5-1 所示图例绘制。

剖面图常用材料图例　　表 5-1

序号	名称	图例	备注
1	夯实土壤		
2	砂砾石、碎砖三合土		
3	大理石		
4	毛 石		必要时注明石料块面大小及品种
5	普通砖		包括实心砖、多孔砖、砌块等砌体。断面较窄不易绘出图例线时，可涂黑
6	轻质砌块砖		指非承重砖砌体
7	轻钢龙骨纸面石膏板隔墙		注明隔墙厚度
8	饰 面 砖		包括铺地砖、马赛克、陶瓷锦砖等
9	混 凝 土		1. 指能承重的混凝土及钢筋混凝土； 2. 各种强度等级、骨料、外加剂的混凝土； 3. 在剖面图上画出钢筋时，不画图例线； 4. 断面图形小，不易画出图例线时，可涂黑
10	钢筋混凝土		

续表

序号	名称	图例	备注
11	多孔材料		包括水泥珍珠岩、沥青珍珠岩、泡沫混凝土、非承重加气混凝土、软木、蛭石制品等
12	纤维材料	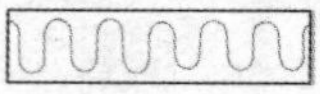	包括矿棉、岩棉、玻璃棉、麻丝、木丝板、纤维板等
13	泡沫塑料材料	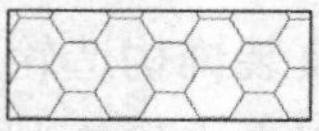	包括聚苯乙烯、聚乙烯、聚氨酯等多孔聚合物类材料
14	密度板	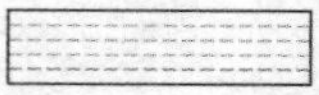	注明厚度
15	实木		表示垫木、木砖或木龙骨
		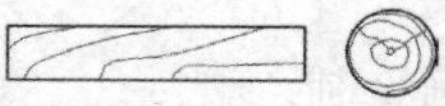	表示木材横断面
			表示木材纵断面
16	多层板		注明厚度、材种
17	木工板	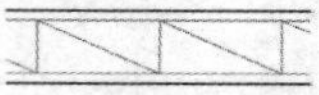	注明厚度
18	胶合板	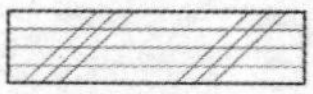	注明厚度、材种
19	石膏板		1. 注明厚度； 2. 注明纸面石膏板、布面石膏板、防火石膏板、防水石膏板、圆孔石膏板、方孔石膏板等品种名称
20	金属	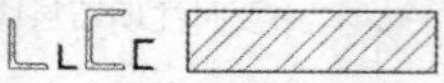	1. 包括各种金属，注明材料名称； 2. 图形小时，可涂黑
21	液体	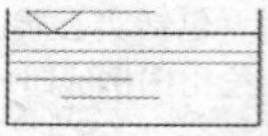	注明具体液体名称
22	玻璃砖		1. 为玻璃砖断面； 2. 注明厚度
23	橡胶		注明天然或人造橡胶
24	普通玻璃	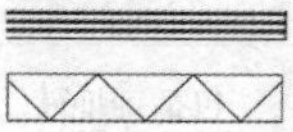	注明材质、厚度
25	塑料		包括各种软、硬塑料及有机玻璃等，应注明厚度
26	地毯		应注明种类

续表

序号	名称	图例	备注
27	防水材料	大尺度比例 小尺度比例	注明材质、厚度
28	粉 刷		采用较稀的点

课堂活动

装饰剖面图基本知识的练习

【任务布置】

某商场天花与墙身剖面图如图 5-3 所示，请根据所学基本知识，识读该天花与墙身剖面图，获取相关信息。

【任务实施】

请根据上述任务布置，以小组合作的形式，完成以下任务：

1. 说出装饰施工剖面图的形成方式。
2. 说出装饰施工剖面图的种类。
3. 简述装饰施工剖面图的用途。

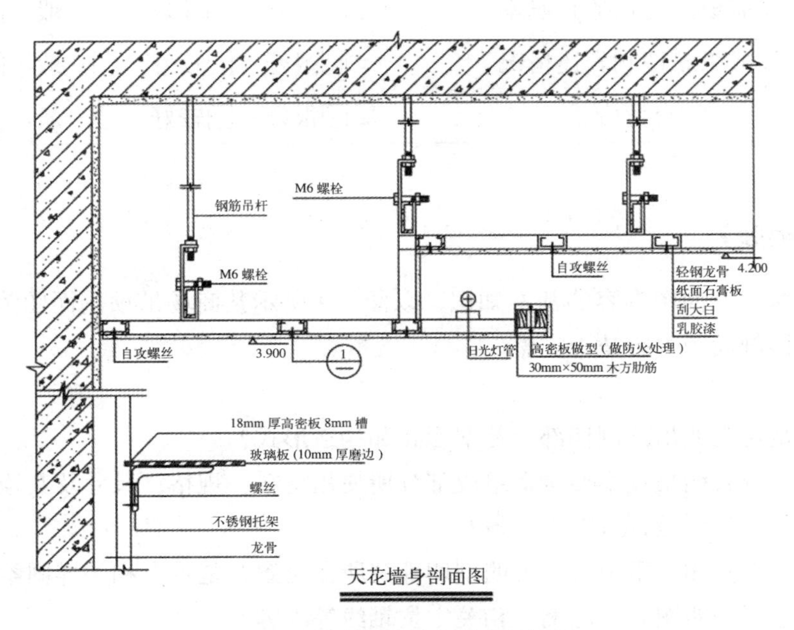

图 5-3　某商场天花与墙身剖面图

4. 识读图 5-3 某商场天花墙身剖面图，分别找出图中的天花部分和墙身部分，并判断该剖面图属于哪类剖面图。

5. 识读图 5-3 某商场天花与墙身剖面图，并参照表 5-1 剖面图常用材料图例，找出图 5-3 中图例所示材料信息。

【活动评价】

课堂活动评价表

评价方式	评价内容	评价等级
自评（20%）	1. 能积极参与	□很好 □较好 □一般 □还需努力
	2. 能说出剖面图的分类、用途及内容	□很好 □较好 □一般 □还需努力
	3. 能结合图纸理解剖面图的内容	□很好 □较好 □一般 □还需努力
	4. 会用多种方法收集、处理信息	□很好 □较好 □一般 □还需努力
小组互评（40%）	1. 能主动参与和积极配合	□很好 □较好 □一般 □还需努力
	2. 能认真完成各项工作任务	□很好 □较好 □一般 □还需努力
	3. 能听取同学的观点和意见	□很好 □较好 □一般 □还需努力
	4. 整体完成任务情况	□很好 □较好 □一般 □还需努力
教师评价（40%）	1. 小组合作情况	□很好 □较好 □一般 □还需努力
	2. 完成上述任务正确率	□很好 □较好 □一般 □还需努力
	3. 成果整理和表述情况	□很好 □较好 □一般 □还需努力
综合评价		□很好 □较好 □一般 □还需努力

【技能拓展】

请根据所学剖面图内容的基本知识，以图 5-4 所示某商场吊顶剖面图为例，参照以下问题确定该剖面图内容是否完整。

思考题：

1. 图中是否表明吊顶剖切部分基本形状和构造形式？
2. 图中是否表明吊顶主要构造组成部分所使用材料、规格、尺寸及其连接方式？
3. 图中吊顶部分是否有附着设备？
4. 图中是否有相关索引符号表明剖切部分所在位置？是否有相关详图索引？
5. 图中是否表明图名、比例、相关定位轴线等内容？

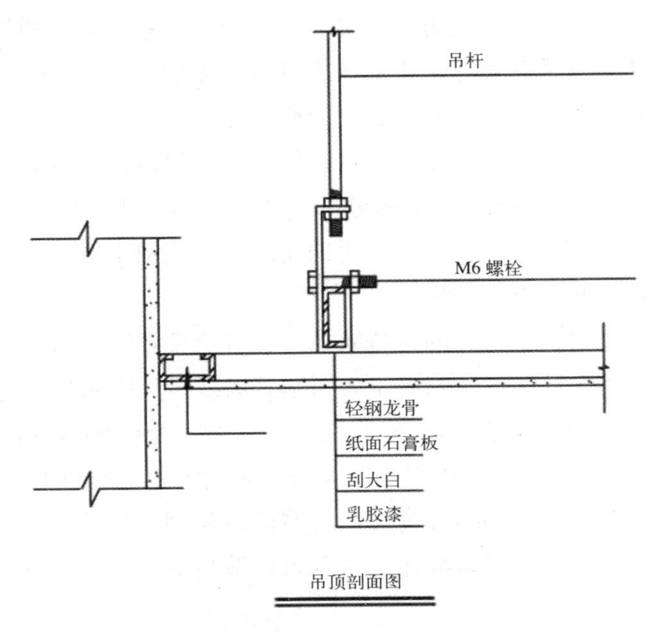

图 5-4　某商场吊顶剖面图

任务 5.2　装饰剖面图的识读

【任务描述】

本项工作任务，主要通过对剖面图中所涉及的相关知识的学习，以实际装饰工程施工图纸为例，引导学生学会剖面图的识读，获取相关信息。

通过本工作任务的学习，学生能够根据装饰施工图纸实例读出剖面图的剖切部位、装饰构造各组成部分使用材料、规格尺寸、连接方式等，并结合相关平、立面图纸熟练识读剖面图。

【知识构成】

建筑装饰剖面图的识读要点及步骤如下：

1. 识读图名、比例，并找到对应平、立面图等图纸上的剖切符号，确定剖面图所示的剖切部位。

由图 5-5 某复式公寓主卧室墙身 21 剖面图可知，该图为某公寓主卧室墙身 21 剖面图，比例为 1 : 10，根据图名找到图 5-6 某复式公寓主卧 3 立面图，可在图中找到对应的剖切符号，识读剖切位置和剖视方向，如需了解该主卧室空间其他情况，可进一步寻找其关联图纸图 5-7 某复式公寓上层平面布置及立面索引图，由此可确定图 5-5 墙身剖面图的剖切位置为位于二层的主卧室空间南向墙体部分。

2. 识读剖面图，找出图中主要表明的构造部分，并识读其主要组成部分。

由图 5-5、图 5-6 可知，图中主要构造部分为主卧室衣柜、门及两侧墙体部分。左侧门是楼梯通向主卧室的出入口，右侧门通向主卧室附属卫生间，中间部分为衣柜，右侧墙体上还设置了银镜配合衣柜使用。

3. 识读剖面图中主要构造部分的材料组成、规格及尺寸等信息。

由左向右识读图 5-5 可知，左侧墙体墙面贴了墙纸，且距入口一定距离处设置了暗藏 LED 装饰；门两侧以木饰线作为门框装饰，且右侧与柜门侧边木线连成一体，木线上间隔用金属饰线做装饰；衣柜内部采用防火板，柜门外包仿鳄鱼 PU 人造皮作为饰面，并以金属饰线做边框装饰；右侧门部分装饰与左侧门相同；右侧墙体靠门部分内嵌银镜以金属和木饰线做边框装饰，其余墙体部分以软包做装饰。此外，可在图中识读各构造部分详细尺寸。

4. 识读剖面图中其他部分的构造形式、使用材料、详细尺寸等相关信息。

可根据需要确定识读该图的深度。由图 5-5 可知，该主卧室墙体除软包装饰部分为钢筋混凝土墙体外，其余部分主要为砖墙；衣柜、门、软包等部分都选用木材作为支撑骨架。

5. 结合相关图纸进一步综合识读图纸，以便更加全面理解图示内容。

结合图 5-6 主卧 3 立面图可识读出该墙体主要构造部分门、衣柜的主要尺寸、饰面材料、细部装饰处理、主卧空间尺寸等情况。结合图 5-7，可识读该主卧室空间的平面布局情况，并可通过图纸上的立面索引符号进一步找出其他关联图纸，如需更详细识读，可找到主卧室立面 1、2、3 了解主卧室其他墙面装饰情况，且可知立面 2、4 一部分墙体应与图 5-5 中左右两侧墙体相对应。

平、立、剖面图、详图等图纸之间都存在一定关联性，可根据需要找到对应关联图纸进行综合识读，以加强对图示内容的理解。

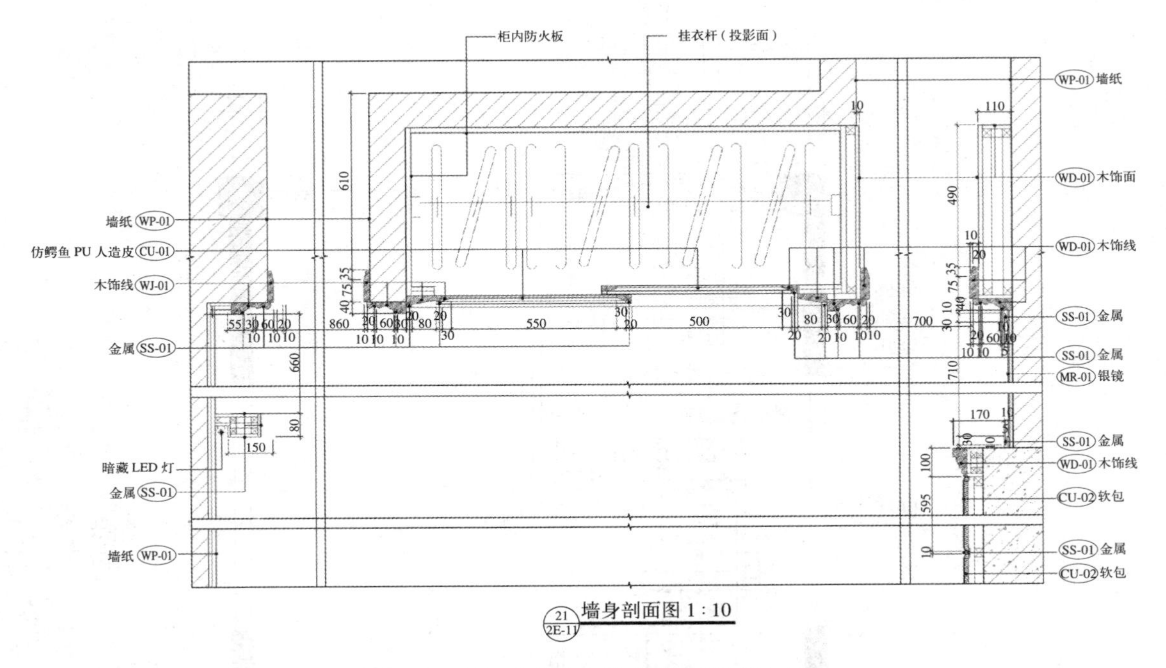

图 5-5　某复式公寓主卧室墙身 21 剖面图

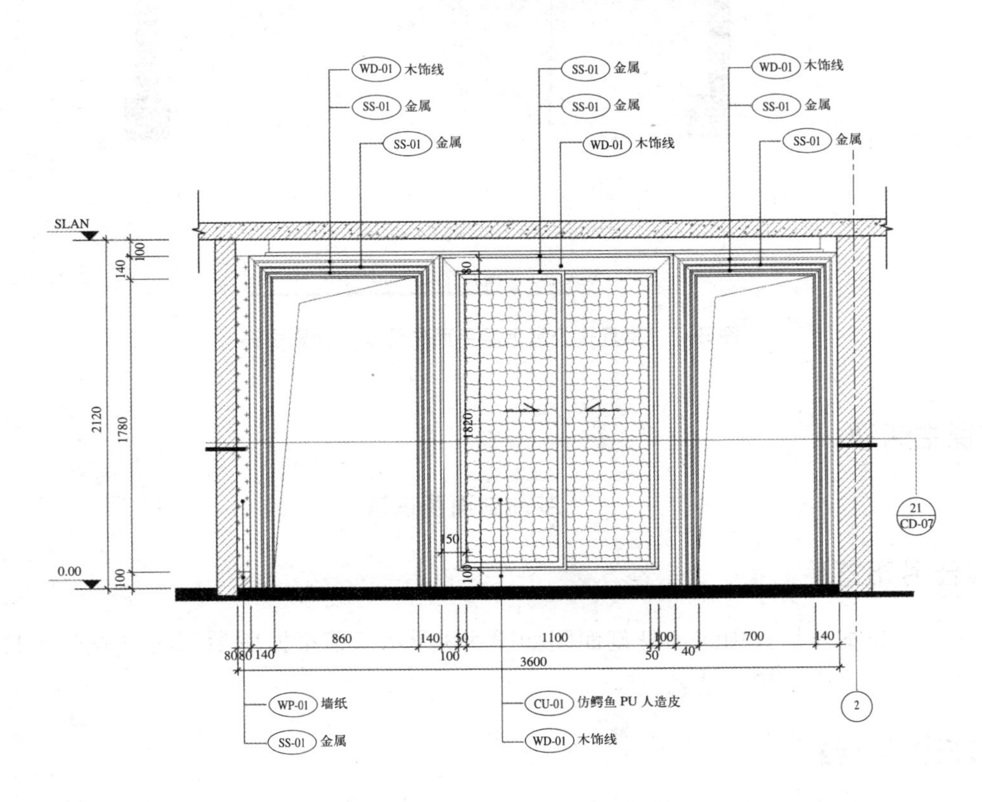

图 5-6　某复式公寓主卧 3 立面图

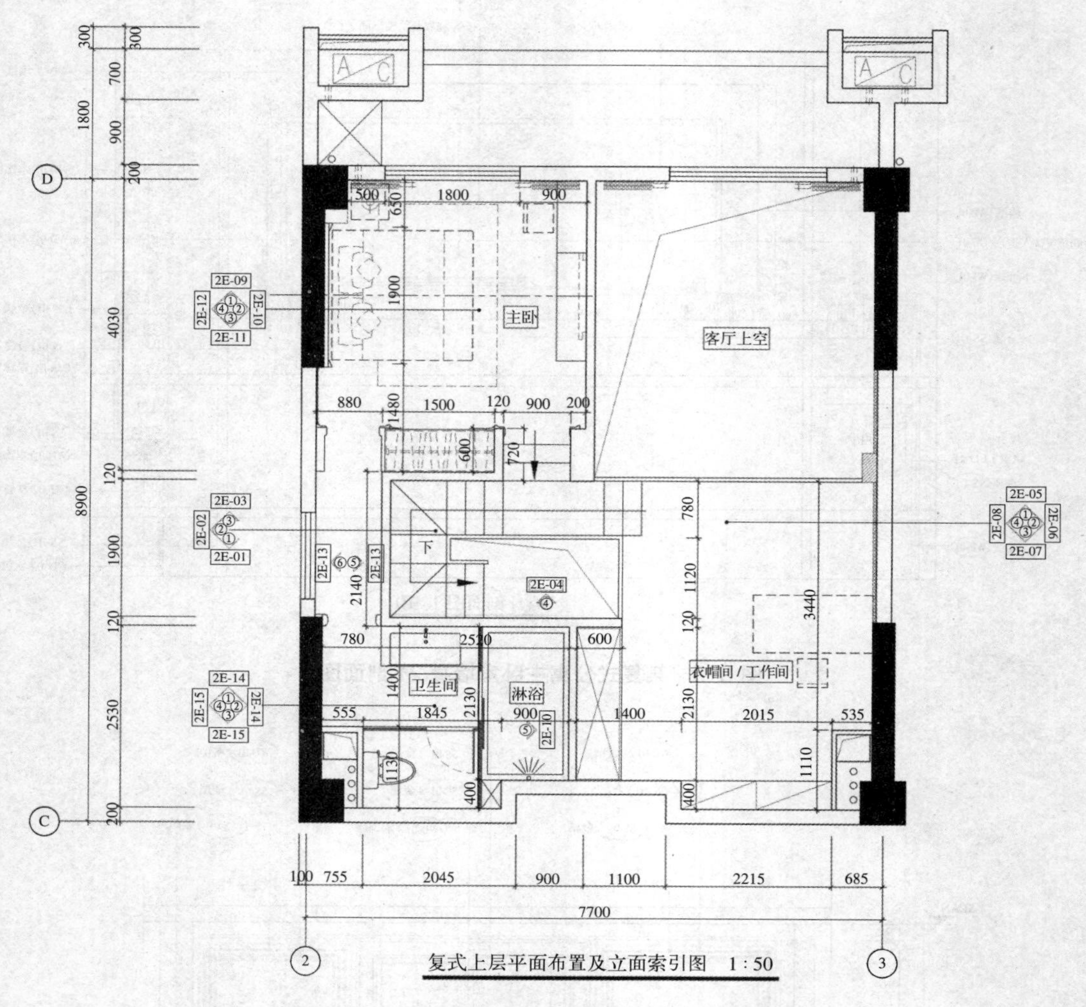

图 5-7　某复式公寓上层平面布置及立面索引图

课堂活动

装饰剖面图识读

【任务布置】

某复式公寓开放式厨房墙身剖面图如图 5-8 所示，请根据所学剖面图基本知识，识读该剖面图，并获取相关信息。

【任务实施】

请根据上述任务布置，以小组合作的形式，完成以下任务：

1. 结合图 4-9 开放式厨房平面布置图、图 4-10 开放式厨房 1 立面图，说出该剖面图的剖切位置及投影方向。

2. 根据图 5-8，说出该剖面图主要表达了哪几部分的构造。

3. 简述图中橱柜和吊柜的尺寸及使用的材料。

4. 简述图中墙面的装修情况及构造做法。

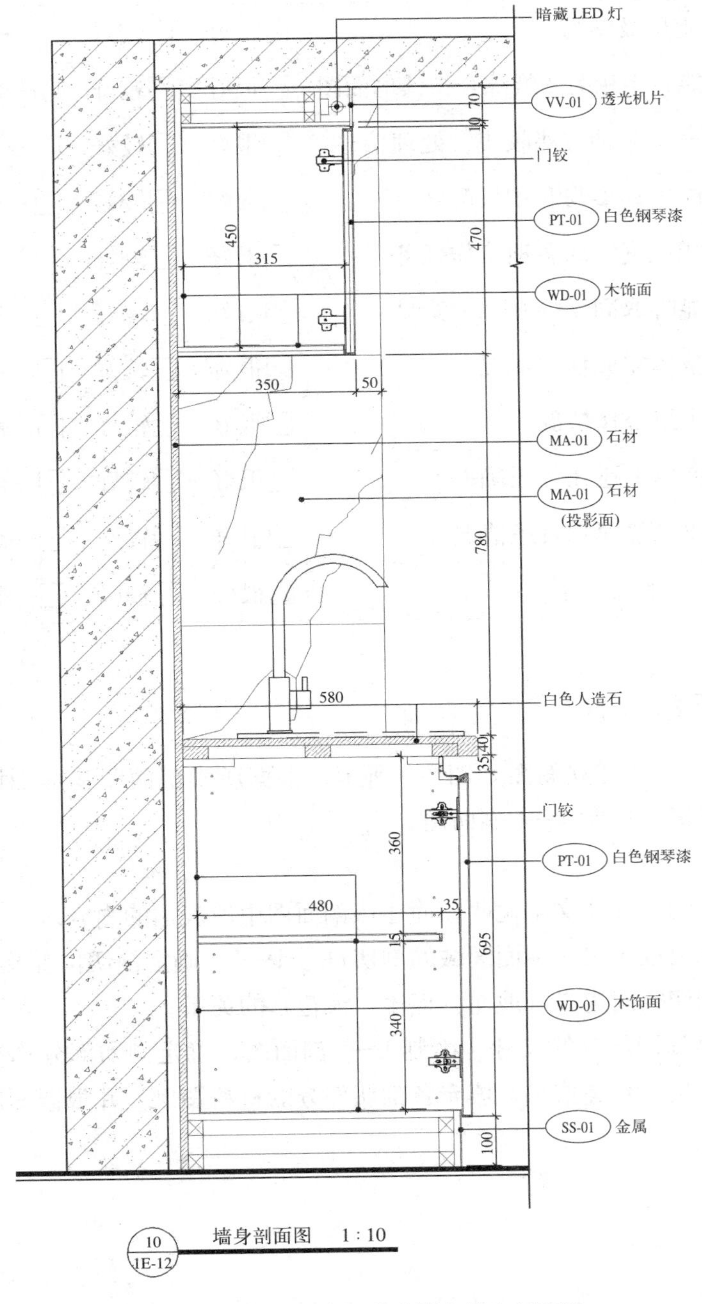

图 5-8 某复式公寓开放式厨房墙身剖面图

【活动评价】

课堂活动评价表

评价方式	评价内容	评价等级
自评（20%）	1. 能积极参与	□很好　□较好　□一般　□还需努力
	2. 能联系相关图纸综合识读剖面图	□很好　□较好　□一般　□还需努力
	3. 会用多种方法收集、处理信息	□很好　□较好　□一般　□还需努力
小组互评（40%）	1. 能主动参与和积极配合	□很好　□较好　□一般　□还需努力
	2. 能认真完成各项工作任务	□很好　□较好　□一般　□还需努力
	3. 能听取同学的观点和意见	□很好　□较好　□一般　□还需努力
	4. 整体完成任务情况	□很好　□较好　□一般　□还需努力
教师评价（40%）	1. 小组合作情况	□很好　□较好　□一般　□还需努力
	2. 完成上述任务正确率	□很好　□较好　□一般　□还需努力
	3. 成果整理和表述情况	□很好　□较好　□一般　□还需努力
综合评价		□很好　□较好　□一般　□还需努力

【能力拓展】

某公寓一层餐厅D立面图如图5-9所示，根据所学剖面图基本知识，识读该剖面图，并结合平面图，绘制1—1剖面图。

思考题：

1. 根据图中的尺寸及文字说明，简述该剖面图中所表达的内容。

2. 在图中找出位于对应平面区域的剖切符号1—1，确定剖切位置及剖视方向。

3. 简述各剖切空间边界（地面、柜体、天花）的关系。

4. 找出主要剖切部分的尺寸，绘制1—1剖面图，确定剖切部分构造做法（使用材料、连接方式、尺寸）等信息，填充各剖切部分的材料图例，并根据剖面图绘制要求区分线型，上墨线。

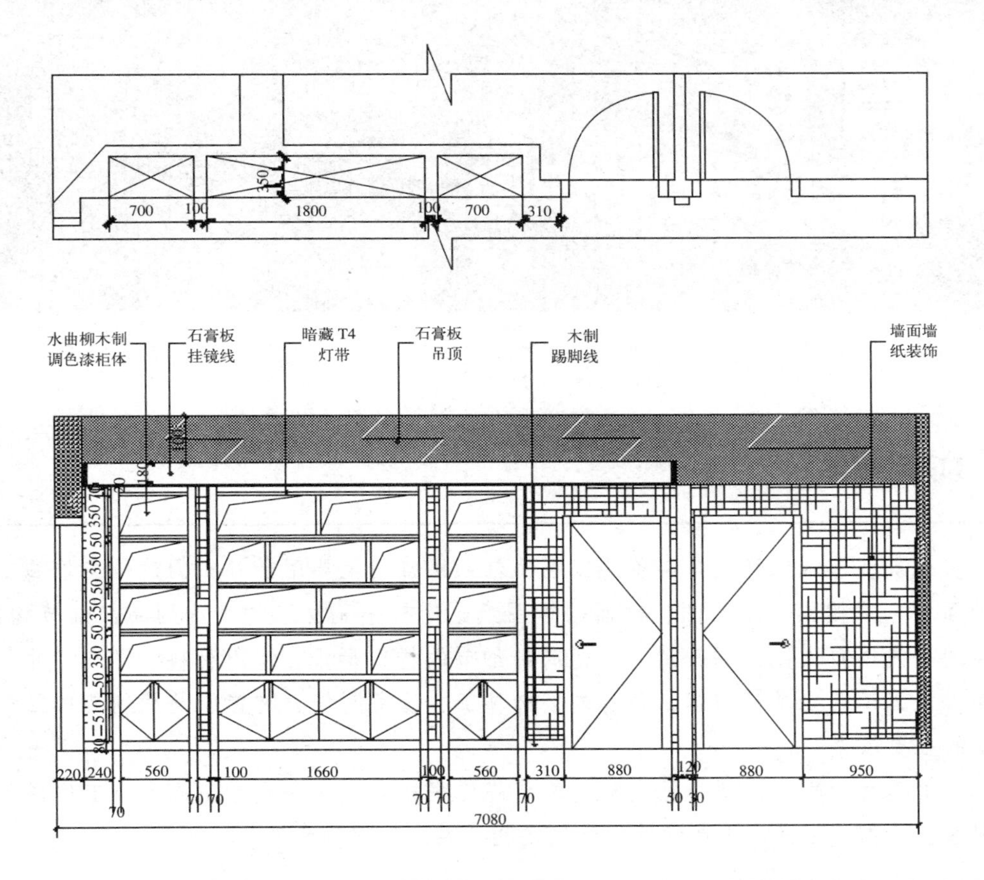

图 5-9　某公寓一层餐厅 D 立面图

项目 6
装饰施工详图的识读

【项目概述】

建筑装饰施工详图是装饰施工图的辅助图样，主要用于补充因建筑装饰施工图平面图、顶棚图、立面图、剖面图等图纸比例较小无法清楚表达的局部细节构造。详图将使用较大比例图纸清楚表达局部细节的构造形式、使用材料、详细尺寸、连接方式、工艺要求等内容，是室内装饰施工、设备制作、购置以及编制装饰工程预算的主要依据。

本项目的学习，拟根据实际装饰装修工程施工详图，通过完成多个工作任务实现建筑装饰施工详图识读技能训练以及相关基本知识的学习。

任务 6.1　装饰详图基本知识

【任务描述】

本项工作任务，主要通过对详图中所涉及的相关知识的学习，引导学生了解建筑装饰施工详图的内容、概念及绘制要求等。

通过本工作任务的学习，学生能说出装饰施工详图的概念、类型及要求，并能阐述装饰施工详图的内容。

【知识构成】

6.1.1 建筑装饰详图的作用及类型

1. 详图的作用

详图是在建筑装饰施工图中，当平面图、立面图、剖面图等图纸中某些局部细节因图纸比例限制无法清楚表达时，使用较大比例按正投影的画法，详细绘出需要表达的局部细节构造的辅助图纸。通过详图的绘制，可详细地表达出局部细节构造的形状、组成、材料、尺寸、工艺等内容，从而满足装修细部施工的需要。

2. 详图的类型

室内设计详图大致可划分为三个方面：

（1）构造详图。包括室内楼梯、台阶、坡道、楼地面、内墙面、吊顶、轻质隔墙等构造做法。

（2）配件和设施详图。包括门窗、门窗套、窗帘盒、窗台板、石材干挂、栏杆、扶手橱柜、壁柜、家具等构造做法。

（3）装饰详图。包括线脚、柱式、壁饰、图案、装饰物等构造做法、材料、细部尺寸及与主体的连接构造。

3. 常用绘制比例

详图的绘制一般是作为平面图、立面图、剖面图等图纸局部细节构造的补充，一般采用较大的比例绘制，以便于清楚表达局部细节构造。

详图绘制的比例一般采用 1 ∶ 50、1 ∶ 30、1 ∶ 20、1 ∶ 10、1 ∶ 5、1 ∶ 2、1 ∶ 1 等。

6.1.2 建筑装饰详图的内容

1. 详图应标明图名和比例，其图名中应包含详图符号，并与被索引图纸中的详图符号相对应。

2. 详图应标明被索引部分的基本形状、构造形式，以及相应部分的尺寸关系。

3. 详图应标明主要局部构造的各组成部分、其材料及规格、各部分之间的连接方式及相对位置关系。

4. 详图应标明各构造部分的详细尺寸、工艺要求和其他必要文字说明。

5. 详图中如需继续绘制其详图时，应在图中对应部位绘制详图索引符号，如引用标准图集作为其详图，则需注明图集名称、编号、所在页码、图名等信息。

6.1.3 建筑装饰详图的识读要点

（1）识读图名、比例，并找到对应平、立、剖面图等图纸上的详图索引符号，确定详图所示部位。

（2）识读详图，找出图中的主要局部构造部分，并识读其形状和组成部分。

（3）识读详图中构造部分的材料组成、规格、详细尺寸、各部分之间的连接方式及相对位置关系。

（4）识读详图中的其他相关信息，如施工工艺要求、文字说明等部分。

（5）识读详图中是否有其他详图索引符号，如果有则找到相关图纸或图集，并识读图纸内容。

（6）结合相关图纸进一步综合识读图纸，查阅其相关部分是否一致，以加强对详图图示内容的理解。

课堂活动

认识装饰施工详图

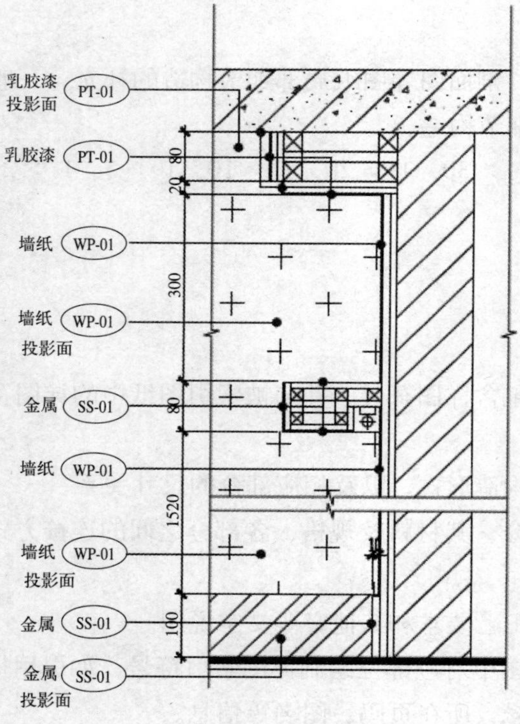

【任务布置】

根据所学的装饰施工详图基本知识，通过完成以下工作任务，认识装饰施工详图。

【任务实施】

请根据上述任务布置，以小组合作的形式，完成以下工作任务：

1. 简述装饰施工详图的作用及类型。
2. 简述装饰施工详图的主要图示内容。
3. 说出装饰施工详图绘制的常用比例。
4. 请说出图 6-1 ～图 6-7 各属于哪种类型的装饰施工详图。

图 6-1　墙身详图

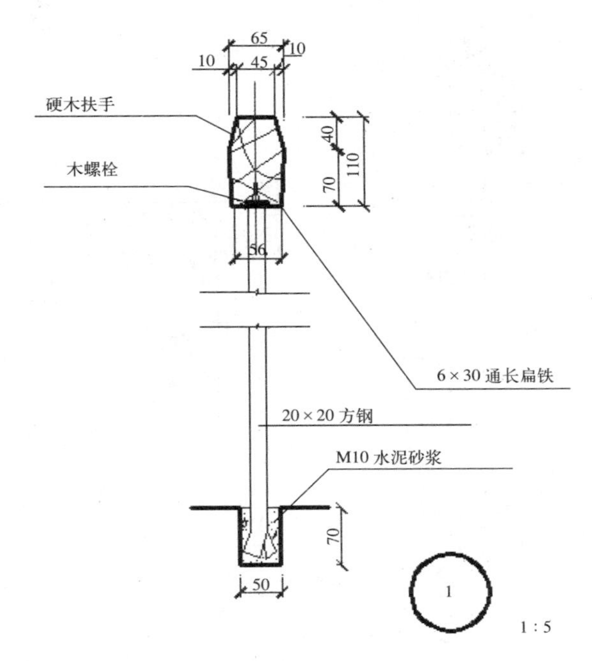

图 6-2　栏杆详图

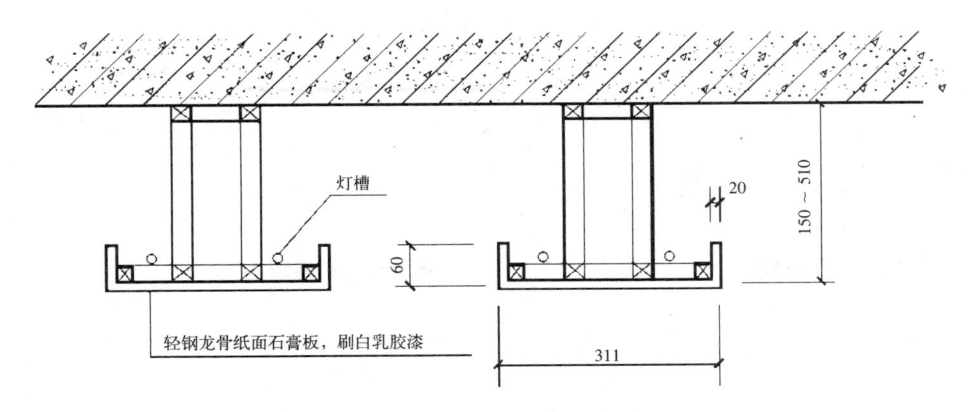

图 6-3　顶棚节点详图

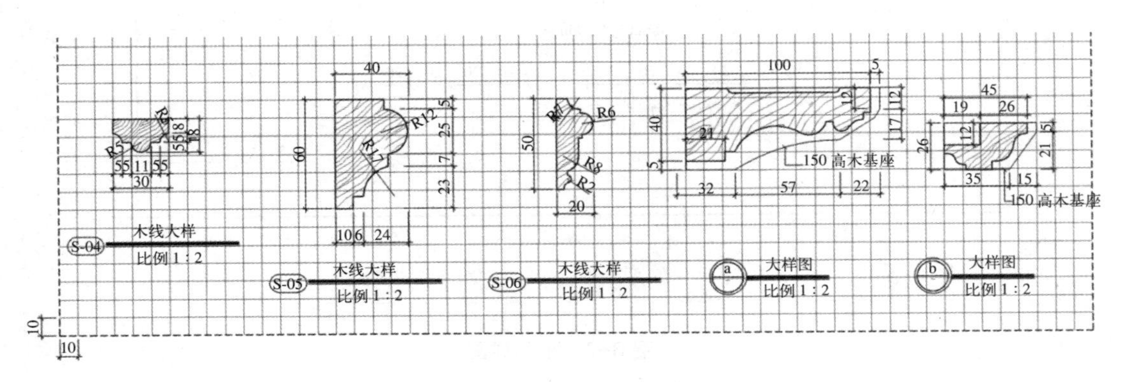

图 6-4　线脚详图

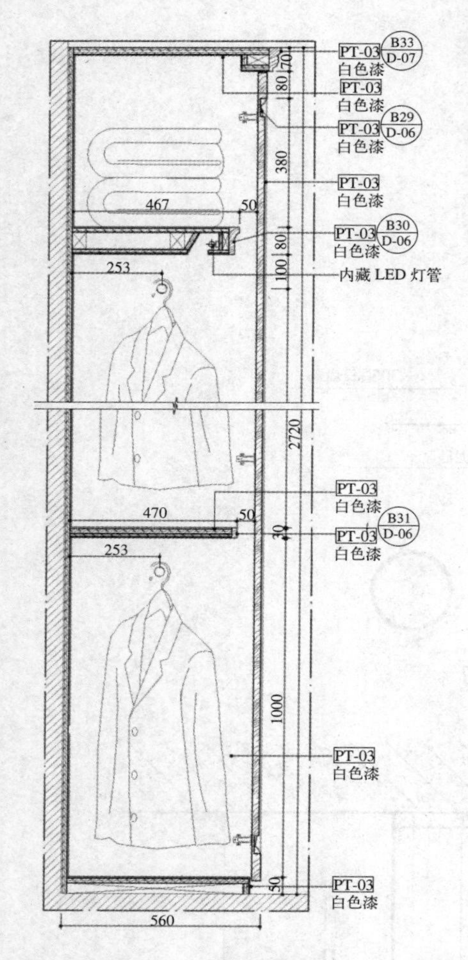

图 6-5　衣柜详图

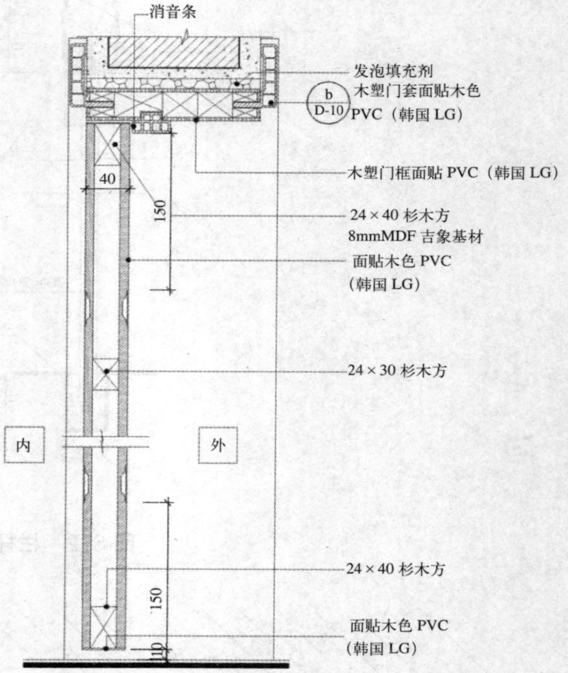

消音条
发泡填充剂
木塑门套面贴木色
PVC（韩国 LG）
b
D-10
木塑门框面贴 PVC（韩国 LG）
40
150
24×40 杉木方
8mmMDF 吉象基材
面贴木色 PVC
（韩国 LG）
24×30 杉木方
内
外
24×40 杉木方
150
面贴木色 PVC
（韩国 LG）
10

图 6-6　门详图

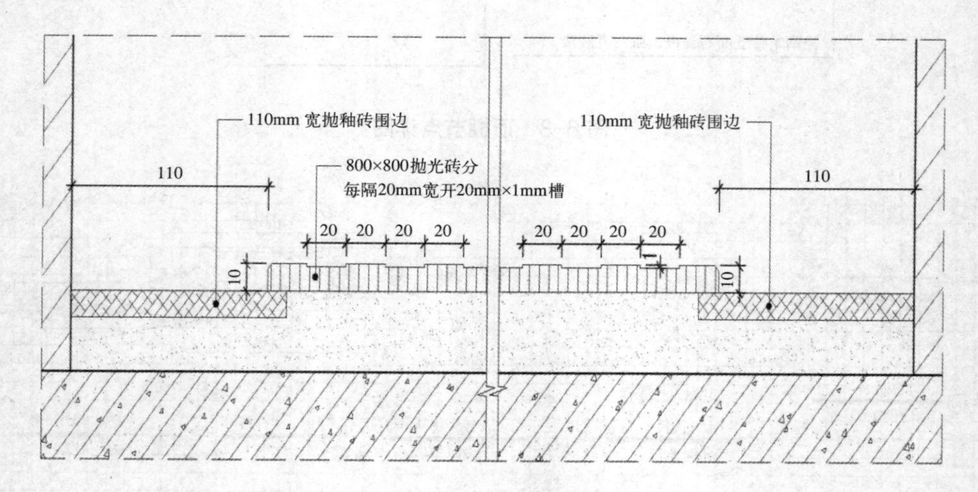

图 6-7　地面详图

【活动评价】

课堂活动评价表

评价方式	评价内容	评价等级
自评（20%）	1. 能积极参与	□很好 □较好 □一般 □还需努力
	2. 能简述详图的作用、内容	□很好 □较好 □一般 □还需努力
	3. 能结合图纸理解详图的类型	□很好 □较好 □一般 □还需努力
	4. 会用多种方法收集、处理信息	□很好 □较好 □一般 □还需努力
小组互评（40%）	1. 能主动参与和积极配合	□很好 □较好 □一般 □还需努力
	2. 能认真完成各项工作任务	□很好 □较好 □一般 □还需努力
	3. 能听取同学的观点和意见	□很好 □较好 □一般 □还需努力
	4. 整体完成任务情况	□很好 □较好 □一般 □还需努力
教师评价（40%）	1. 小组合作情况	□很好 □较好 □一般 □还需努力
	2. 完成上述任务正确率	□很好 □较好 □一般 □还需努力
	3. 成果整理和表述情况	□很好 □较好 □一般 □还需努力
综合评价		□很好 □较好 □一般 □还需努力

【知识拓展】

随着装饰装修材料工业的飞速发展，建筑配件、装饰构件、室内设施日益走向工业化、配套化，这部分产品，厂家均有技术手册，详细地说明安装施工要求和方法，不需要设计人员绘制详图，多采用标准图集。在采用标准图集时应注意以下问题：

1. 选用任何一册标准图集，都应先仔细阅读该图集的相关说明，以便了解使用范围、要求以及索引方法。

2. 选用的“工程做法”或构造详图应与本工程的功能、部位相符合。有个别尺寸或构造有不同者，应注明何处不同。

任务 6.2　楼地面装饰施工详图识读

【任务描述】

本项工作任务，主要通过对楼地面装饰施工图中所涉及的相关知识的学习，以实际装饰工程施工图纸为例，引导学生学会识读楼地面装饰施工详图，并获取相关信息。

通过本工作任务的学习，学生能详细描述各种地面装饰类型、平面位置、结构特点、所用材料以及其与建筑构件之间的链接关系等。训练学生熟练识读楼地面装饰施工详图，具备楼地面装饰工程计价和指导施工的能力。

【知识构成】

6.2.1　楼地面装饰施工详图的内容

楼地面装饰施工详图是楼地面装饰工程施工和计价的依据，具体标示材料、构造、尺寸和指导每个工种、工序的施工。施工详图把结构要求、材料构成及工艺技术要求等用图纸的形式交代给施工人员，以便准确、顺利地组织和完成楼地面装饰工程。

楼地面装饰施工详图包括楼地面节点（大样）索引图、节点（大样）详图。

楼地面节点（大样）索引图是室内楼地面与装饰物的正投影图，一般标明了各种材质地面的相互尺寸关系，楼地面装饰的式样及材料、位置尺寸等，更重要的是在结构复杂位置标示剖切符号，表明该处有对应节点构造详图。

节点（大样）详图是在两个或以上装饰面的汇交点，绘制具体构造细节的图。按垂直或水平方向剖切，以标明各装饰面之间的连接方式和固定方法，以及表层、中间层和基层材料。构造详图应详细表现出装饰面连接处的构造，注有详细的材料、尺寸和收口、封边的施工方法。

6.2.2　常用绘制比例

楼地面节点（大样）详图的比例一般采用 1 ： 20，结构较复杂时采用 1 ： 10、1 ： 5、1 ： 2、1 ： 1 等。

6.2.3　楼地面装饰施工类型

1. 按照不同的构造方式，楼地面装饰主要有如下几种：

（1）整体式楼地面——水泥地面、水磨石地面、涂饰地面。

（2）块材楼地面——陶瓷砖地面、石材地面。

（3）木楼地面——实木地板地面、实木复合地板地面、复合地板地面、竹木地板地面。

（4）软质楼地面——地毯地面、塑料地面、橡胶地面。

（5）特殊楼地面——发光地面、活动夹层地板。

楼地面构造设计重点在于确定地面各种类型、材料及构造做法及楼地面特殊部位连接等。

2. 常见楼地面构造

（1）整体式楼地面

整体式楼地面是指在施工现场整体浇筑面层的一种做法，其构造见表 6-1。

整体式楼地面构造　　　　表 6-1

水泥砂浆地面	
特点	构造简单、造价低、表面坚固、能防水、耐磨少尘
工艺	单层：抹 15 ～ 20mm 厚 1 ：2 ～ 1 ：2.5 水泥砂浆，待其终凝前用铁板抹光。 双层：在单层基础上抹 20 ～ 25mm 厚 1 ：2 水泥砂浆，用 16 号或 24 号砂轮磨光机磨光而成
适用场所	装饰要求较低档的楼地面。车库、厂房、仓库等
实景图	构造图
	封闭剂 6 ～ 8 厚水泥基自流平 水泥基自流平界面剂 50 厚 C25 细石混凝土垫层 LC7.5 轻骨料混凝土垫层 现浇钢筋混凝土楼板或预制楼板上现浇叠合 水泥砂浆地面(楼地面) 封闭剂 6 ～ 8 厚水泥基自流平 水泥基自流平界面剂 50 厚 C25 细石混凝土垫层 C15 混凝土垫层 素土夯实 水泥砂浆地面(素土夯实地面)
现浇水磨石楼地面	
特点	整体性好、坚固光滑耐磨美观、易于清洁防水
工艺	底层：用 10 ～ 15mm 厚 1 ：3 水泥砂浆找平。 在底层上用 1 ～ 3mm 厚的铜、铝、玻璃条分成方格或做成各种图案，用以划分，防止面层开裂。 面层：选择粒径 4 ～ 12mm 的白云石、大理石粒混合 1 ：2 的水泥砂浆铺 10 ～ 15mm 厚。养护一周后磨光打蜡

续表

现浇水磨石楼地面	
适用场所	装饰要求略高的公共场所，如教室、大厅、过道、楼梯等
实景	构造图
  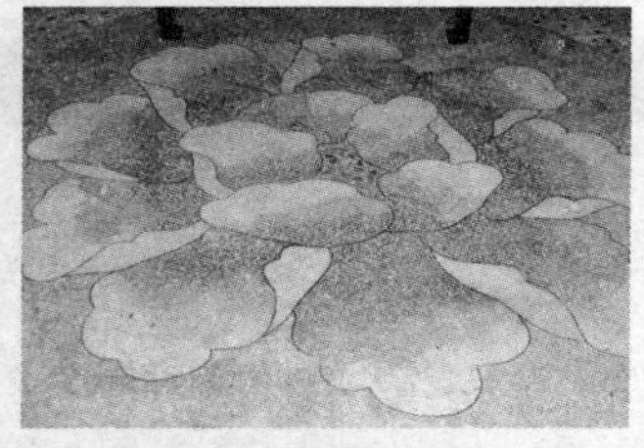	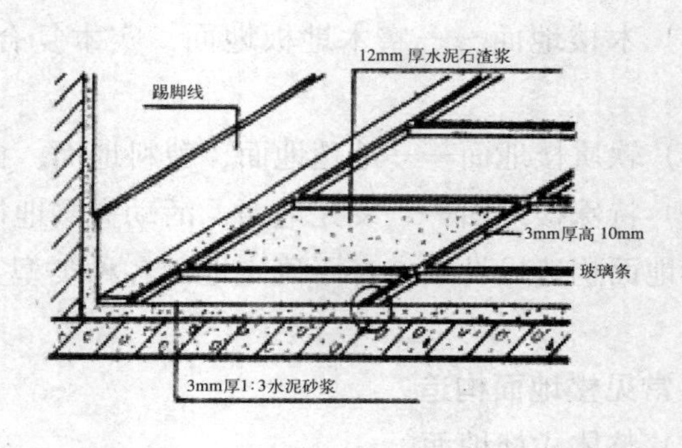 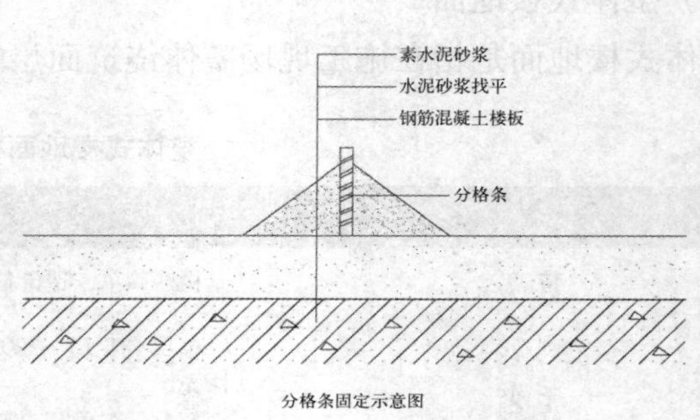 分格条固定示意图

涂布楼地面	
特点	表面光洁、无缝整体、防水、易于清洁
工艺	在基层上，涂刷一道过氯乙烯地面涂料底漆，隔天再用过氯乙烯涂料按面漆：石英粉：水 =100 ：（80 ~ 100）：（12 ~ 20）的比例将基层孔洞及凸凹不平的地方填嵌平整，然后再满刮石膏腻子（比例为面漆：石膏粉 =100 ~ 80 ：80）2 ~ 3 遍，干后用砂纸打磨平整，清扫干净，涂刷过氯乙烯地面涂料 2 ~ 3 遍，养护一星期，最后打蜡即成
适用场所	清洁度要求较高的场所，如医院、实验室、展馆等
实景	构造图
	涂刷过氯乙烯地面涂料 2 ~ 3 遍 满刮石膏腻子 过氯乙烯涂料按面漆填嵌基层 涂刷过氯乙烯地面涂料底漆一道 钢筋混凝土楼板 涂布楼地面

（2）块材楼地面

块材类楼地面，是指以陶瓷锦砖、瓷砖、缸砖、水泥砖以及预制水磨石板、大理石板、花岗岩板等板材铺砌的地面。块材类楼地面属于刚性楼地面，其构造见表 6-2。

块材楼地面构造　　表 6-2

石材地面	
特点	品种多样、颜色纹理丰富、装饰效果高档、质地坚硬、耐磨、耐酸、耐久
工艺	大理石板、花岗岩板铺贴时根据基层的不同有两种做法。 楼面基层：在基层上做素水泥浆结合层掺 20% 建筑胶，然后抹 30mm 厚 1 ∶ 3 水泥砂浆，刷素水泥浆一道，最后层铺贴 20 ~ 30mm 大理石或花岗岩板面层并用纯水泥浆填缝。 地面基层：先做 50 ~ 100mm 混凝土垫层，然后再按楼面基层方法施工
适用场所	广泛用于宾馆的大堂、商场的营业厅、候机厅等公共场所的楼地面
实景	构造图
  	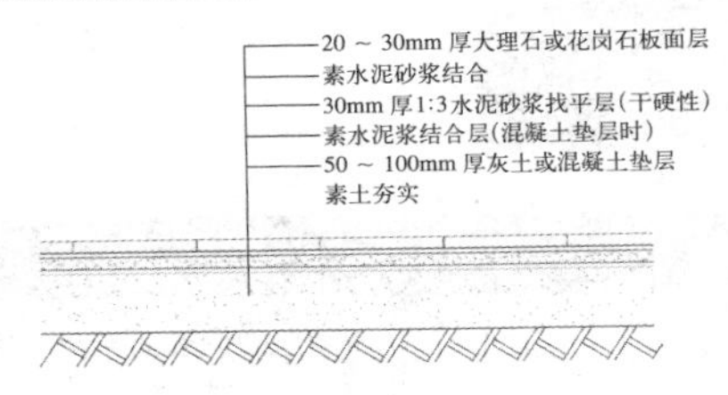 基层大理石地面（素土夯实地面） 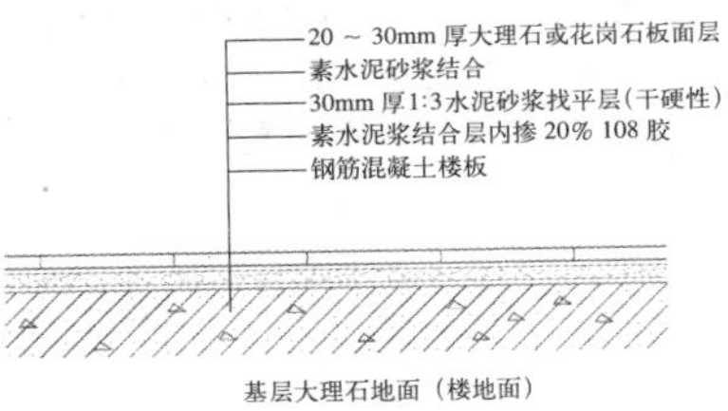 基层大理石地面（楼地面） 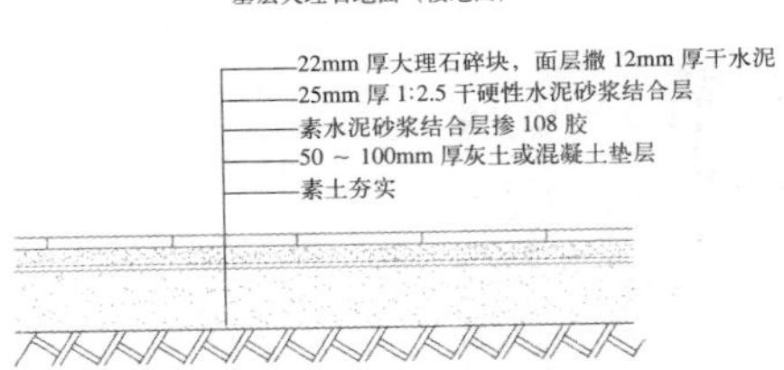 碎拼大理石（素土夯实地面）
陶瓷砖地面	
特点	品种多，质地坚硬、质感生动、色彩丰富、表面光滑、耐磨
工艺	陶瓷砖铺贴时根据基层的不同有两种做法。 楼面基层：在基层上做素水泥浆结合层掺 20% 建筑胶，然后抹 20mm 厚 1 ∶ 3 水泥砂浆找平，刷素水泥浆一道，最后层铺贴陶瓷面层并用干水泥擦缝。 地面基层：先做 50 ~ 100mm 混凝土或后灰土垫层，然后再按楼面基层方法施工

续表

陶瓷砖地面	
适用场所	广泛用于室内外地面、台阶、楼梯踏步
实景	构造图
	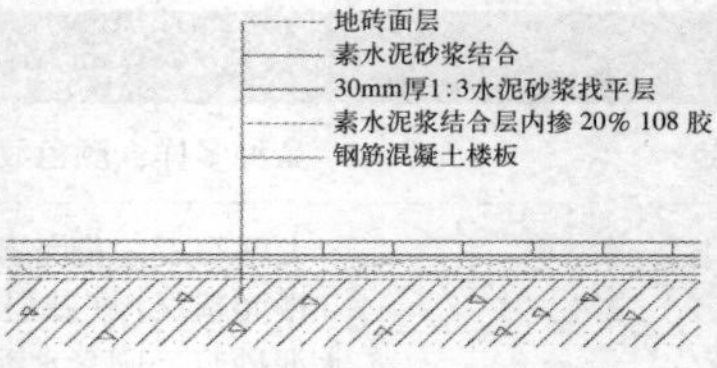 地砖面层 素水泥砂浆结合 30mm厚1:3水泥砂浆找平层 素水泥浆结合层内掺20% 108胶 钢筋混凝土楼板 基层地砖地面（楼地面） 地砖面层 素水泥砂浆结合 20mm厚1:3水泥砂浆找平层 素水泥浆结合层（混凝土垫层时） 50 ～ 100mm 厚灰土或混凝土垫层 素土夯实 基层地砖地面（素土夯实）

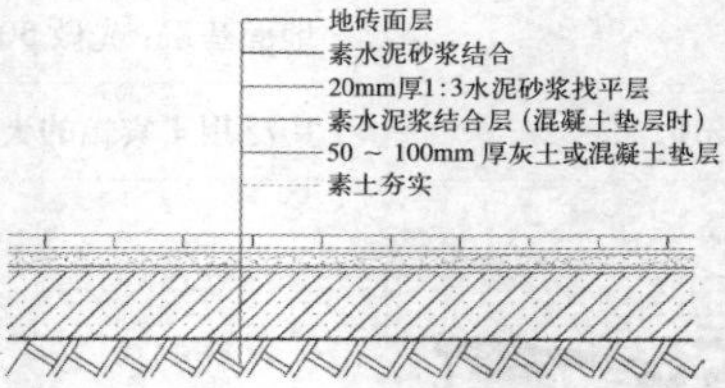

陶瓷锦砖地面	
特点	质地坚硬、表面光滑、质感生动、色彩丰富、经久耐用耐磨
工艺	陶瓷锦砖又称马赛克，铺贴时根据基层的不同有两种做法。 楼面基层：在基层上做素水泥浆结合层掺20%建筑胶，然后抹20mm厚1：3水泥砂浆找平，刷素水泥浆一道，最后层铺贴陶瓷面层并用干水泥擦缝。 地面基层：先做50 ～ 100mm混凝土或后灰土垫层，然后再按楼面基层方法施工
适用场所	厨房、浴厕、化验室等
实景	构造图
	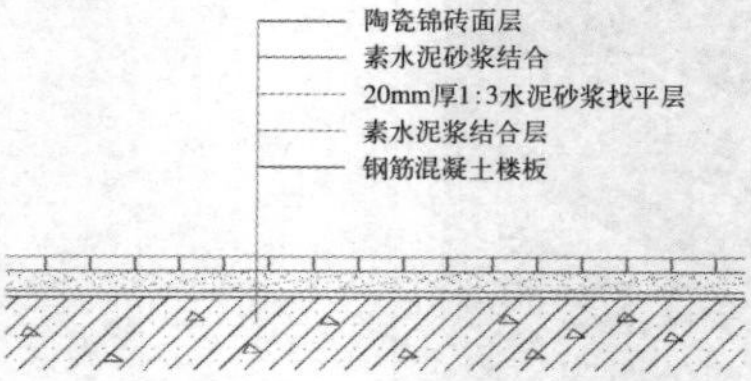 陶瓷锦砖面层 素水泥砂浆结合 20mm厚1:3水泥砂浆找平层 素水泥浆结合层 钢筋混凝土楼板 基层陶瓷锦砖地面

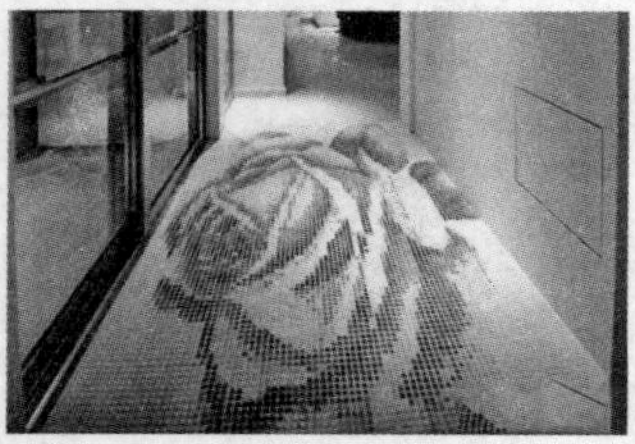

（3）木楼地面

木楼地面又称木地板地面，面层由木板、硬质木胶合板、实木地板、复合地板等铺钉或粘贴而成的楼地面。

木楼地面按结构构造形式不同，一般可分为架空式木楼地面、实铺式木楼地面和粘贴式木楼地面。

木楼地面常见构造见表 6-3。

常见木楼地面构造 表 6-3

实木地板	
特点	纹理自然、高档美观、富有弹性、脚感舒适、隔音保温
工艺	木地板有粘贴式、实铺式和空铺式三种。 粘贴式：先用 1 ∶ 20 厚沥青砂浆找平，找平层上刷冷底子油一道再上热沥青一道，然后抹沥青粘结层或专用胶粘贴拼花企口木地板。 实铺式：找平后上刷冷底子油一道或热沥青一道，然后用镀锌铁丝固定木格栅，木龙骨为 50mm × 60mm，间距 330 ~ 390mm 不等。在格栅铺设企口面板或铺设毛板后再铺钉面板。木龙骨和面板背面需涂防腐剂与涂料。 空铺式：是将木格栅架空，通过地垄墙或砖墩的支撑，使木地面达到设计要求的高度。支撑间距一般不宜大于 2m。木格栅与支撑之间，应有木垫块或通长垫木。垫块和通长垫木要涂刷沥青防腐，并在与砖砌体接触面干铺油毡一层。空铺式木地面可做成单层或双层，一般多用于底层。为了防止土中潮气上升和生长杂草，应在地面下的土上夯填 100mm 厚的灰土。灰土的上表面应高于室外地坪
适用场所	广泛用于宾馆的大堂、商场的营业厅、会堂、博物馆、银行、候机厅等公共场所的楼地面
实景	构造图
	平铺木地板楼
	架空木地板楼
复合地板	
特点	品种多样、不易变形、光泽美观、效果高档、耐磨防霉、防蛀
工艺	复合地板有实木复合地板和强化复合地板两种，铺设方法与实木地板相同
适用场所	广泛用于宾馆的大堂、商场的营业厅、会堂、博物馆、银行、候机厅等公共场所的楼地面
实景	构造图

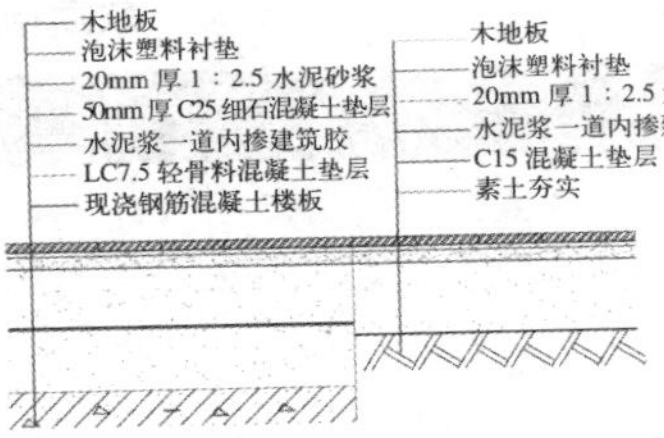

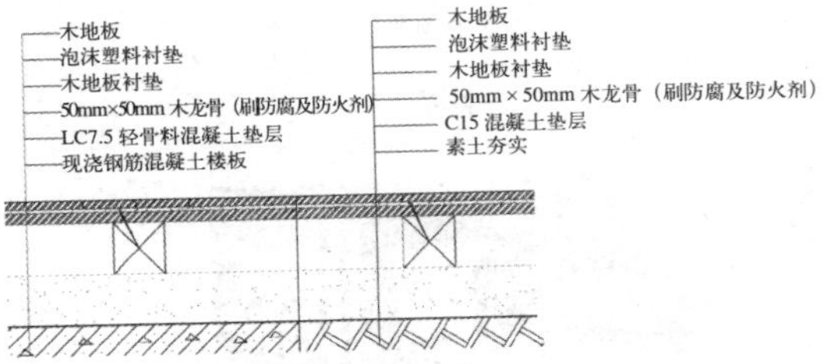

续表

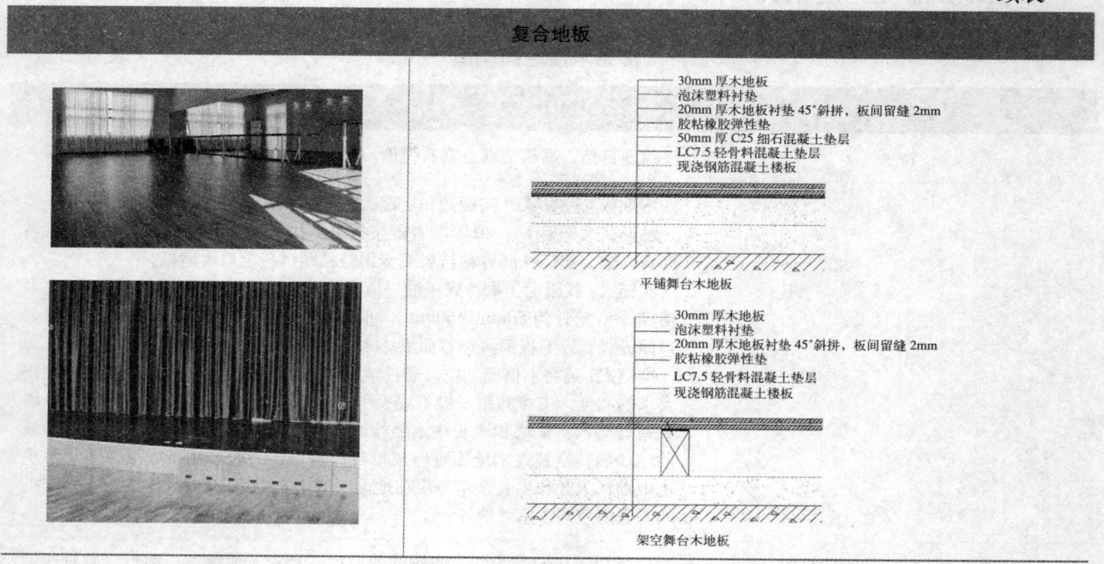

（4）软质楼地面根据面材不同有地毯地面、塑料地面、橡胶地面，其构造见表 6-4。

软质楼地面构造　　表 6-4

塑料地面	
特点	色彩鲜艳、施工简单、柔韧不宜断裂、绝缘
工艺	塑料地面有软质和半硬质两类，铺贴要求地面平整干燥。 软质：是卷材形式，铺装时切割拼成需要的尺寸和图案。 半硬质：外形以正方形或长方形块材为主，可用胶粘结剂、环氧树脂粘结剂，接缝采用拼接
适用场所	家庭和办公场所都适用
实景	构造图
	一体化上墙配件 万能胶与钢钉墙面固定 塑料地面 一体化上墙配件 万能胶与钢钉墙面固定 墙角垫条胶粘固定 塑料地面

续表

地毯地面	
特点	有弹性，价格高、吸音蓄热
工艺	地毯铺设方式有满铺与局部铺设两种。 局部铺设：不固定式，直接铺设。 满铺：固定式，做法有粘贴固定法和倒刺板固定法： 粘贴固定法：直接用胶将地毯粘贴在基层上。刷胶有满刷和局部刷两种。要求地毯本身具有较密实的基底层。 倒刺板固定法：清理基层；沿踢脚板的边缘用水泥钉将倒刺板每隔 40cm 钉在基层上，与踢脚板距离 8 ~ 10mm；粘贴泡沫波垫；铺设地毯；将地毯边缘塞入踢脚板下部空隙中
适用场所	广泛用于宾馆客房、家庭、会议室、电影院、办公空间的楼地面
实景	构造图
	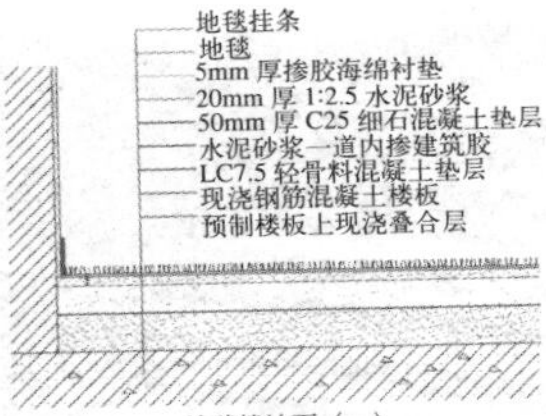 地毯挂条 地毯 5mm 厚掺胶海绵衬垫 20mm 厚 1:2.5 水泥砂浆 50mm 厚 C25 细石混凝土垫层 水泥砂浆一道内掺建筑胶 LC7.5 轻骨料混凝土垫层 现浇钢筋混凝土楼板 预制楼板上现浇叠合层 地毯楼地面（一） 地毯挂条 地毯 5mm 厚掺胶海绵衬垫 自流平找平层 水泥自流平界面剂 50mm 厚 C25 细石混凝土垫层 LC7.5 轻骨料混凝土垫层 现浇钢筋混凝土楼板 预制楼板上现浇叠合层 地毯楼地面（二） 地毯挂条 地毯 5mm 厚掺胶海绵衬垫 20mm 厚 1:2.5 水泥砂浆 水泥砂浆一道内掺建筑胶 C15 混凝土垫层 素土夯实 地毯楼地面（三） 地毯挂条 地毯 5mm 厚掺胶海绵衬垫 自流平找平层 水泥自流平界面剂 50mm 厚 C25 细石混凝土垫层 C15 混凝土垫层 素土夯实 地毯楼地面（四）

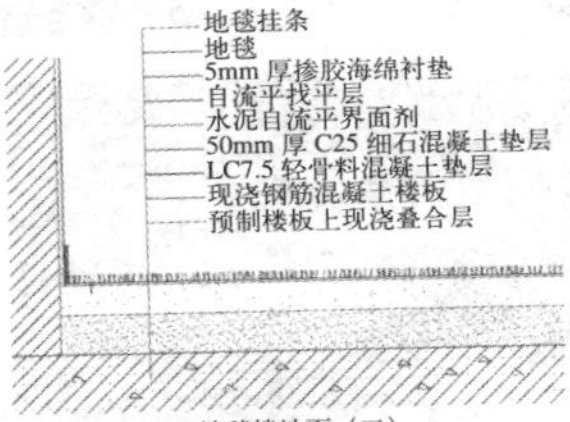

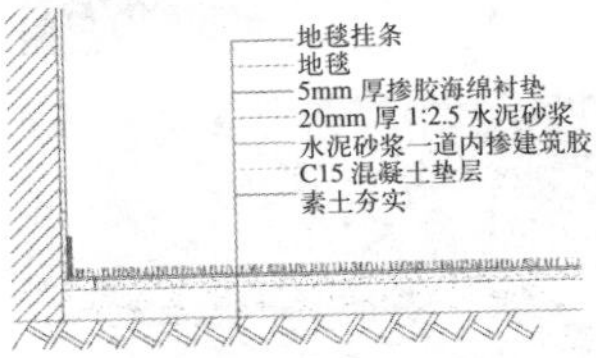

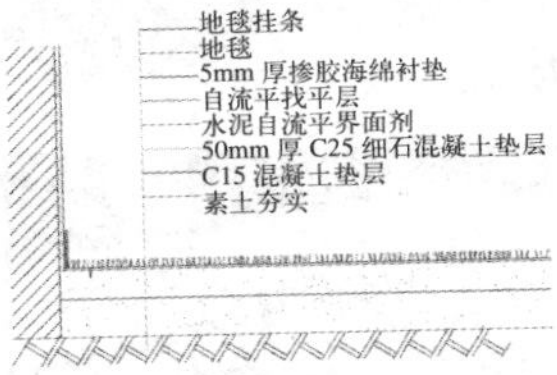

（5）特殊楼地面主要有发光地面、活动夹层地板，其构造见表 6-5。

特殊楼地面构造　　表 6-5

发光地面	
特点	装饰效果强、发光醒目、渲染气氛
工艺	发光地面，设架空层，架空层中安装灯具，面层采用透光材料。面层可用双层中空钢化玻璃、双层中空彩绘钢化玻璃、有机玻璃面板等。 发光地面做法，先设置架空基层，可以设架空支承结构——砖墩、混凝土墩、钢（铝合金）支架、木支架，或者铺设搁栅承托面层——木搁栅、型钢、T 型铝材等。然后安装灯具，可选用冷光灯具，固定在基层上或支架上，注意防火与绝缘。或者选用光珠灯带，直接敷设或嵌入地面。最后用粘贴法或搁置法固定透光面层
适用场所	家庭，办公场所，餐厅、会所等装饰要求高的场所都适用
实景	构造图

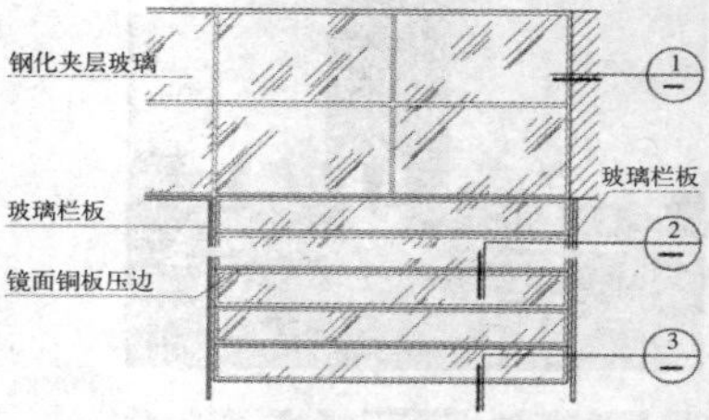

钢化夹层玻璃
玻璃栏板
玻璃栏板
镜面铜板压边
1
2
3

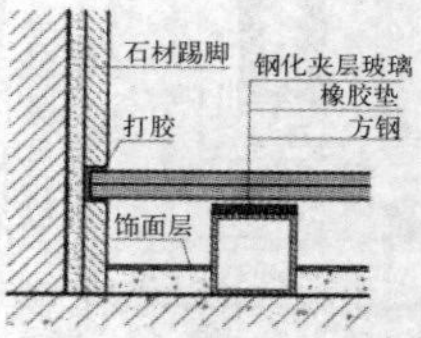

石材踢脚
钢化夹层玻璃
橡胶垫
方钢
打胶
饰面层
①

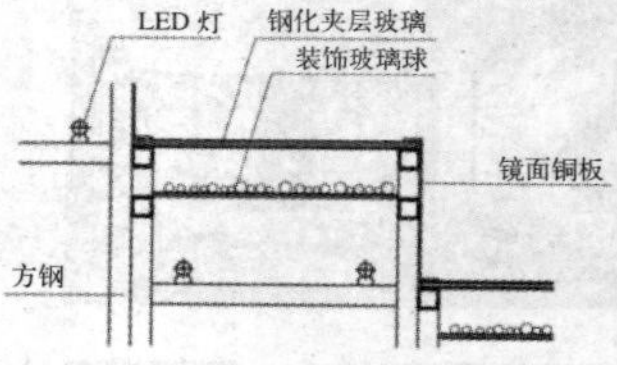

LED 灯
钢化夹层玻璃
装饰玻璃球
镜面铜板
方钢
②

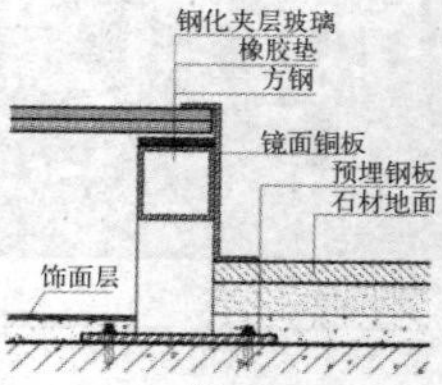

钢化夹层玻璃
橡胶垫
方钢
镜面铜板
预埋钢板
石材地面
饰面层
③

续表

活动夹层地板	
特点	有弹性，价格高、吸音蓄热
工艺	组成构件： 活动面板——各种装饰板材加工而成的活动木地板、抗静电铸铝活动地板、复合抗静电活动地板。 可调支架——联网式支架、全钢式支架。 铺装方法：首先清理基层然后按面板尺寸弹网格线，在网格交点上设可调支架，加设桁条，调整水平度最后铺放活动面板，用胶条填实面板与墙面缝隙
适用场所	计算机房，实验室等地面
实景	构造图
	弹性地材 线槽式地板模块 1:3 水泥砂浆找平层 钢筋混凝土楼板 线槽模块盖板 线槽模块 可调支架系统 设计定 联网后锁紧可靠，无摆动，有整体刚性，调整高度及靠墙地板安装方便。 （a） （b） 地板上、下板为冷轧，经整体拉伸冲压点焊组成，桁梁支架为全钢，可作高支架

6.2.4　不同材质楼地面交接处构造

不同材质楼地面之间的交接处，应采用坚固材料作边缘构件，如用硬木、铜条、铝条等作过渡交接处理，避免产生起翘或不齐现象。常见不同材质地面交接处的处理构造如图 6-8 所示。

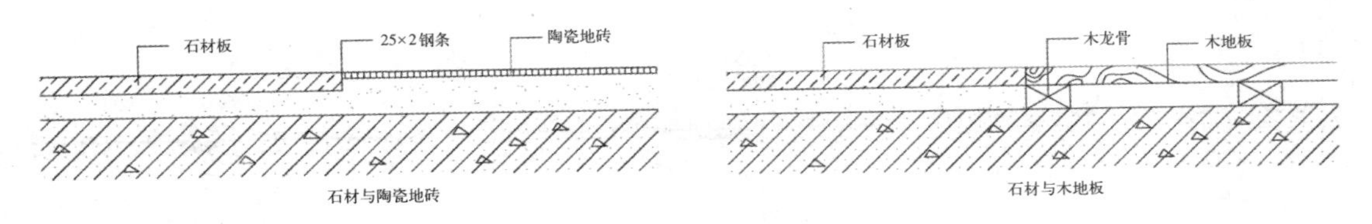

图 6-8　不同地面材质交接处构造

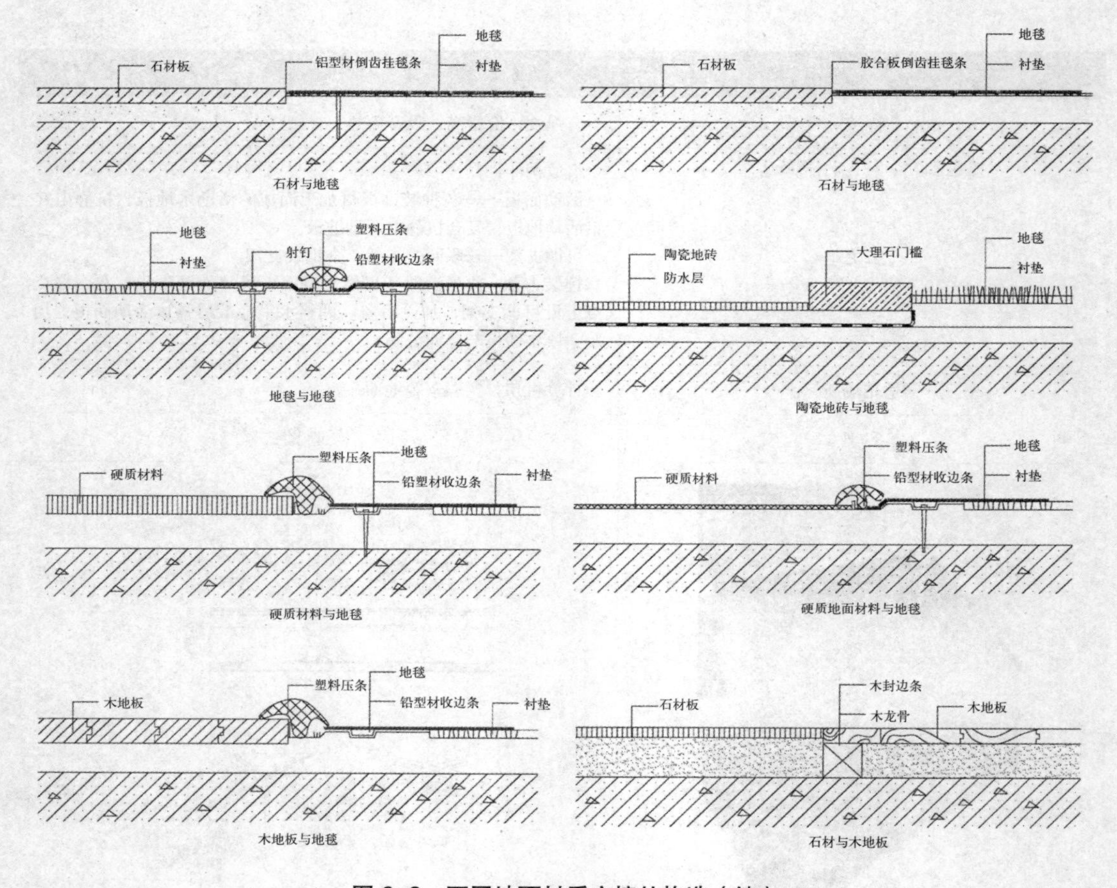

图 6-8　不同地面材质交接处构造（续）

6.2.5　地面各种材料接缝、收边构造

楼地面不同材料之间的接缝或楼地面装饰材料与墙角的收边，需要用到专门的收边条或踢脚板。收边条、踢脚线的类型和材料种类繁多，一般根据地面装饰而定，如图6-9 所示。

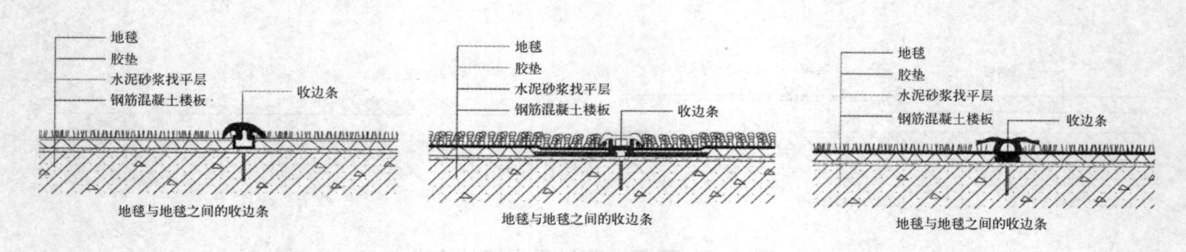

图 6-9　楼地面各种材料接缝、收边构造

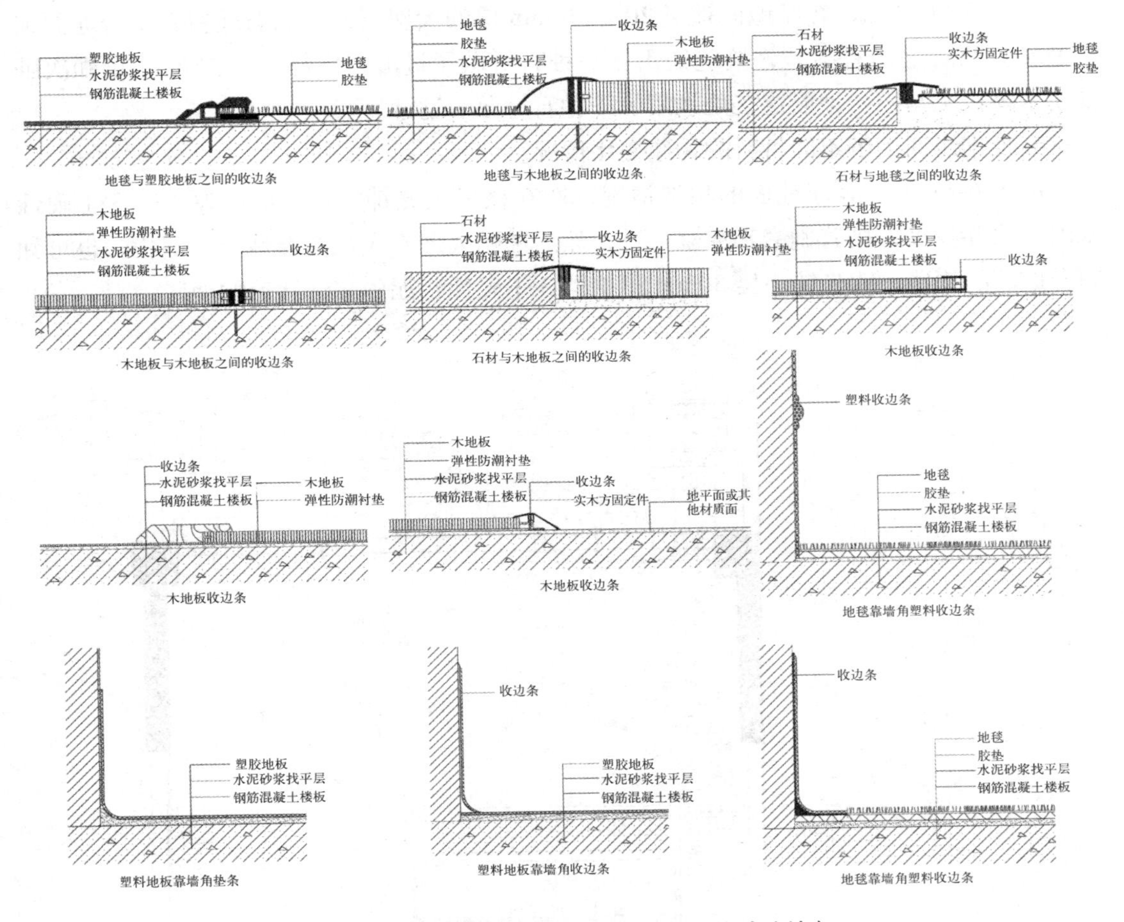

图 6-9　楼地面各种材料接缝、收边构造（续）

6.2.6　楼地面施工详图图的识读要点

1. 了解室内各空间地面的装饰情况后根据详图索引符号确定详图位置。

由复式下层地面大样索引图（见图 6-10）可知各区域地面装饰的类型，在客厅出阳台、次卧出阳台、次卧入口有详图索引符号，表明这三处位置有构造详图。

2. 根据图名，在索引图中找到相应的剖切符号或索引符号，弄清楚剖切或索引的位置及视图投影方向。

由复式下层地面大样索引图（见图 6-10）可知，地面剖面图 3（见图 6-11）的剖切位置在客厅出阳台处，并向左侧投影；地面剖面图 6（见图 6-12）的剖切位置在次卧出阳台处，也向左侧投影。

3. 借助图例及文字说明，详细了解详图的有关构件、配件和装饰面的连接形式、材料、截面形状和尺寸等信息。

由图 6-11 可知，客厅地面铺了 20 ~ 30mm 厚的大理石或花岗石地板，阳台地面铺了地砖，两者之间有高差，接缝处用另一种石材做了过渡。同样，由图 6-12 可知次卧铺了木地板，与阳台地面连接处也用另一种石材做了过渡。

4. 根据详图了解不同材料的构造变化情况。

由图 6-11 可知客厅地面的构造情况，即在楼板上先铺一层 30mm 厚 1 ∶ 3 干硬性水泥砂浆并找平，接着刷素水泥浆一道，然后铺贴大理石或花岗石地板。同样，也可知阳台地面的构造，即先铺一层 30mm 厚 1 ∶ 3 干硬性水泥砂浆，然后贴地砖。

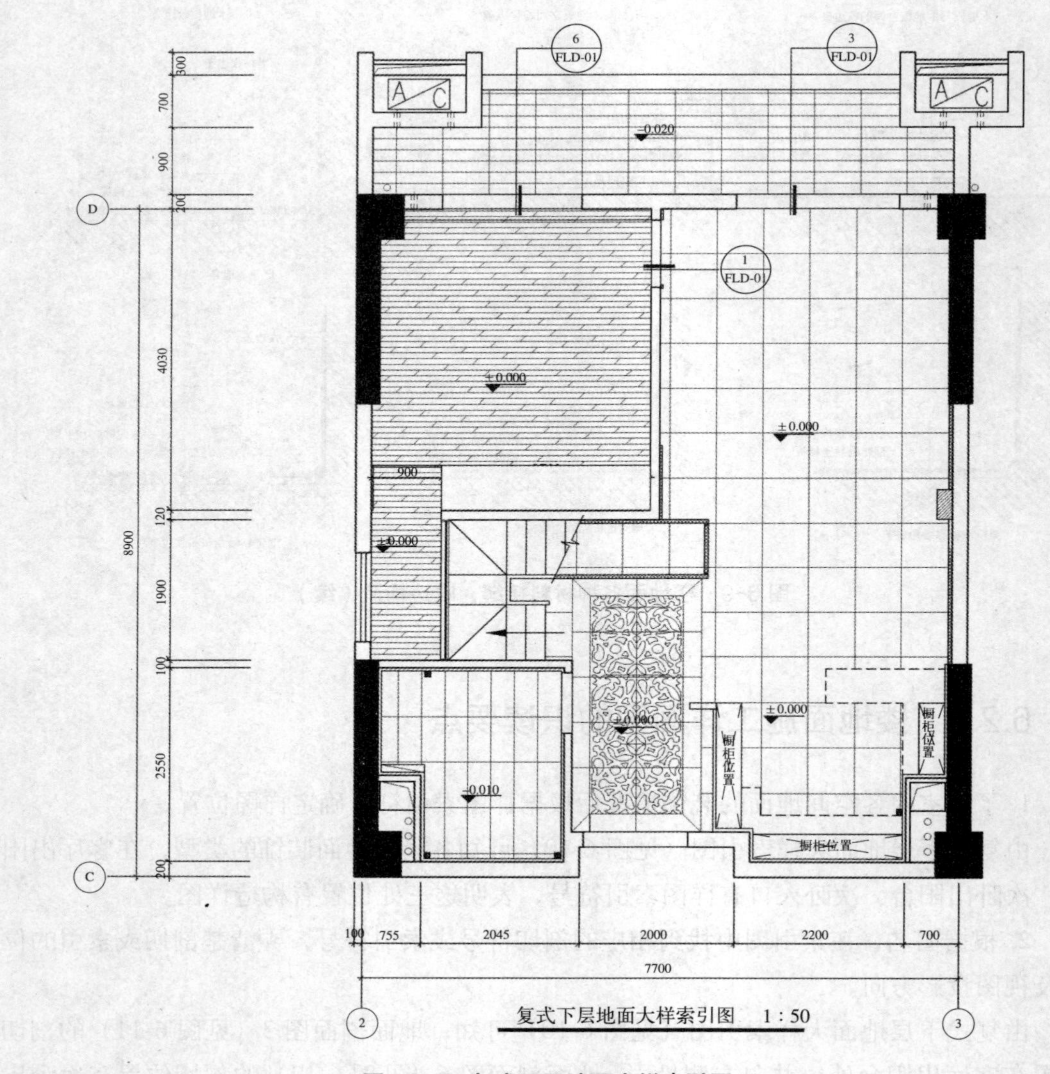

图 6-10　复式下层地面大样索引图

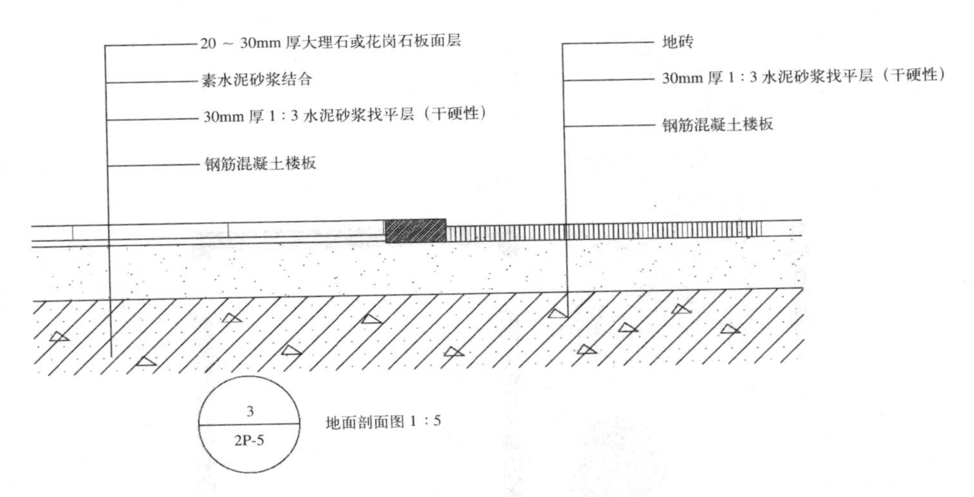

图 6-11　地面剖面图 3

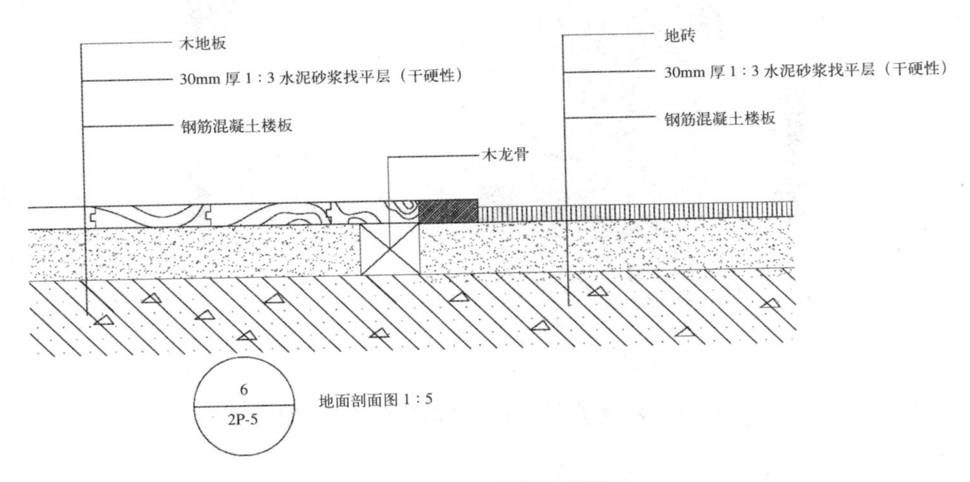

图 6-12　地面剖面图 6

课堂活动

楼地面施工图识读

【任务布置】

请根据所学基本知识，识读某户型地面铺装及大样索引图（见图 6-13），地面节点详图（见图 6-14），淋浴间大样图（见图 6-15）获取相关信息。

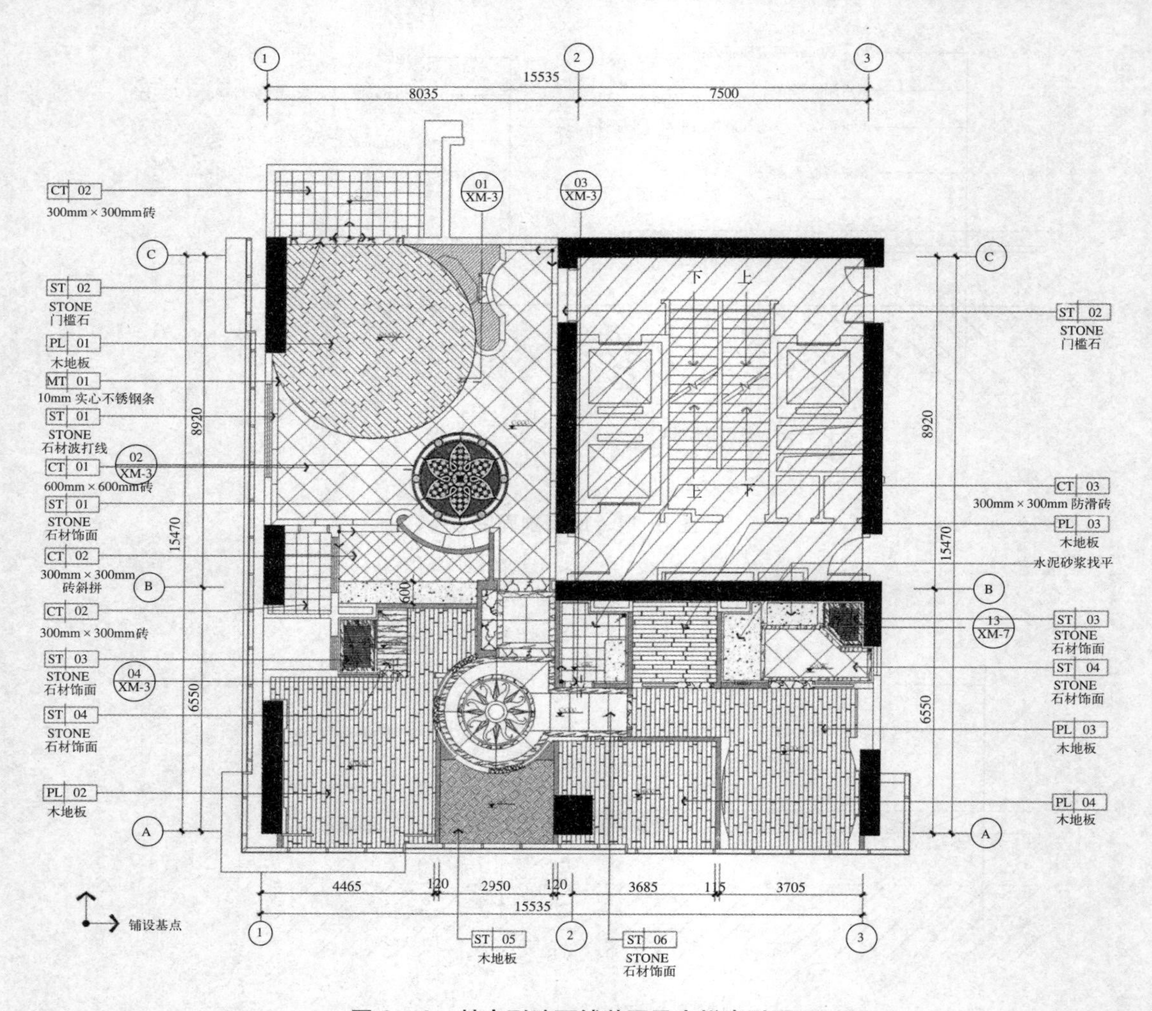

图 6-13　某户型地面铺装图及大样索引图

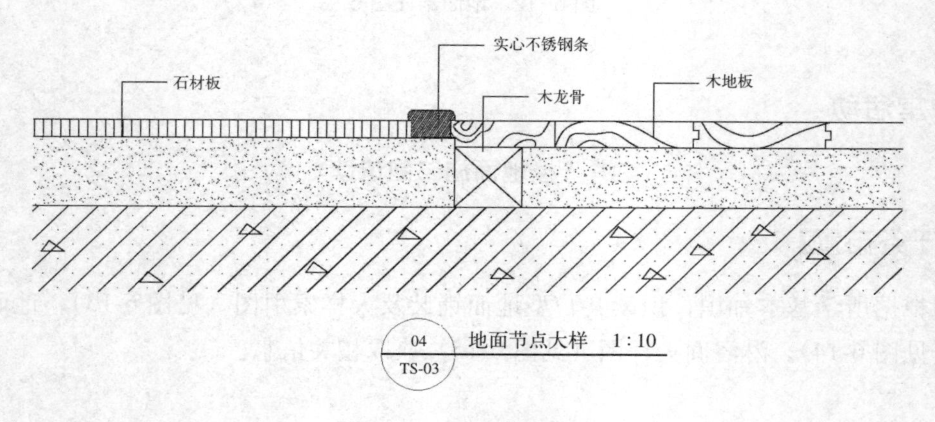

图 6-14　地面节点详图

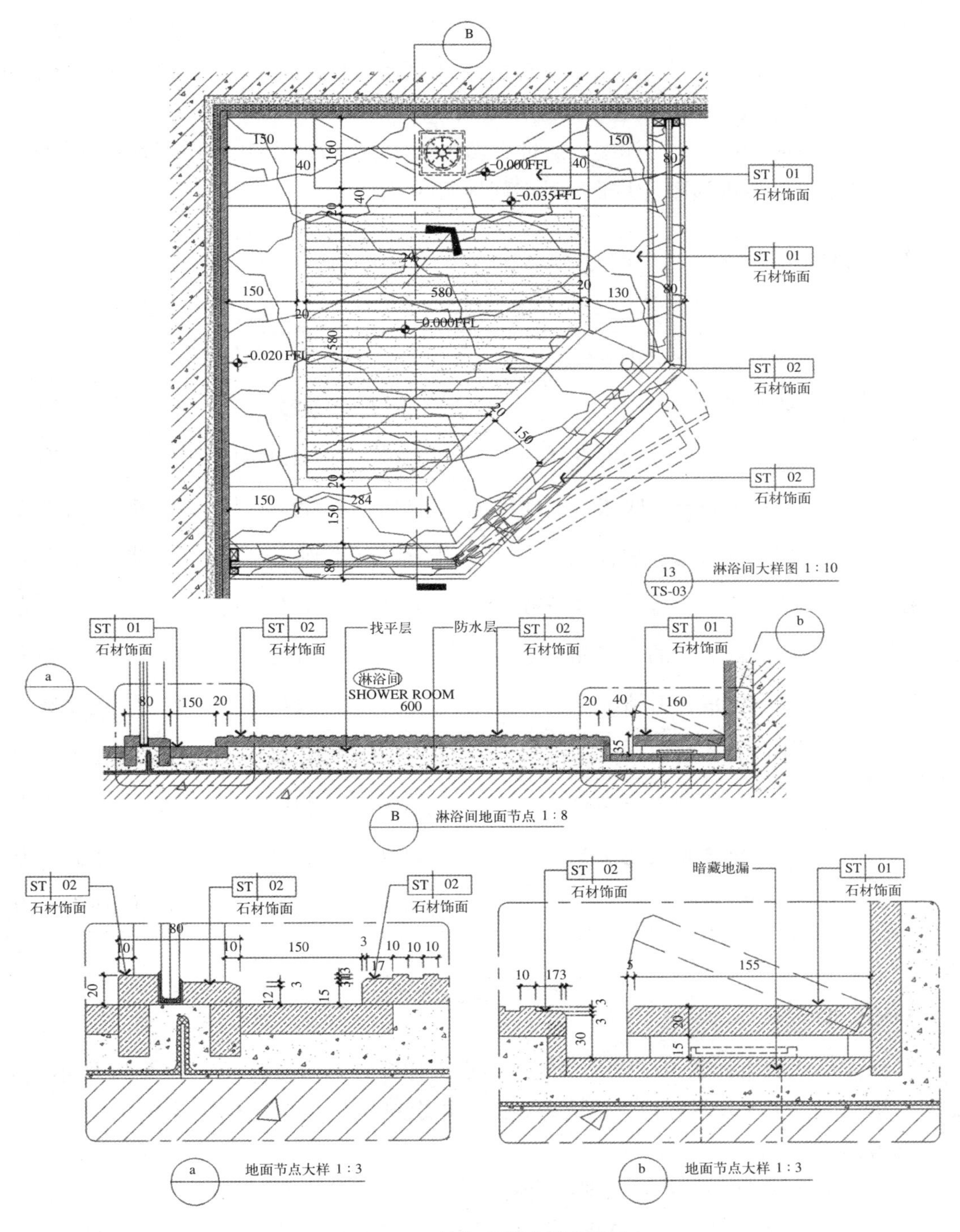

图 6-15 某户型淋浴间大样图

【任务实施】

请根据上述任务布置，以小组合作的形式，完成以下思考题：

1. 识读图 6-13 该户型的地面铺装图，并分别说出各空间地面所铺的装饰材料。

2. 找出图 6-14 地面节点详图在图 6-13 中的剖切位置及投影方向；熟读该详图，并简述该地面的做法及不同材料之间的连接处理。

3. 识读图 6-15 淋浴间大样图，通过各图中的索引符号，说出淋浴间地面详图的数量、名称及比例；熟读该图，并简述淋浴间地面的详细做法。

【活动评价】

课堂活动评价表

评价方式	评价内容	评价等级
自评（20%）	1. 能积极参与	□很好 □较好 □一般 □还需努力
	2. 能熟练识读楼地面各详图	□很好 □较好 □一般 □还需努力
	3. 会用多种方法收集、处理信息	□很好 □较好 □一般 □还需努力
小组互评（40%）	1. 能主动参与和积极配合	□很好 □较好 □一般 □还需努力
	2. 能认真完成各项工作任务	□很好 □较好 □一般 □还需努力
	3. 能听取同学的观点和意见	□很好 □较好 □一般 □还需努力
	4. 整体完成任务情况	□很好 □较好 □一般 □还需努力
教师评价（40%）	1. 小组合作情况	□很好 □较好 □一般 □还需努力
	2. 完成上述任务正确率	□很好 □较好 □一般 □还需努力
	3. 成果整理和表述情况	□很好 □较好 □一般 □还需努力
综合评价		□很好 □较好 □一般 □还需努力

【技能拓展】

某样板房地面大样索引图以及各地面节点大样图分别如图 6-16 ～图 6-19 所示，根据所学楼地面详图的基本知识，识读各详图，并绘制 F-04 处节点构造详图。

思考题：

1. 识读图 6-16 地面大样索引图，简述各房间地面的装饰情况。

2. 在图 6-16 中分别找出各详图（图 6-17 ～图 6-19）的剖切位置及投影方向。

3. 熟读图 6-17 ～图 6-19，说出各节点详图的地面构造情况，尤其要注意地面材料变化、高度变化及连接处的处理方式。

4. 找出 F-04 处节点的剖切位置及投影方向，了解该处地面材料的变化，并结合所学知识，绘出该处地面的大样图。

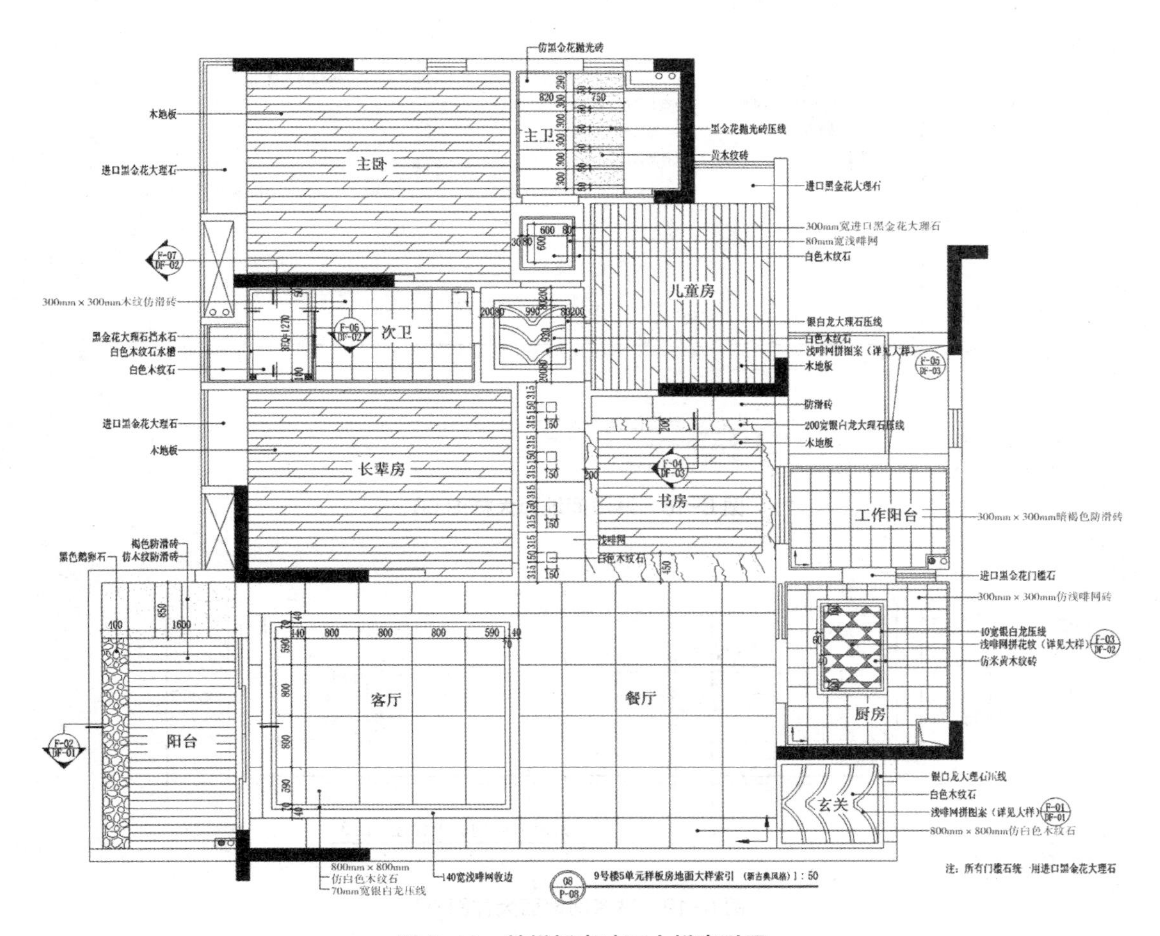

图 6-16　某样板房地面大样索引图

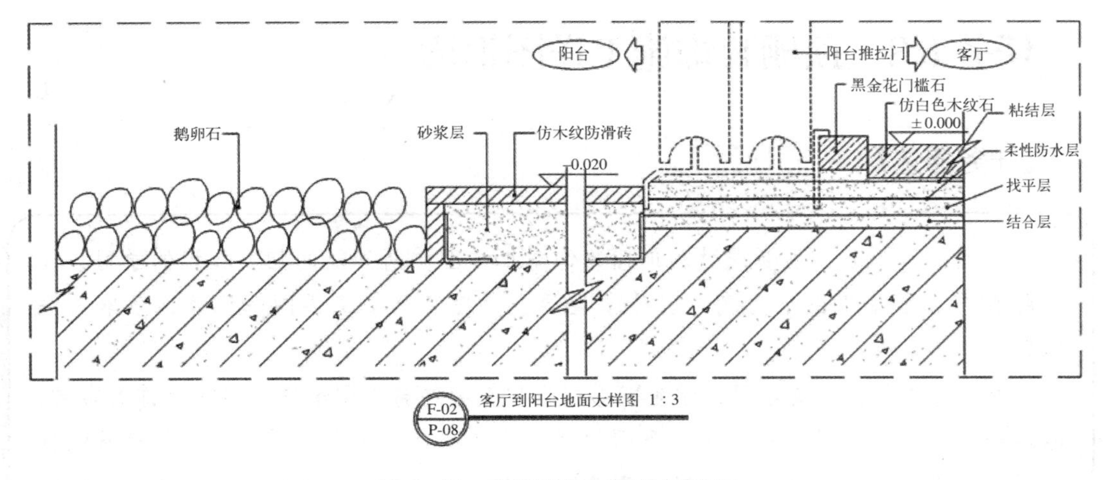

图 6-17　客厅到阳台地面大样图

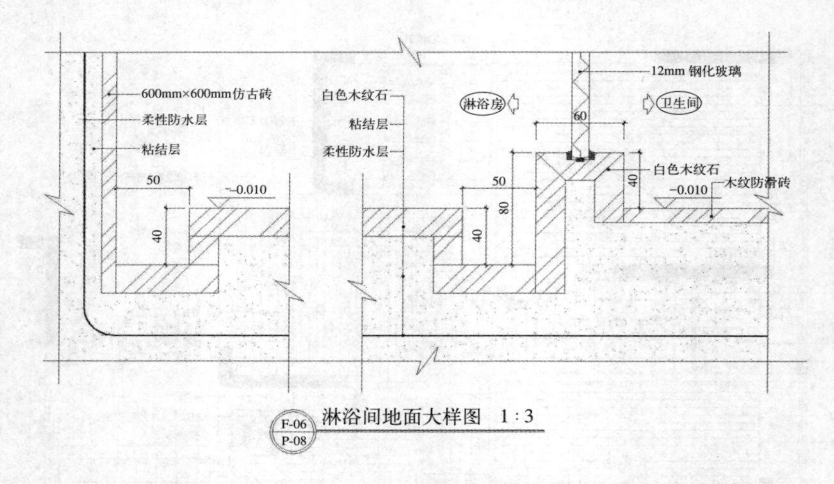

图 6-18 淋浴间地面大样图 06

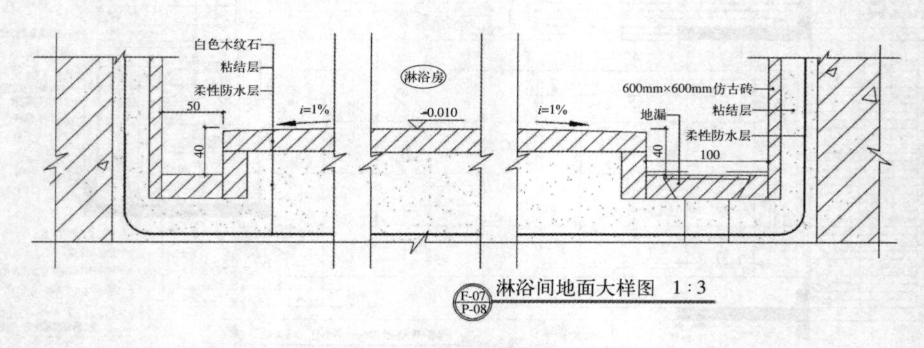

图 6-19 淋浴间地面大样图 07

任务 6.3 顶棚装饰施工详图识读

【任务描述】

本项工作任务，主要通过对顶棚装饰施工详图中所涉及的相关知识的学习，以实际装饰工程施工图纸为例，引导学生学会顶棚装饰施工详图的识读，获取相关信息。

通过本工作任务的学习，学生能够根据顶棚装饰施工图纸说出顶棚装饰的布局，能详细描述各种顶棚装饰类型、平面位置、构造特点、所用材料以及其与建筑构件之间的连接关系等。训练学生熟练识读顶棚装饰施工图，具备顶棚装饰工程计价和指导施工的能力。

【知识构成】

6.3.1 顶棚的概念及分类

1. 什么是顶棚

顶棚是位于楼盖和屋盖下的装饰构造，一般是在建筑空间顶部，又称天花、天棚。通过采用各种材料及形式组合，形成具有一定使用功能与装饰效果的建筑装饰构件。顶棚的设计与选择要考虑到建筑功能、建筑声学、建筑热工、设备安装、管线敷设、维护检修、防火安全等综合因素。

2. 顶棚的分类

（1）按顶棚外观分类（图 6-20）：

平滑式顶棚——将整个顶棚呈现平直或弯曲的连续体（见图 6-20*a*）；

井格式顶棚——根据或模仿结构上主、次梁或井字梁交叉布置的规律，将顶棚划分为格子状（见图 6-20*b*）；

悬浮式顶棚——把杆件、板材、薄片或各种形状的预制块体（如船形、锥形、箱形等）悬挂在结构层或平滑式顶棚下，形成格栅状、井格状、自由状或有韵律感、节奏感的悬浮式顶棚（如图 6-20*c*）。

分层式顶棚——在同一室内空间，根据使用要求，将局部顶棚降低或升高，构成不同形状、不同层次的小空间（见图 6-20*d*）。

(*a*) (*b*) (*c*) (*d*)

图 6-20 按外观分类的顶棚类型

(*a*) 平滑式顶棚；(*b*) 井格式顶棚；(*c*) 悬浮式顶棚；(*d*) 分层式顶棚

（2）按施工方法分：抹灰刷浆类顶棚、裱糊类顶棚、贴面类顶棚、装配饰面板顶棚等。

（3）按顶棚表面与结构层的关系分：直接式顶棚、悬吊式顶棚。

（4）按结构构造层的显露状况分：开敞式顶棚、隐蔽式顶棚等。

（5）按顶棚表面材料分：木质顶棚、石膏板顶棚、各种金属板顶棚、玻璃镜面顶棚等。

（6）按顶棚受力不同分：上人顶棚、不上人顶棚。

其他类型还有结构顶棚、软体顶棚、发光顶棚等。

6.3.2 顶棚装饰施工详图的内容

顶棚装饰施工详图是顶棚装饰工程施工和计价的依据，施工详图把结构要求、材料构成及工艺技术要求等用图纸的形式交代给施工人员，以便准确、顺利地组织和完成顶棚装饰工程。

顶棚施工图包括天花大样索引图、天花剖面图和节点（大样）图。

天花大样索引图与平面布置图对应，采用镜像投影法作图。标明了建筑主体结构的墙、柱、梁，天花造型、灯饰、空调风口、排气扇、消防设施的位置、细节尺寸、标高和饰面材料等，并通过索引符号，标明了天花剖面图和节点（大样）图的剖切位置及投影方向。

天花剖面图按垂直或水平方向剖切，主要表示天花构造，细节尺寸、材料名称、规格、节点、断面索引等。

节点（大样）图是在两个或以上装饰面的汇交点，绘制具体构造细节的图。节点图应详细标示出装饰面连接处的构造，注有详细的材料、尺寸和收口、封边的施工方法。

6.3.3 顶棚的构造

1. 直接式顶棚

直接式顶棚是在屋面板或楼板结构层底面直接进行喷浆、抹灰、粘贴壁纸、粘贴面砖、粘贴或钉接石膏板条与其他板材等饰面材料的顶棚。

直接式顶棚的特点：在建筑上构造层厚度小，构造简单，可充分利用空间，装饰效果多样，用材少，施工方便，造价较低。一般用于装饰要求不高的一般性建筑及室内空间高度受到限制的场所。如普通办公用房、住宅及其他民用建筑

直接式顶棚按施工方法可分为：直接抹灰顶棚、直接粘贴式顶棚、直接固定装饰面板、结构顶棚，其构造见表 6-6。

直接式顶棚的构造 表 6-6

直接抹灰顶棚	
特点	各种砂浆、石膏灰浆、纸筋灰抹灰、石灰砂浆抹灰等。普通抹灰用于一般房间，装饰抹灰用于要求较高的房间
工艺	基层处理：为了增加层与基层的粘结力，要对基层进行处理，刷一道纯水泥浆或钉一层钢板网。 底层：混合砂浆找平。 中间层、面层的做法与墙面装饰技术相同
实景	构造图
	楼板或屋面板 混合砂浆找平层 抹灰中间层 油漆或其他涂料饰面层 直接抹灰顶棚
直接粘贴式顶棚	
特点	直接裱糊各种墙纸、墙布、其他织物、粘贴轻质装饰吸声板、石膏板、块材和线条等。用于装饰要求较高的房间
工艺	基层处理：方法同直接抹灰、喷刷、裱糊类顶棚。 中间层：5 ~ 8 mm 厚水泥石灰砂浆。 面层：粘贴石膏板或条。在基层上钻孔或埋木楔或塑料胀管，在板或条上钻孔，木螺丝固定
实景	构造图
	楼板或屋面板 1:1:6 混合砂浆找平层 抹灰中间层 墙纸或其他卷材饰面层 直接粘贴式顶棚
直接固定装饰面板	
特点	钉骨架；钉面板；罩面
工艺	固定主龙骨——射钉固定、胀管螺栓固定、埋设木楔固定。采用胀管螺栓或射钉将连接件固定在楼板上，龙骨与连接件连接。顶棚较轻时，采用冲击钻打孔，埋设锥形木楔的方法固定。 固定次龙骨——钉在主龙骨上，间距按面板尺寸。 铺钉面板——面板钉接在次龙骨上。 饰面层——与吊顶饰面相同

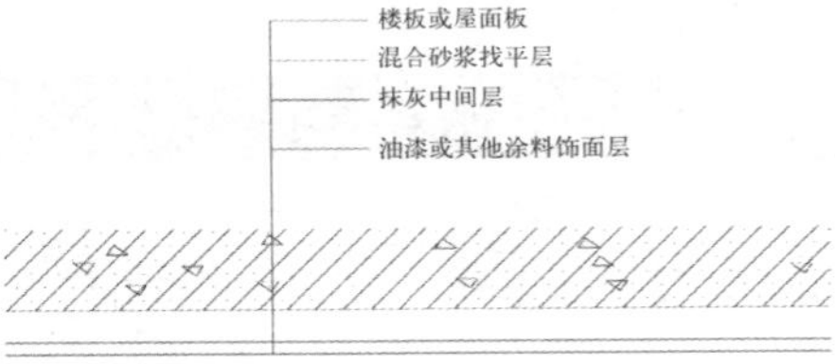

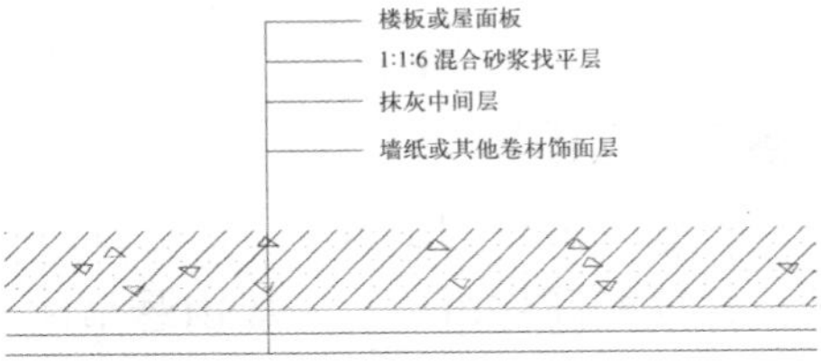

续表

直接固定装饰面板	
实景	构造图
	楼板或屋面板 混合砂浆找平层 主龙骨 次龙骨 饰面板 直接固定装饰面板

结构顶棚	
特点	网架结构、拱结构、悬索结构、井格式梁板结构等
工艺	利用楼层或屋顶的结构构件作为顶棚装饰。 形式——网架结构、拱结构、悬索结构、井格式梁板结构等。 加强装饰手法——调节色彩、强调光照效果、改变构件材质、借助装饰品等
实景	实景

2. 悬吊式顶棚

(1) 悬吊式顶棚的组成

悬吊式顶棚简称吊顶，一般由悬吊件、龙骨和面层三部分组成（见图 6-21）。

图 6-21　悬吊式顶棚结构

悬吊件连接基层与龙骨，包括吊点、吊杆和吊挂连接件。

龙骨分为主龙骨和次龙骨。主龙骨为吊顶的承重结构。次龙骨又是横撑龙骨，用于固定面板。主龙骨通过吊筋或吊挂件固定在结构层上。次龙骨用相似的方法固定在主龙骨上。龙骨的材料可选木材和金属。龙骨的类型有U形龙骨、T形铝合金龙骨、T形镀锌铁烤漆龙骨、嵌入式金属龙骨等。

面层的作用是装饰室内空间，一般还兼有其他功能，如吸声、反射等。面层的作法主要有抹灰面层及板材面层两种。

（2）悬吊式顶棚的构造

1）木结构悬吊式顶棚

在住宅和小面积装修时使用。龙骨及面层的基层一般均选木质材料。容易加工有造型要求的吊顶。吊顶结构由吊杆、龙骨面层组成（见图6-22、图6-23）。

图 6–22　木龙骨吊顶骨架

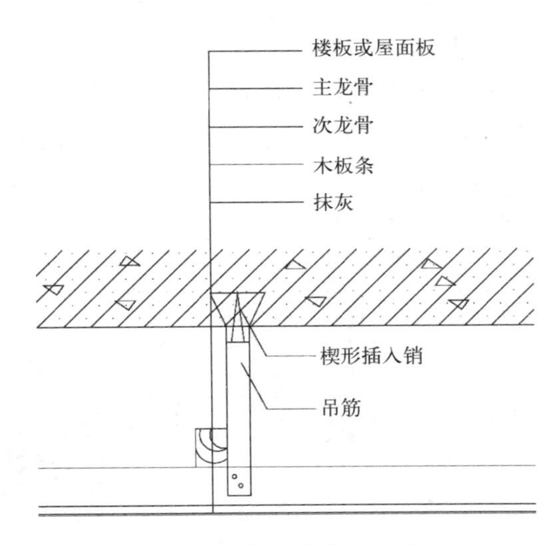

图 6–23　木龙骨连接示意图

① 木结构吊顶龙骨骨架

木龙骨分主龙骨与次龙骨，截面形式一般为方形或矩形。

主龙骨截面尺寸一般为60mm×80mm ～ 120mm×150mm，间距一般为500 ～ 1000mm左右。

次龙骨截面尺寸一般为25mm×30mm、40mm×60mm。次龙骨之间距离按次龙骨截面尺寸和面板规格而定，一般400 ～ 500mm（见图6-24）。

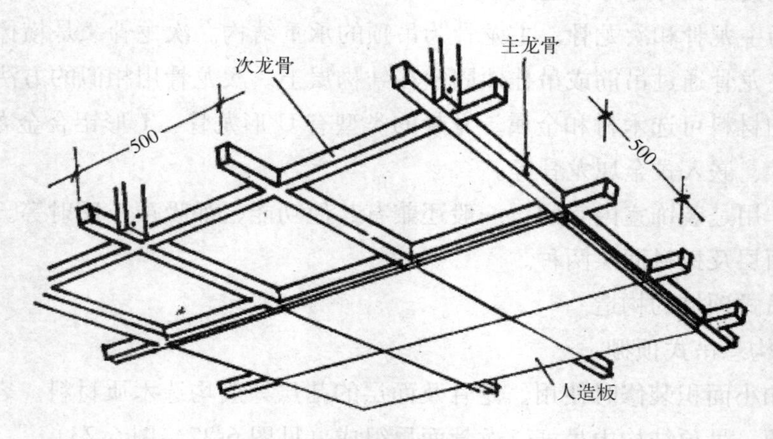

图 6-24　主龙骨与次龙骨

木龙骨架最大组合长度应≤10m。如顶棚长度尺寸＞10m时，则应用两组龙骨架，通过短木方拼接。拼接方式一般用侧面加固。主龙骨与次龙骨可用凹槽榫连接（见图6-25）。一些重要部位及有上人要求时应以铁件加固。叠级平面吊顶的上、下平面龙骨架用垂直木方条固定，木方条位置的设定应有利于控制水平面层端部固定点距离，以确保水平面面层牢固和平整。

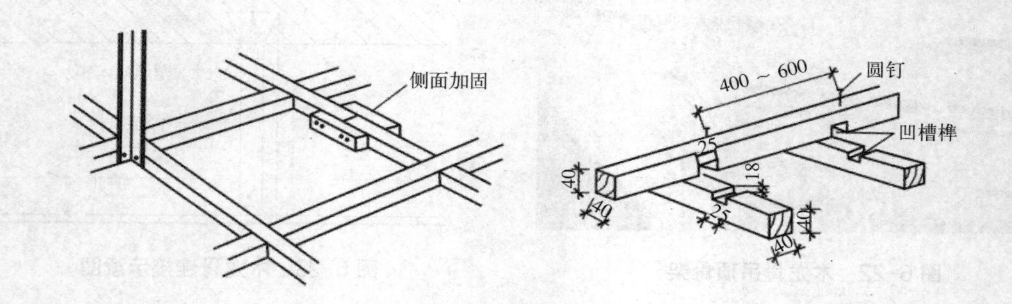

图 6-25　木龙骨骨架连接方式

② 吊杆

吊顶木龙骨架通过吊杆、吊点、连接件固定在建筑屋面板或楼板下部。吊点设置应分布均匀，一般按每平方米布置1个，如顶棚上人时应加密。当顶棚设有较大灯具时应安排吊点吊挂。

吊点与结构层的固定方法有：

以膨胀螺栓固定木方或铁件为吊点，以射钉固定角钢为吊点，楼板下设预埋体固定铁件为吊点。吊杆可用扁铁、木方或角铁（见图6-26）。

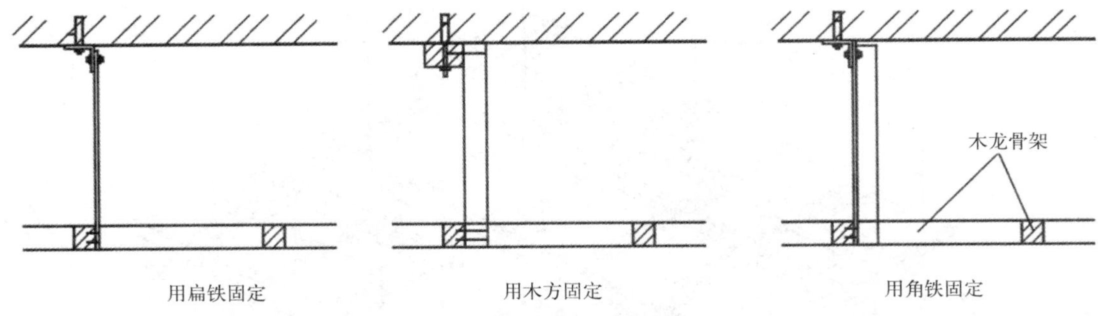

图 6-26 木龙吊点与结构层连接示意图

③ 面层

基层处理：为了确保木质悬吊式顶棚面层的平整度，它的基层一般选用 5 层胶合板或 3 层加厚胶合板，胶合板正面四周刨出 45° 倒角，宽度为 2 ～ 3mm，以便于嵌缝，减少吊顶缝隙的变形量。

木胶合板在安装以前应做好防火处理。方法是用 2 ～ 4 条木方把胶合板垫起架空，反面向上，用防火漆涂刷三遍。为了节省材料并考虑装饰效果，木胶合板在安装以前应事先布置。布置方法有两种：一种是整板居中法；另一种是整板靠一面法。木胶合板固定时钉位应分布均匀，钉距 150mm 左右，钉头应深入木胶合板。

④ 饰面层的处理

木质悬吊式顶棚饰面层作法有：传统抹灰、油漆、壁纸、镶贴玻璃镜面（或有机镜片）、粘贴织物、镶贴石膏装饰件及悬挂织物等。

2）轻钢龙骨纸面石膏板吊顶

轻钢龙骨纸面石膏板吊顶在装饰工程中较为普遍，设置灵活、拆装方便。具有防火、隔声性能好、自重轻、刚度大等优点。

① 龙骨

轻钢龙骨系统采用镀锌钢板或薄钢板经剪裁冷弯、滚轧冲压而成。分为主龙骨、次龙骨、挂件及连接件等（见图 6-27）。

轻钢龙骨吊顶主龙骨是承重龙骨，其布置间距一般为 1000mm 左右。布置时，第一根龙骨离墙边距离不超过 200mm。次龙骨大多是构造龙骨，其主要功能是固定饰面板，所以次龙骨间距是由饰面板规格所决定。

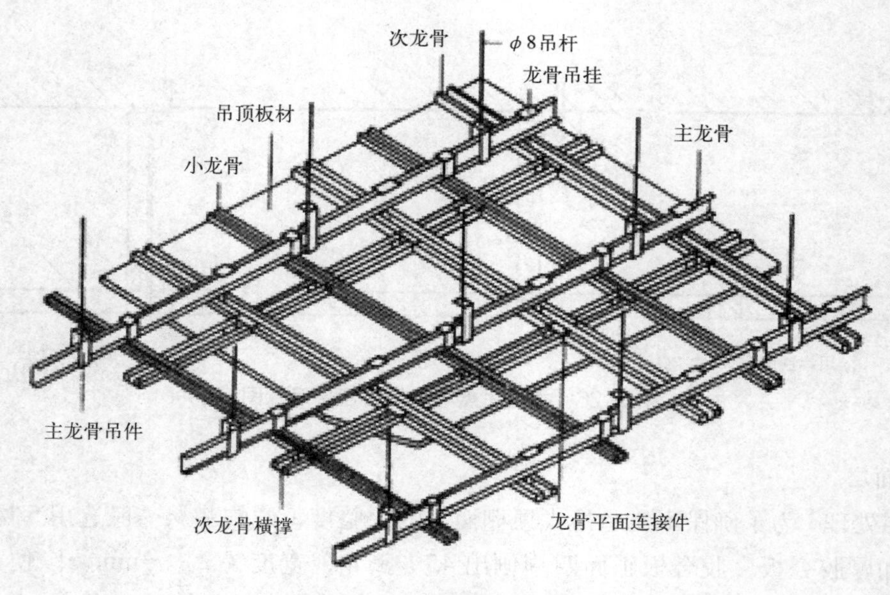

图 6-27　轻钢龙骨吊顶骨架

② 吊杆的选择及固定

吊杆是龙骨架和结构之间的连接件。吊顶荷载大小是决定吊杆截面尺寸的主要因素。

轻钢龙骨吊顶分为上人及不上人两种系列。上人系列考虑 80 ~ 100kg 集中承重，吊顶吊杆一般选用直径≥ 6mm 的钢筋或镀锌铁丝。吊杆在布置时应分布均匀。上人吊顶的吊杆间距为 1000 ~ 1200mm，无主龙骨不上人吊顶吊杆间距为 800 ~ 1000mm。主龙骨端部距离第一个吊点不超过 300mm。

吊杆同龙骨架连接时，一般吊在主龙骨上。吊杆同结构的固定方法通常是在板或梁上预留吊钩或预埋件，吊杆直接焊在预埋件上，或以连接件固定。或者用射钉固定连接件后连接吊筋（见图 6-28）。

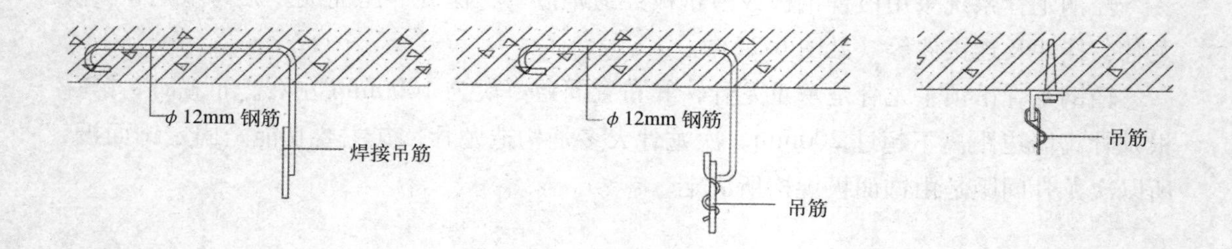

图 6-28　吊杆与楼板的固定方式

③ 面层

轻钢龙骨石膏板吊顶饰面材料有纸面石膏板、矿棉吸音石棉水泥板、钙塑板等，其中纸面石膏板应用较为广泛。

纸面石膏板的长边应沿纵向次龙骨铺设，一般用自攻螺钉固定在龙骨上。钉距约150 ~ 170mm，螺钉距离石膏板长边约据点半 10 ~ 15mm，距短边约 15 ~ 20 mm。螺钉进入龙骨的深度要≥ 10mm。钉头应埋入板内 2mm，并对钉帽涂刷防锈漆。纸面石膏板的短边须错缝安装，错开距离≥ 300mm，一般以一个覆面龙骨的间距为基数。石膏板接缝处采用接缝胶带或穿孔纸带和嵌缝腻子进行处理。

3）T 形金属龙骨吊顶

T 形金属龙骨吊顶常用在公共建筑的室内装饰工程中，特别是入口大厅、会议室、办公室等空间的顶棚。断面是“⊥”形，组成统一大小的方格。顶棚的各设备分别布置在不同的方格中，统一有序、整齐美观。

① 龙骨

T 形金属龙骨分 T 形铝合金龙骨和 T 形镀锌铁烤漆龙骨。其材料质量轻、刚度大、施工简便属于轻型活动式装配吊顶。骨架一般由 U 形轻钢龙骨（主龙骨）、T 形铝合金龙骨（次龙骨、横撑龙骨）、边龙骨 L 形及各种配件组合而成。

T 形金属龙骨分为主龙骨、次龙骨及边龙骨。

主龙骨为承重龙骨。次龙骨是横撑龙骨，它用以支承饰面板。边龙骨也称封口角铝，它的作用是使吊顶边角部位保持整齐、顺直。

龙骨布置时需考虑饰面板的尺寸及房间的尺寸。布置的原则是尽量保证龙骨分格的均匀性和完整性，以保证吊顶的整体效果。

② 吊杆的固定

由于铝合金龙骨吊顶较轻，吊点布置时主要考虑吊顶的平整度的要求。所以吊点布置应均匀，一般吊点间距为 1 ~ 1.2m 左右。但在龙骨架的接口部位及荷载较大部位应增设吊点。

用射钉将铁丝固定在结构上，另一端同龙骨的吊孔绑牢。铝合金龙骨吊顶的吊杆还可用伸缩式吊杆。

③ 饰面板

T 形金属龙骨的饰面板一般选用矿棉板、玻璃纤维板、装饰石膏板等轻质板材。具有一定的防火性、吸声性。饰面板与龙骨的连接为活动连接，即板直接放在龙骨上而不需固定，所以铝合金龙骨吊顶一般为轻质活动式吊顶。

饰面板安装方式有：T 形龙骨明装式、T 形龙骨暗装式（见图 6-29）。

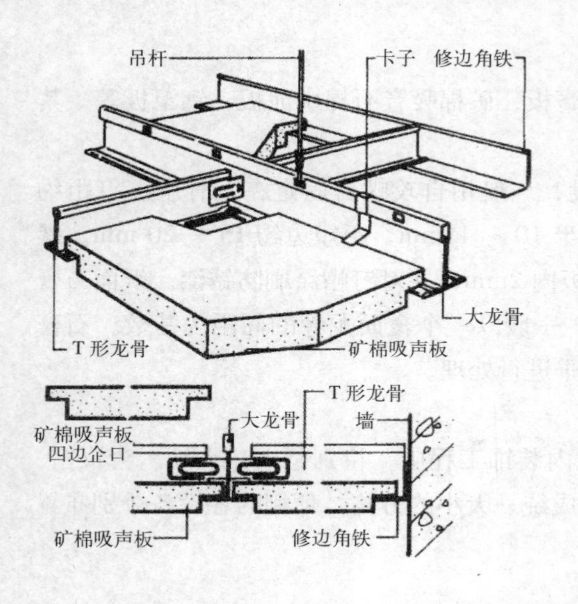

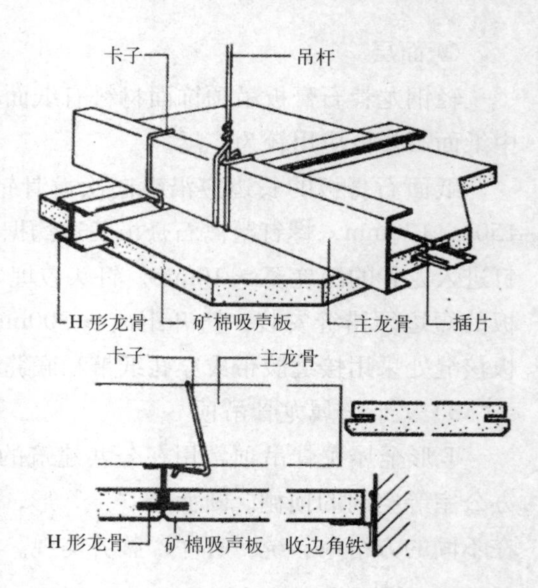

图 6-29　T 形龙骨明装式、暗装式

4）其他类型顶棚

① 开敞式顶棚

开敞式顶棚又称格栅式顶棚，是指顶棚的饰面不封闭，可透过吊顶看到吊顶以上的建筑结构及设备。这种吊顶具有既遮又透的感觉，减少了吊顶的压抑感。另外，开敞式吊顶通过特定的形状单元件及单元件的巧妙组合，可造成一定的韵律感，开敞式吊顶还常与室内的灯光和声学处理结合起来，取得良好的效果（见图 6-30）。

图 6-30　隔栅式顶棚效果

开敞式吊顶一般不需要设置龙骨。吊顶本身既是装饰构件，又承受本身自重。可直接将吊顶同建筑构件吊接，减少龙骨的施工程序，简化施工工艺。常用的材料有木结构单体、铝合金单体、防火板单体等。单体构件的构造有：

A．木结构单体构件，易于加工成型，重量轻，表面装饰方式较多等优点，但防火性差，不适合用于对防火要求较高的房间。

木结构单体构件有单板方框式，骨架单板方框式，单条板式三种。

单板方框式，单体构件是利用木胶合板拼接而成，板条之间采用凹槽插接。凹槽深度为板条宽度的一半板条插接前应在槽口处涂刷白乳胶。

骨架单板方框式，是先用方木组装方框骨架片，然后将按设计要求加工成的厚木胶合板与木骨架固定。

单条板式，用实木或厚木胶合板加工成木条板，并在上面按设计开出方孔或长方孔，然后用木材加工成的木条板或轻钢龙骨作为支承穿入孔洞内，并固定。

B．铝合金龙骨单体构件，容易加工成型、重量轻、抗震、防火。

防火板结构单体构件，防火板加工成型的单体构件，安装时将每一个标准单元构件用卡具连成整体，在连接处，同悬吊的钢管相连。

开敞式吊顶的悬吊方式有两种，一种是间接固定；另一种是直接把单体构件吊顶与吊杆连接，并固定在吊点处。

开敞式吊顶的灯光布置有内藏式、嵌入式、吸顶式三种。

② 发光顶棚

发光顶棚饰面板采用有机灯光片、彩绘玻璃等透光材料、软膜。特点是整体透亮，光线均匀，减少压抑感，且彩绘玻璃图案丰富、装饰效好。但大面积使用时，耗能较多，且技术要求较高，占据较多的空间高度。

软膜透光顶棚近年来较为流行，其构造特点同其他发光顶棚。透光饰面材料固定，一般采用搁置、承托、螺钉、粘贴等方式与龙骨连接。为了分别支承灯座和面板，骨架必须设置两层，上下层之间用吊杆连接。顶棚骨架与主体结构连接，将上层骨架用吊杆与主体结构连接，构造做法如图 6-31 所示。

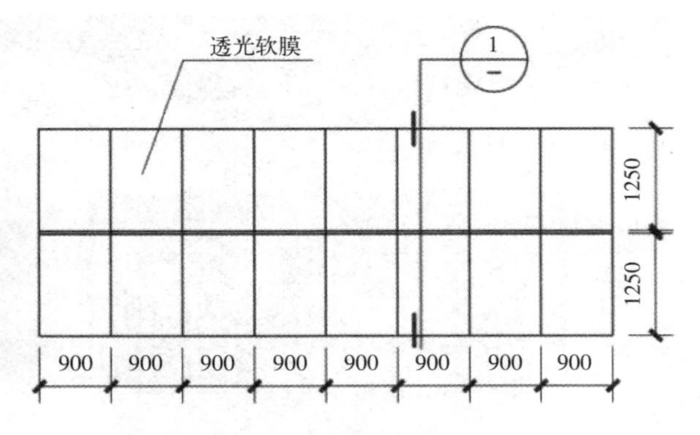

图 6-31 发光顶棚构造图

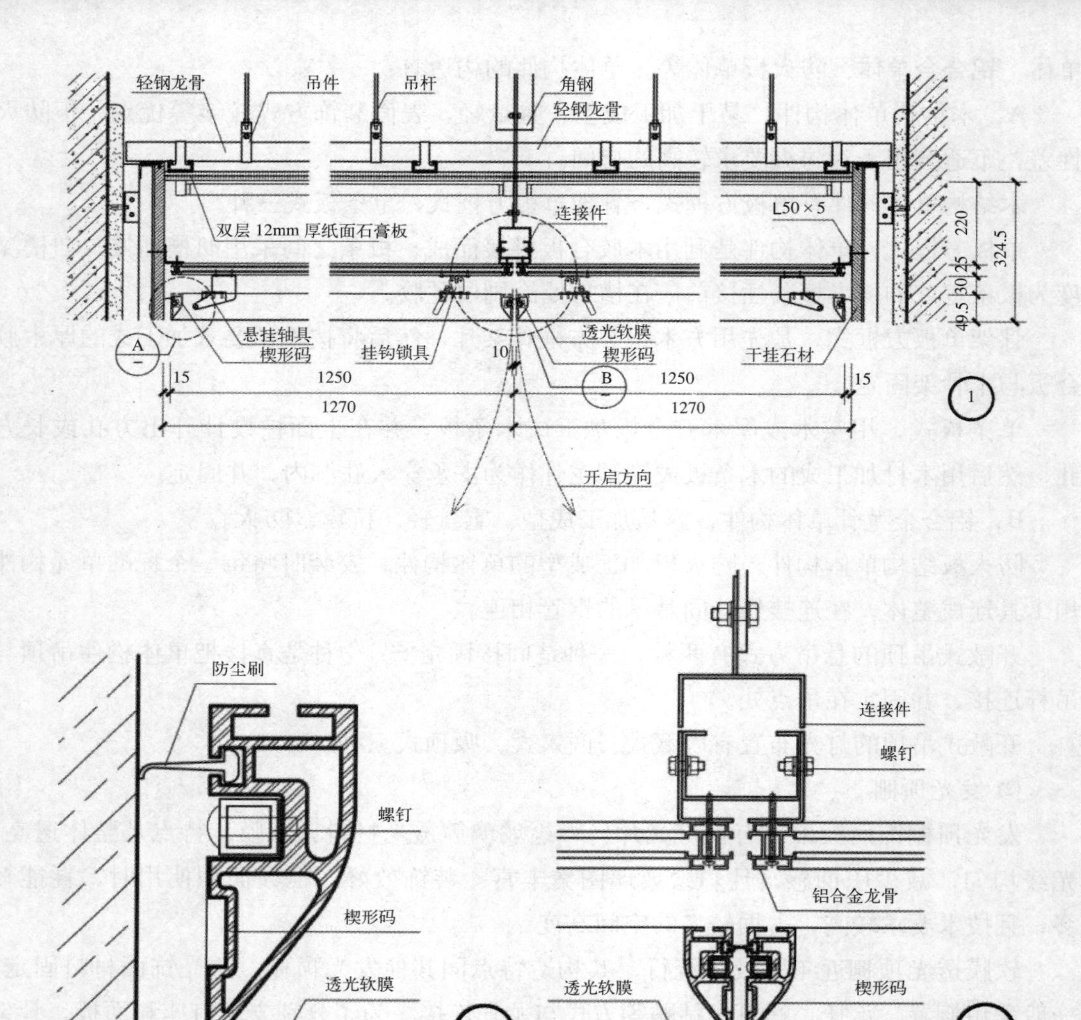

图 6-31　发光顶棚构造图（续）

图 6-32　软质顶棚效果

③ 软质顶棚

采用绢纱、布幔等织物或充气薄膜来装饰顶棚。特点是可自由改变形状，别具风格，可营造各种环境气氛，装饰效果丰富（见图 6-32）。

顶棚造型的选择和设计以自然流线型为主体。织物或薄膜的选用，一般选用具有耐腐蚀、防火性和强度较高的织物薄膜并进行技术处理。

悬挂固定，可悬挂固定在建筑物的楼盖下或侧墙上，设置活动夹具，以便拆装。需要经常改变形状的顶棚，要设轨道，以便移动夹具，改变造型。

6.3.4 顶棚特殊部位的装饰构造

1. 顶棚端部的构造处理

顶棚与墙体交接部位的处理。顶棚边缘与墙体固定因吊顶形式不同而异，通常采用在墙内预埋铁件或螺栓、预埋木砖、射钉连接、龙骨端部伸入墙体等构造方法（见图 6-33）。

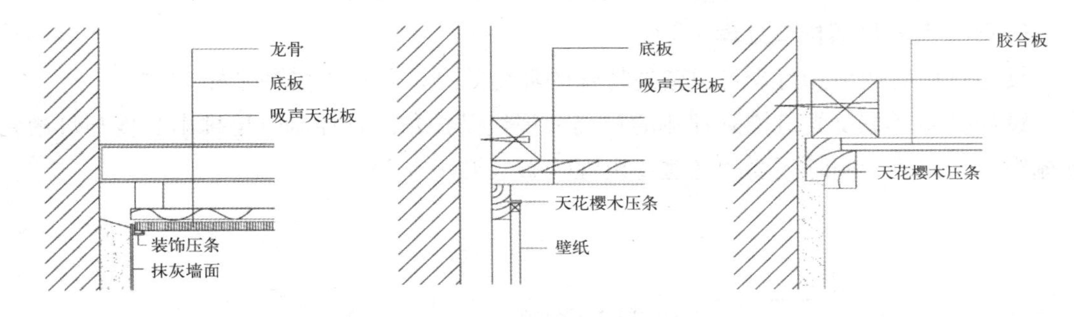

图 6-33　顶棚与墙体交接部位的处理

端部造型处理有凹角、直角、斜角等形式。直角时要用压条处理，压条有木制和金属。

2. 迭级顶棚的高低交接构造处理

主要是高低交接处的构造处理和顶棚的整体刚度。其作用有：限定空间、丰富造型，设置音响、照明等设备。构造做法：附加龙骨、龙骨搭接、龙骨悬挑等（见图 6-34）。

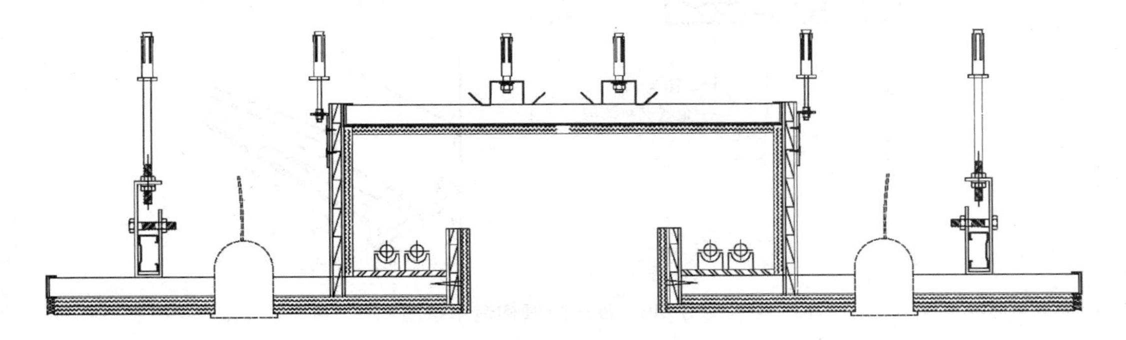

图 6-34　顶棚高低差构造处理

3. 顶棚检修孔及检修走道的构造处理

检修孔的作用为检修方便，尽量隐蔽，保持顶棚完整。一般设置方式有活动板进人孔或灯罩进人孔等。对大厅式房间，一般设不少于两个检修孔，位置尽量隐蔽。

检修走道的设置要靠近灯具等需维修的设施。设置形式有主走道、次走道或简易走道。一般设置在大龙骨上，并增加大龙骨及吊点。

4. 灯饰、通风口、扬声器与顶棚的连接构造

灯饰、通风口、扬声器有的悬挂在顶棚下，有的嵌入顶棚内，其构造处理不同。

悬挂式灯具要设置附加龙骨或孔洞边框，对超重灯具及有振动的设备应专设龙骨及吊挂件。灯具与扬声器、灯具与通风口可结合设置。

嵌入式灯具及风口、扬声器等要按其位置和外形尺寸设置龙骨边框，用于安装灯具等及加强顶棚局部，且外形要尽量与周围的面板装饰形成统一整体。

5. 顶棚反光灯槽构造处理

反光灯槽的造型和灯光可以营造特殊的环境效果，其形式多种多样。

设计时要考虑反光灯槽到顶棚的距离和视线保护角。且控制灯槽挑出长度与灯槽到顶棚距离的比值。同时还要注意避免出现暗影（见图 6-35）。

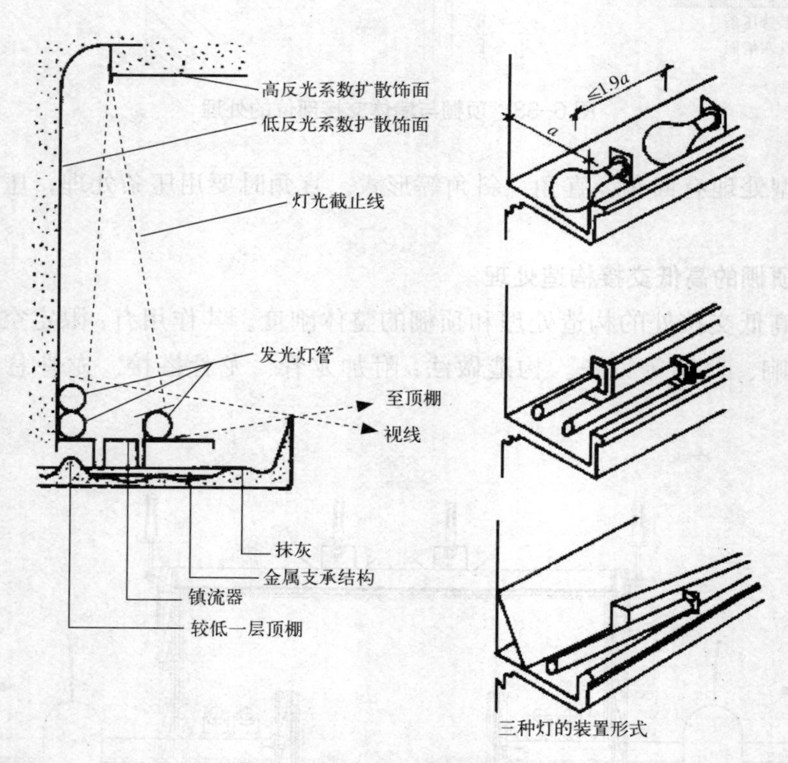

图 6-35　反光灯槽构造示意图

6.3.5 顶棚施工详图的识读要点

(1) 了解室内各空间天花的装饰情况后根据详图索引符号确定详图位置。

由图 6-36 可知，复式上层天花的装饰情况，在客厅、阳台、主卧、楼梯间有剖切符号，表明这六处位置绘制有节点详图。

(2) 根据图名，在索引图中找到相应的剖切符号或索引符号，弄清楚剖切或索引的位置及视图投影方向。

根据图 6-37 天花 1 剖面图的图名，可在图 6-36 中找到其剖切位置在图的右上方，剖切的是客厅天花，向阳台方向投影。同理，也可在图 6-36 中找到其他天花剖面图的剖切位置及投影方向。

(3) 借助图例及文字说明，详细了解详图的有关构件、配件和装饰面的连接形式、材料、截面形状和尺寸等信息。

由天花 1 剖面（见图 6-37）可知客厅上空天花构造。中间矩形区域标高 4.00m 木龙骨悬吊式天花，边缘做暗藏灯带。外圈回形跌级吊顶两边设暗藏灯带，阴角用石膏饰线装饰。

由天花 4 剖面（见图 6-38）可知阳台天花构造。距边缘 100mm 做木龙骨吊顶，木纹理铝板饰面。

由天花 6、7 剖面（见图 6-39、图 6-40）可知楼梯间上空天花构造。中间矩形区域用中纤板车花上附透光玻璃的透光天花，边缘设暗藏灯光带，灯光带宽 150mm，距顶 200mm。书房入口天花靠紧梁边设一条暗藏灯光带，灯光带宽 200mm，距顶 200mm。

由天花 8 剖面（见图 6-41）可知书房局部玫瑰金不锈钢装饰条构造。采用木龙骨架外包玫瑰金不锈钢饰面，宽 150mm，高 100mm。

(4) 根据详图了解不同材料的构造变化情况。

由天花 1 剖面（见图 6-37）可知吊顶底面贴银箔墙纸边缘用金属条收边。

由天花 4 剖面（见图 6-38）可知吊顶底侧面均用木纹理铝板饰面，未吊顶区域刷乳胶漆。

由天花 6、7 剖面（见图 6-39、图 6-40）可知，透光天花边缘两侧灯光带面层为木饰面板，梁两侧灯光带面层为乳胶漆。

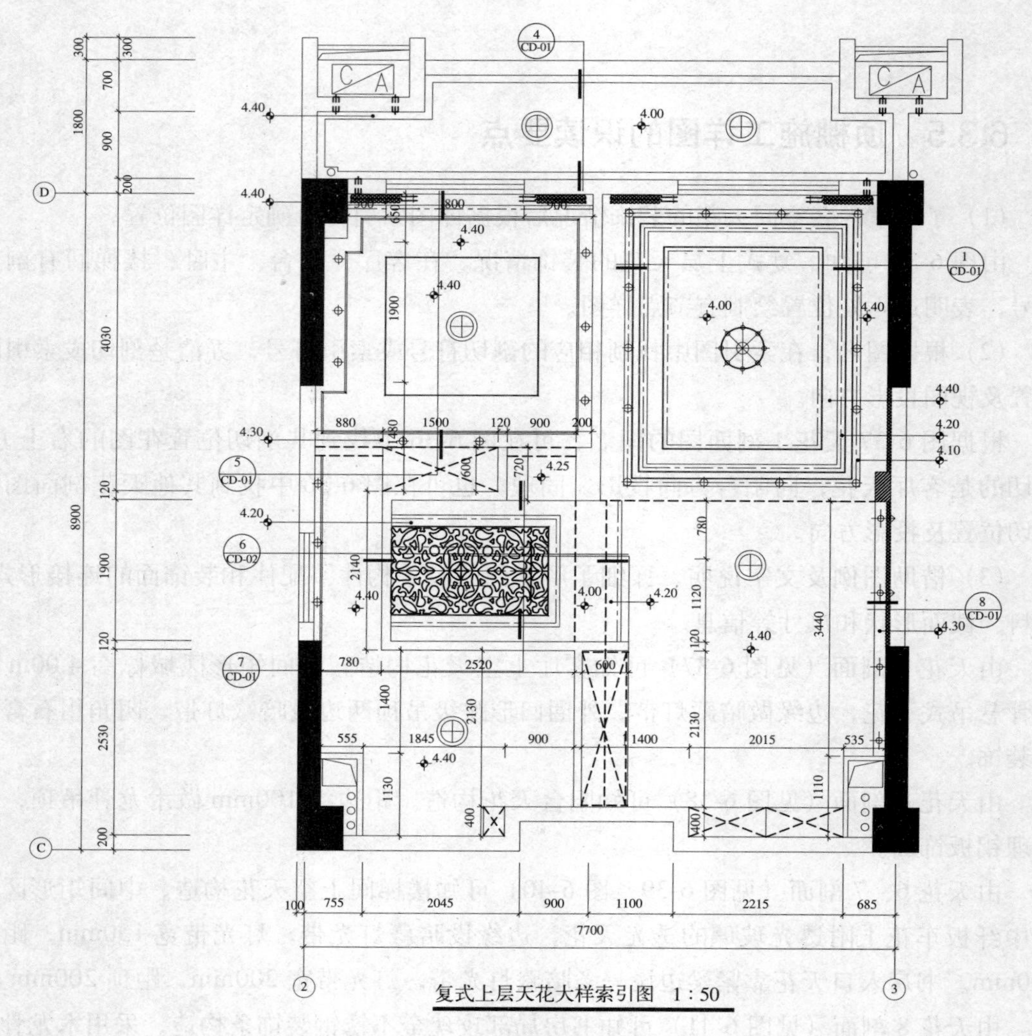

图 6-36 复式上层天花大样索引图

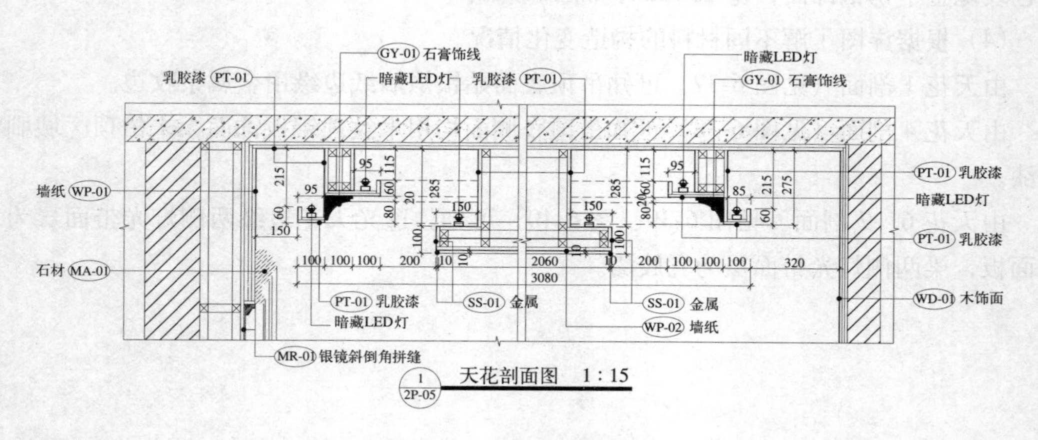

图 6-37 客厅天花剖面图

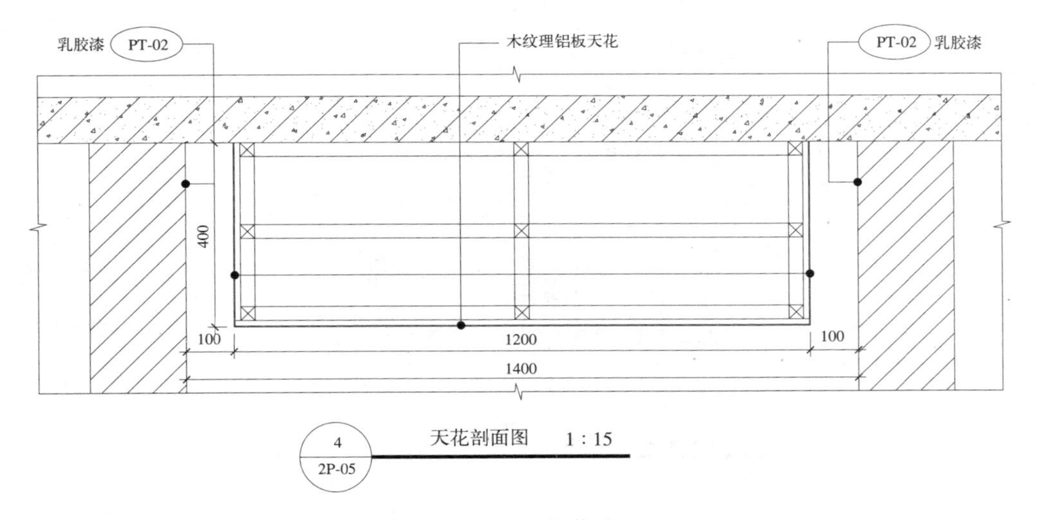

图 6-38　阳台天花剖面图

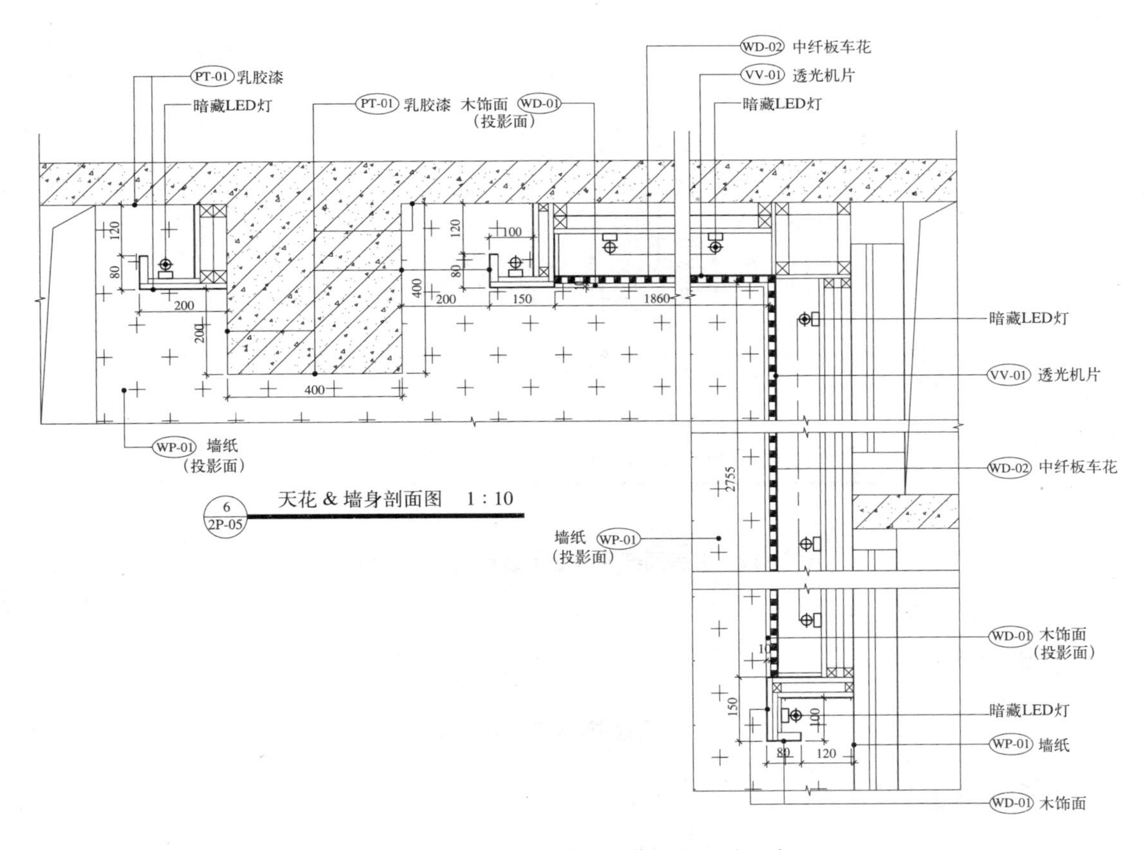

图 6-39　楼梯间上空天花剖面图（一）

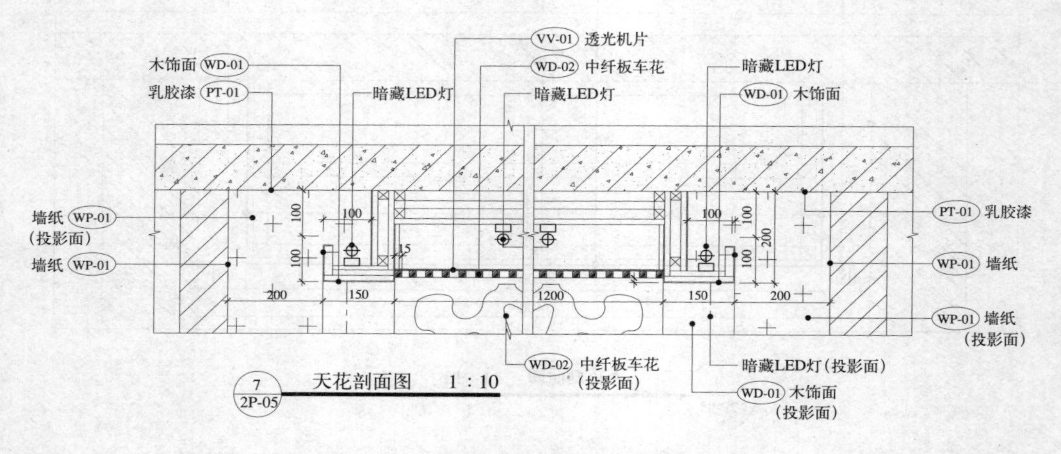

图 6-40 楼梯间上空天花剖面图（二）

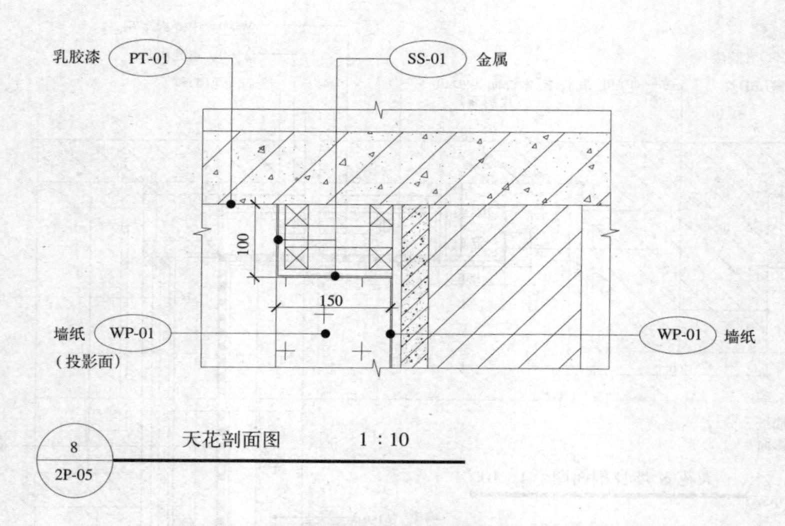

图 6-41 书房局部玫瑰金不锈钢装饰条剖面图

课堂活动

天花装饰施工详图识读

【任务布置】

某户型天花布置图及天花剖面图分别如图 6-42 ～图 6-45 所示，请根据所学基本知识，识读该户型天花施工详图，获取相关信息。

【任务实施】

请根据上述任务布置，以小组合作的形式，完成以下工作任务：

1. 根据图 6-42 天花布置图，请分别说出各空间的天花装饰类型。

2. 根据图 6-43 ～图 6-45 中各剖面图的图名及编号，在图 6-42 中找出它们对应的剖切索引符号，并说出它们在图中的剖切位置及投影方向。

3. 熟读各剖面详图（图 6-43 ～图 6-45），详述天花各节点的构造做法。

【活动评价】

课堂活动评价表

评价方式	评价内容	评价等级
自评（20%）	1. 能积极参与	□很好 □较好 □一般 □还需努力
	2. 能熟练识读顶棚施工详图	□很好 □较好 □一般 □还需努力
	3. 会用多种方法收集、处理信息	□很好 □较好 □一般 □还需努力
小组互评（40%）	1. 能主动参与和积极配合	□很好 □较好 □一般 □还需努力
	2. 能认真完成各项工作任务	□很好 □较好 □一般 □还需努力
	3. 能听取同学的观点和意见	□很好 □较好 □一般 □还需努力
	4. 整体完成任务情况	□很好 □较好 □一般 □还需努力
教师评价（40%）	1. 小组合作情况	□很好 □较好 □一般 □还需努力
	2. 完成上述任务正确率	□很好 □较好 □一般 □还需努力
	3. 成果整理和表述情况	□很好 □较好 □一般 □还需努力
综合评价		□很好 □较好 □一般 □还需努力

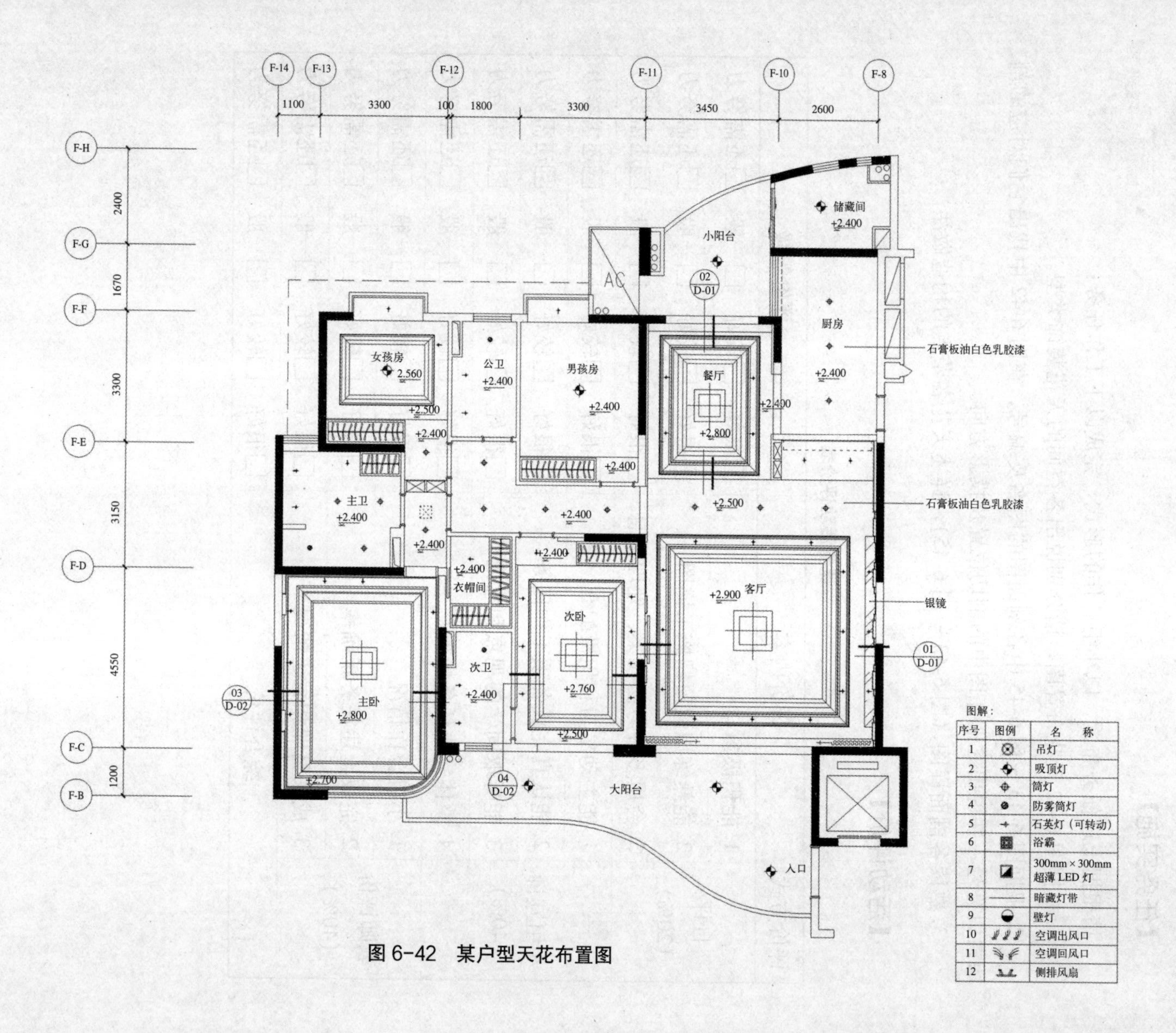

图 6-42 某户型天花布置图

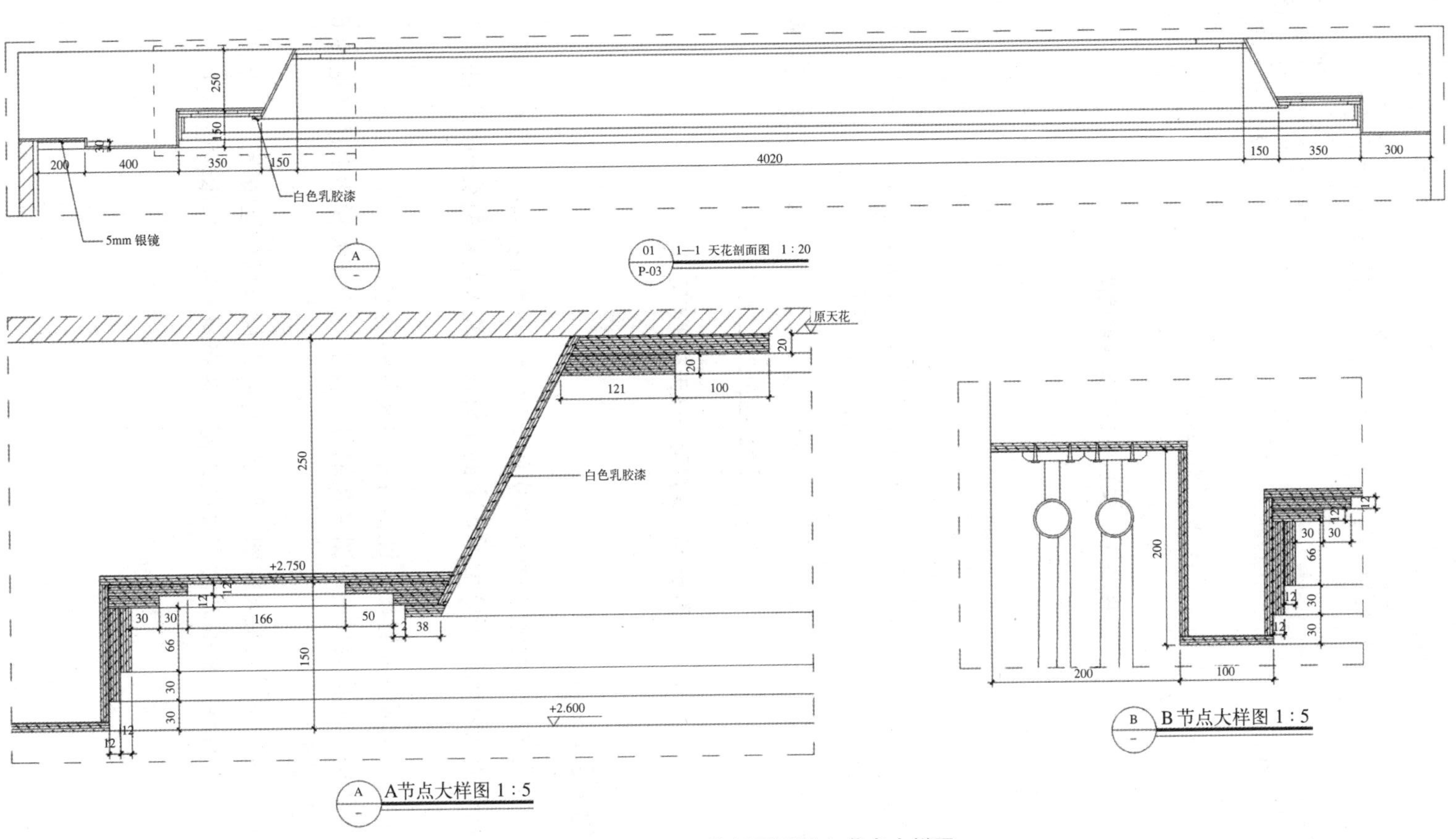

图 6-43 某户型 1-1 天花剖面图及 A 节点大样图

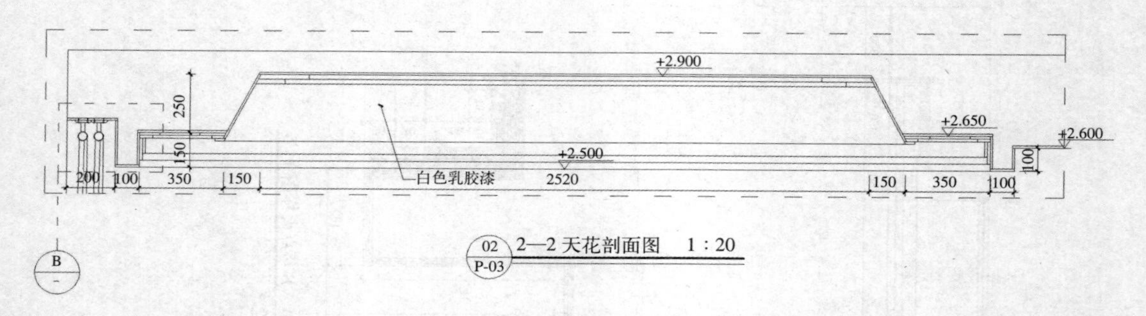

图 6-44　某户型 2-2 天花剖面图

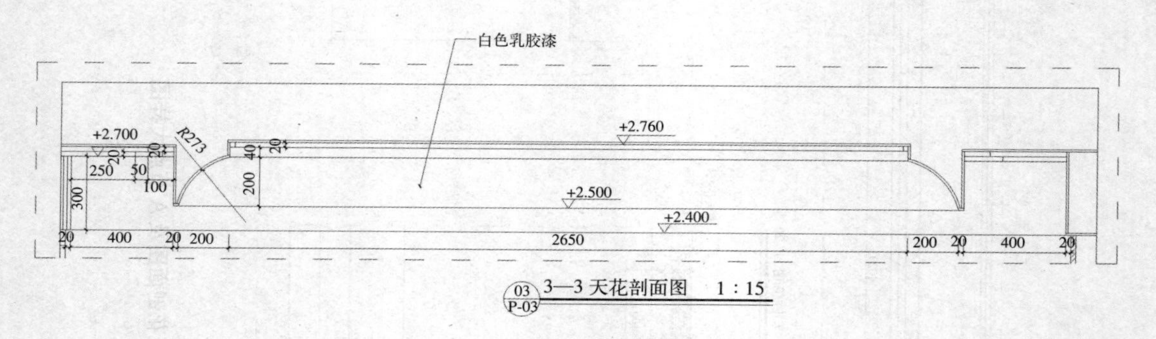

图 6-45　某户型 3-3 天花剖面图

【技能拓展】

某户型天花布置及大样索引图及各房间天花大样图如图 6-46 ~图 6-51 所示，结合所学知识，进行天花详图的识读练习，全面了解该户型天花造型及构造做法。

思考题：

(1) 识读该户型天花布置图，说出各空间天花的类型。

(2) 根据各房间天花大样图的图名及编号，找出它们在大样索引图（见图 6-46）中的剖切位置及投影方向。

(3) 分别识读各房间天花大样图，简述各房间天花节点构造情况。

(4) 结合尺寸标注、标高及文字说明，描述各房间天花的具体构造做法。

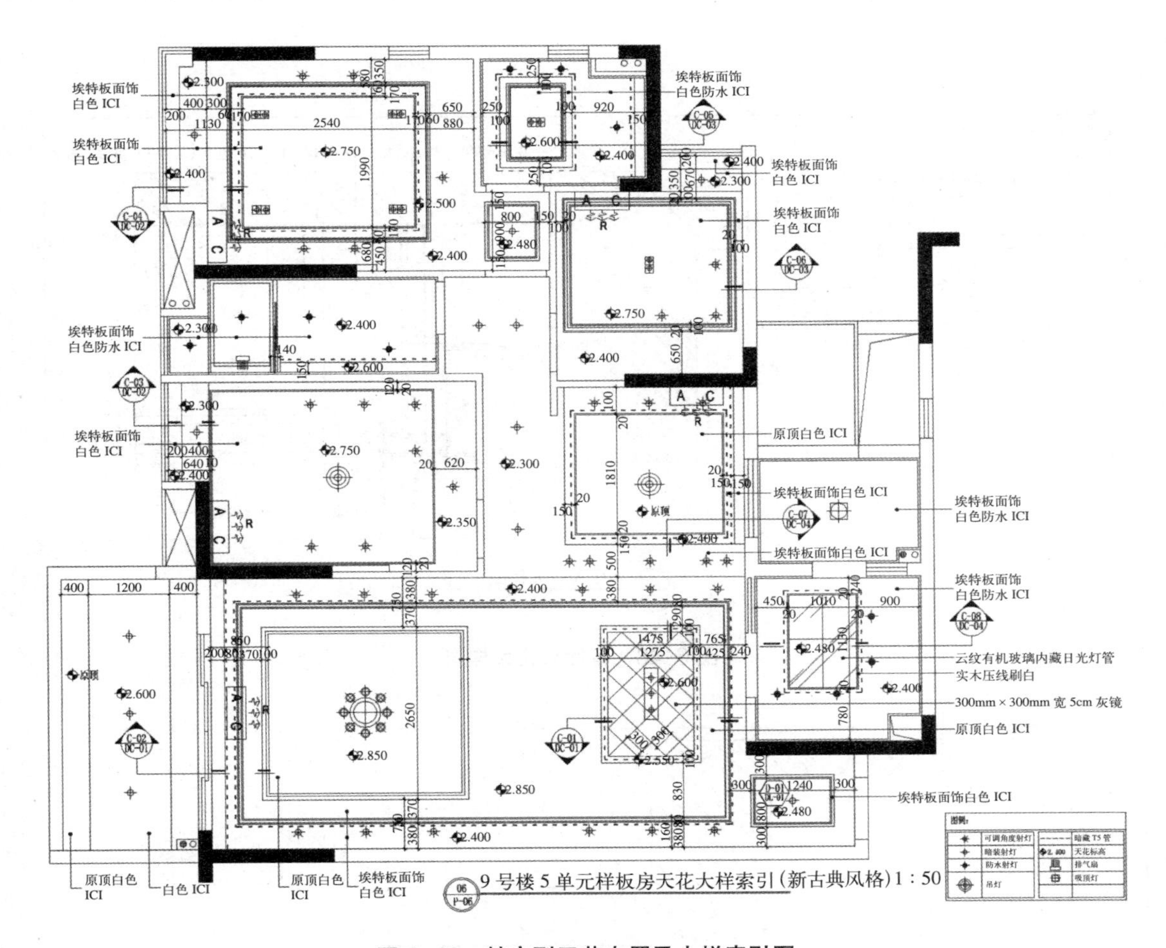

图 6-46 某户型天花布置及大样索引图

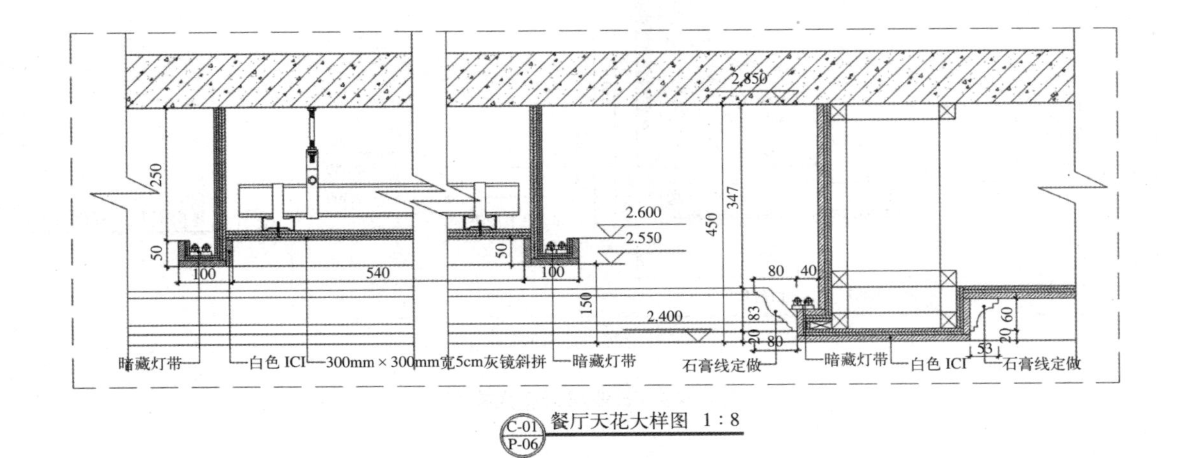

图 6-47 餐厅天花大样图

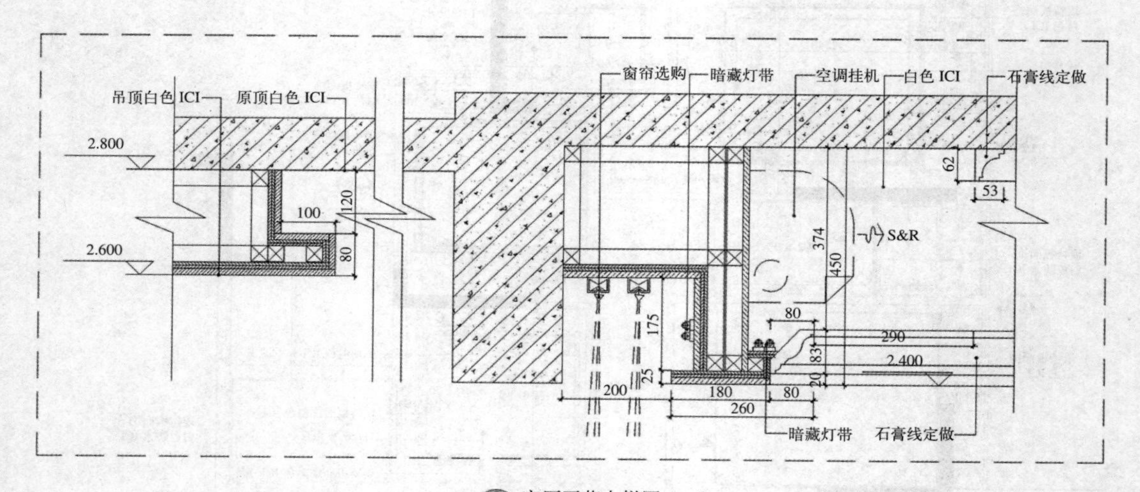

C-02 P-06 客厅天花大样图 1：8

图 6-48　客厅天花大样图

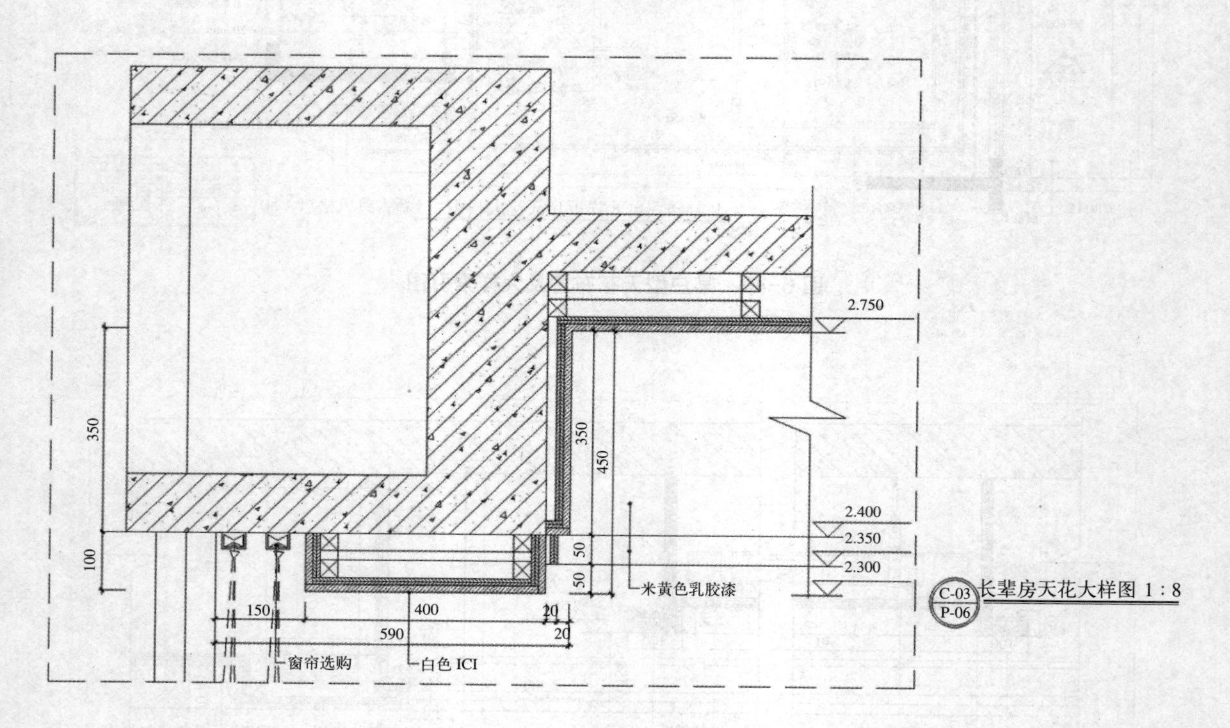

C-03 P-06 长辈房天花大样图 1：8

图 6-49　长辈房天花大样图

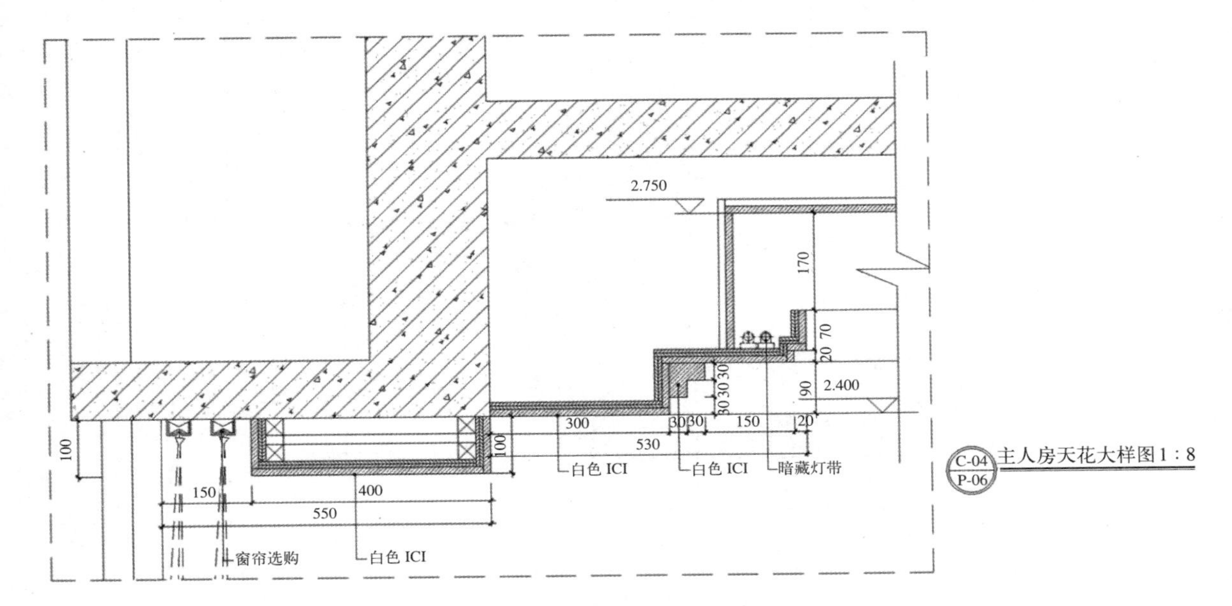

图 6-50 主人房天花大样图

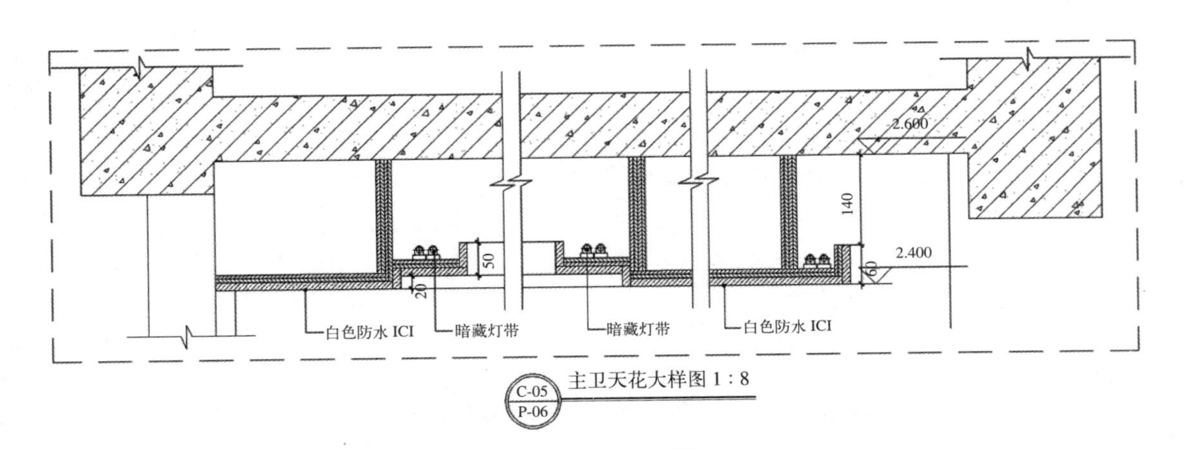

图 6-51 主卫房天花大样图

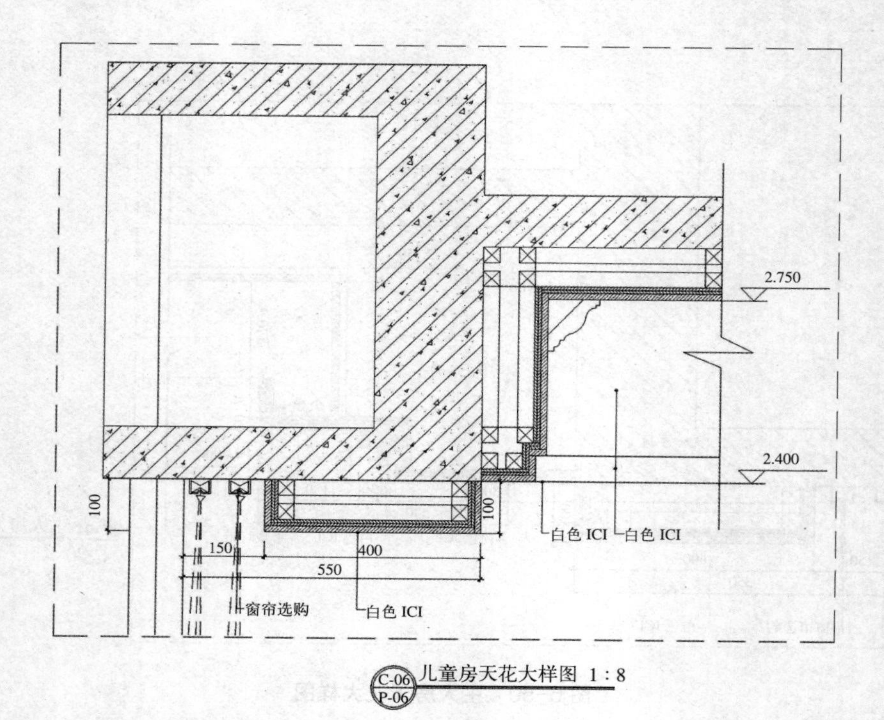

图 6-52　儿童房天花大样图

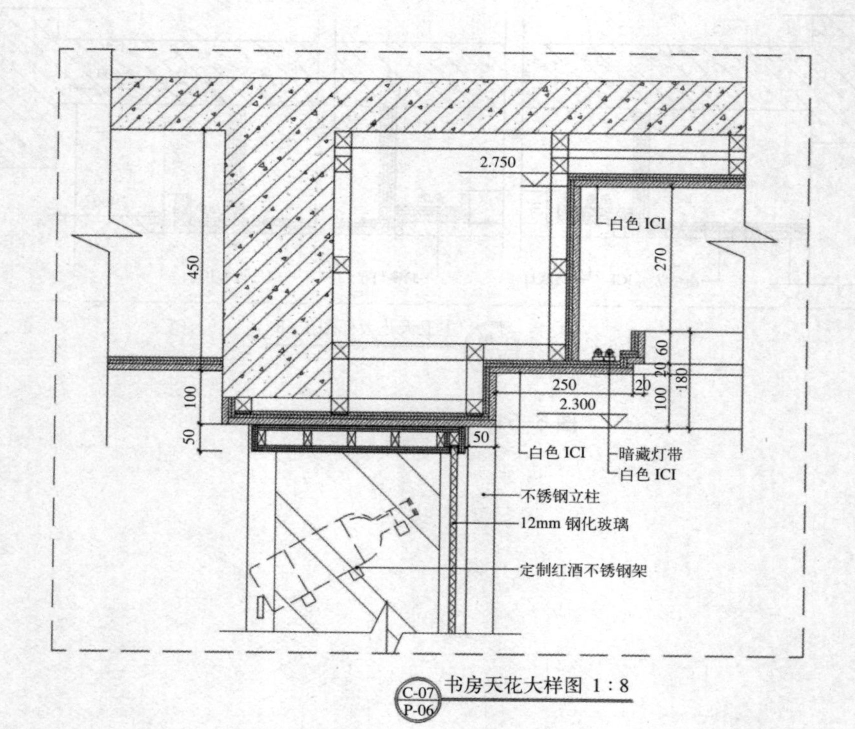

图 6-53　书房天花大样图

任务 6.4　墙、柱面装饰施工详图识读

【任务描述】

本项目工作任务，主要是通过对墙柱面装饰施工图中所涉及的相关知识的学习，以实际工程装饰施工图为案例，引导学生学会对墙柱面装饰施工图的识读，获取相关信息。

通过本工作任务的学习，学生能够根据墙、柱面装饰施工图纸说出墙、柱面装饰的形式，能详细描述各种墙、柱面装饰类型、构造特点、所用材料以及其与建筑构件之间的连接关系等，具备墙、柱面装饰工程计价和指导施工的能力。

【知识构成】

6.4.1　墙（柱）面装饰基础知识

1. 墙（柱）面装饰的基本功能

按照部位不同，墙面装饰可分为内墙和外墙装饰，两者的功能也不尽相同。

外墙面是构成建筑物外观的主要因素，直接影响到城市面貌和街景，因此，外墙面的装饰一般应根据建筑物本身的使用要求和周围环境等因素来选择饰面，通常选用具有抗老化、耐光照、耐风化、耐水、耐腐蚀和耐大气污染的外墙面饰面材料。

内墙面装饰则在不同程度上起到装饰和美化室内环境的作用，这种装饰美化应与地面、顶棚等的装饰效果相协调，同家具、灯具及其他陈设相协调。

墙面装饰功能见表 6-7。

墙面装饰功能　　表 6-7

外墙	内墙
保护墙体	保护墙体
改善墙体物理性能	保证室内使用条件
美化建筑立面	美化室内环境

2. 墙（柱）面装饰施工详图的内容

墙（柱）面装饰施工图包括立面图、剖面图和节点大样图。

（1）立面图是室内墙（柱）面与装饰物的正投影图，标明了室内的标高、吊顶装

修的尺寸及各种造型的相互关系尺寸、墙面装饰的式样及材料、位置尺寸、墙面与门、窗、隔断的高度尺寸、墙与顶棚及地面的衔接方式等。

（2）剖面图是将装饰面剖切，以表达结构构成的方式、材料的形式和主要支承构件的相互关系等。剖面图标注有详细尺寸，工艺做法及施工要求。

（3）节点大样图是两个以上装饰面的汇交点，按垂直或水平方向切开，以标明装饰面之间的对接方式和固定方法。节点图应详细表现出装饰面连接处的构造，注有详细的尺寸和收口、封边的施工方法。

在设计施工图时，无论是剖面图还是节点图，都应在平面图或立面图上标明剖切位置及投影方向，以便正确指导施工。

6.4.2 墙（柱）面装修类型

按饰面常用装饰材料、构造方式和装饰效果不同，墙面装饰可分为：

（1）抹灰类墙体饰面，包括一般抹灰和装饰抹灰饰面装饰。

（2）贴面类墙体饰面，包括石材、陶瓷制品和预制板材等饰面装饰。

（3）涂刷类墙体饰面，包括涂料和刷浆等饰面装饰。

（4）卷材类内墙饰面，包括壁纸、墙布、皮革、微薄木等。

（5）镶板（材）类墙体饰面。

（6）其他材料类，如玻璃幕墙等。

6.4.3 墙（柱）面装饰构造

1. 抹灰类饰面装饰构造

抹灰类饰面，又称水泥灰浆类饰面或砂浆类饰面，它是用各种加色的或不加色的水泥砂浆、石灰砂浆、混合砂浆、石膏砂浆、石灰砂浆及水泥石渣浆等做成的各种装修抹灰层。它除了具有装饰效果外，还具有保护墙体和改善墙体物理性能等功能。这种装修因其造价低廉、施工简便，在中低档建筑墙体装修中仍有较为广泛的应用。

抹灰类饰面一般可分为三个构造层次，即底层、中层和面层，如图 6-54 所示。

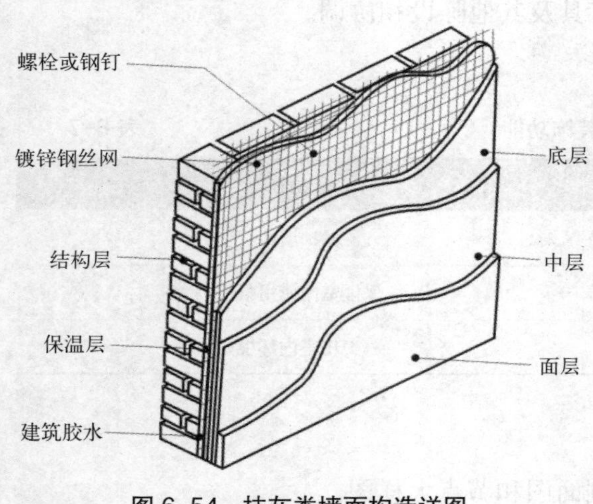

图 6-54 抹灰类墙面构造详图

从图 6-54 所示，在墙体结构层表面施工完保温层之后，对于装修要求较高的饰面，应在墙面满钉 0.7mm 细轻镀锌网（网格尺寸 32mm × 32mm），再做底层抹灰。

底层是对墙体基层的表面进行处理，作用是保证装饰面层与墙体粘结牢固和饰面层的平整度。墙体基层材料不同，底层处理的方法也不相同。砖墙面基层，是手工砌筑施工而成的，墙面灰缝中砂浆的饱和程度已经均匀性很难得到保证，墙面一般粗糙不平。这虽对墙体与底层抹灰间的黏结力有利，但若平整度相差过大，则对饰面不利。所以在做饰面之前，常用水泥砂浆或混合砂浆进行底层处理；轻质砌块墙体基层，由于其表面孔隙大，砌块的吸水性能力极强，所以抹灰砂浆中的水分容易被吸收，从而导致墙体与底层抹灰间的粘结力较低，且易脱落，所以一般先在整个墙面上涂刷一层建筑胶（配合比是 107 胶水 ∶ 水 =1 ∶ 4）来封闭基层，再进行底层抹灰。

中间层是保证装修质量的关键层，所起作用主要为找平与粘结，还可弥补底层砂浆的干缩裂缝。根据墙体平整度与饰面质量要求，中间层可以一次抹成，也可以分多次抹成，用料一般与底层相同。

饰面层主要起装饰作用，要求表面平整、色彩均匀及无裂纹，可以做成光滑和粗糙等不同质感的表面。

另外，由于抹灰类墙（柱）面阳角处很容易碰坏，通常在抹灰前应先在内墙阳角、门洞转角、柱子四角等处，用强度较高的 1 ∶ 2 水泥砂浆抹制护角或预埋角钢护角，护角高度应高出楼地面 1.5 ~ 2m 左右，每侧宽度不小于 50mm，如图 6-55 所示。

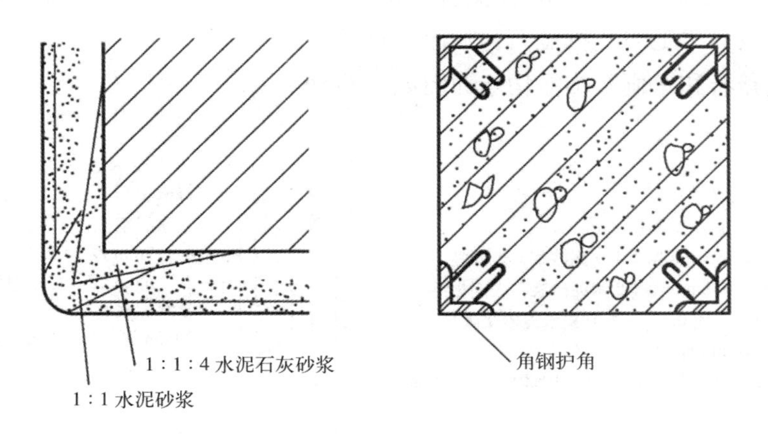

图 6-55　墙柱护角

按使用要求和装饰效果的不同，墙面抹灰可分为一般抹灰和装饰抹灰两种。

其中，一般抹灰工程适用于石灰砂浆、水泥混合砂浆、水泥砂浆、聚合物水泥砂浆、麻刀灰、纸筋灰等材料。按建筑物使用标准可分为：普通抹灰、中级抹灰、高级抹灰三个等级。

常用抹灰做法可见表 6-8。

常用抹灰做法　　表 6-8

抹灰名称	构造及材料配合比	适用范围
纸筋（麻刀）灰	12 ~ 17mm 厚 1 ： 2 ~ 1 ： 2.5 石灰砂浆（加草筋）打底 2 ~ 3mm 厚纸筋（麻刀）灰粉面	普通内墙抹灰
混合砂浆	12 ~ 15mm 厚 1 ： 1 ： 6 水泥、石灰膏、砂、混合砂浆打底 5 ~ 10mm 厚 1 ： 1 ： 6 水泥、石灰膏、砂、混合砂浆粉面	外墙、内墙均可
水泥砂浆	15mm 厚 1 ： 3 水泥砂浆打底 10mm 厚 1 ： 2 ~ 1 ： 2.5 水泥砂浆粉面	多用于外墙或内墙受潮侵蚀部位
水刷石	15mm 厚 1 ： 3 水泥砂浆打底 10mm 厚 1 ： 1.2 ~ 1 ： 1.4 水泥石碴抹面后水刷	用于外墙
干粘石	10 ~ 12mm 厚 1 ： 3 水泥砂浆打底 7 ~ 8mm 厚 1 ： 0.5 ： 2 外加 5% 107 胶的混合砂浆黏结层 3 ~ 5mm 厚彩色石碴面层（用喷或甩方式进行）	用于外墙
剁斧石	15mm 厚 1 ： 3 水泥砂浆打底 刷素水泥浆一道 8 ~ 10mm 厚水泥石碴粉面 用剁斧斩去表层水泥浆或石尖部分使其显出凿纹	用于外墙或局部内墙
水磨石	15mm 厚 1 ： 3 水泥砂浆打底 10mm 厚 1 ： 1.5 水泥石碴粉面，磨光、打蜡	多用于室内潮湿部位

装饰性抹灰除具有一般抹灰的功能外，由于材料不同及施工方法不同而产生各种形式的装饰效果。装饰抹灰常用的种类有：水刷石、水磨石、剁斧石、干粘石、假面砖、拉条灰、拉毛灰、甩毛灰、扒拉石、喷涂，喷砂等。

其中，剁斧石和水刷石饰面构造详图如图 6-56 所示。

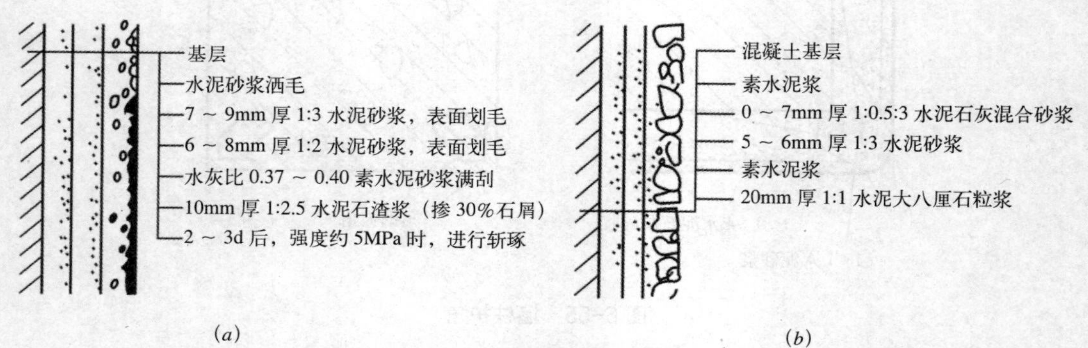

图 6-56　装饰性抹灰饰面构造详图

（a）剁斧石饰面构造详图；（b）水刷石饰面构造详图

2. 贴面类饰面装饰构造

常用的贴面材料可分为三类：一是陶瓷制品，如瓷砖、面砖、陶瓷棉砖、玻璃马赛克等；二是天然石材，如大理石、花岗岩等；三是预制块材，如水磨石饰面板、人造石材等。

由于块料的形状、重量、适用部位不同，其构造方法也有一定差异。轻而小的块面可以直接镶贴，构造比较简单，由底层砂浆、粘结层砂浆和块状贴面材料面层组成；大而厚重的块材则必须采用一定的构造连接措施，用贴挂等方式加强与主体结构连接。

（1）面砖类饰面

面砖类型很多，按其特征有上釉的和不上釉的，釉面砖又分为有光釉和无光釉两种。砖的表面有平滑的和带一定纹理质感的，面砖背部质地粗糙且带有凹槽，以增强面砖和砂浆之间的粘结力，如图 6-57 所示。

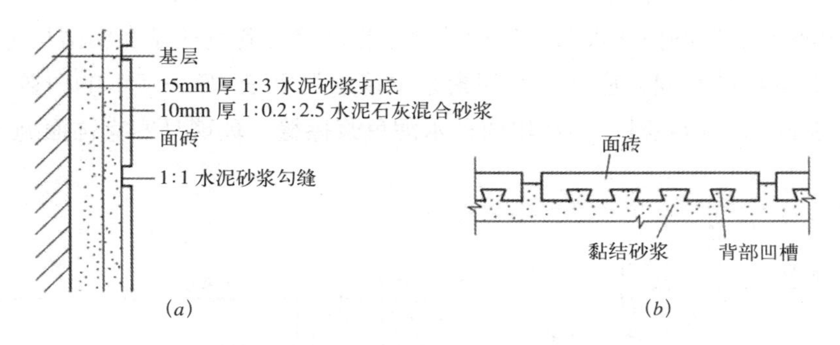

图 6-57　外墙面砖构造详图

（a）黏结状况；（b）构造图

（2）瓷砖类饰面

它是用瓷土或优质陶土经高温烧制成的饰面材料。其底胎均为白色，表面上釉有白色的和彩色的。彩色釉面砖又分有光和无光两种。此外还有装饰釉面砖、图案釉面砖、瓷画砖等。装饰釉面砖有花釉砖、结晶釉砖、斑纹釉砖、理石釉砖等。图案砖能做成各种彩色和图案、浮雕，别具风格。瓷砖画则是将画稿按我国传统陶瓷彩绘技术分块烧成釉面砖，然后再拼成整幅画面。

瓷砖饰面构造做法是：先在基层用 1 ∶ 3 水泥砂浆打底，厚度为 10 ~ 15mm；粘结砂浆用 1 ∶ 0.1 ∶ 2.5 水泥石灰膏混合砂浆，厚度为 5 ~ 8mm。粘结砂浆也可用掺 5% ~ 7% 的 108 胶的水泥素浆，厚度为 2 ~ 3mm。釉面砖贴好后，要用清水将表面擦洗干净，然后用白水泥擦缝，随即将瓷砖擦干净。

（3）陶瓷锦砖与玻璃锦砖饰面

陶瓷锦砖又称“马赛克”，是以优质瓷土烧制而成的小块瓷砖。分为挂釉和不挂釉两种。陶瓷锦砖规格较小，常用的有：18.5mm × 18.5mm、39mm × 39mm、39mm × 18.5mm、25mm 六角形等，厚度为 5mm。陶瓷锦砖是不透明的饰面材料，具有质地坚实，经久耐用，花色繁多，耐酸、耐碱、耐火、耐磨，不渗水，易清洁等优点。

陶瓷锦砖饰面构造做法是：在清理好基层的基础上，用 15mm 厚 1 ∶ 3 的水泥砂浆打底；粘结层用 3mm 厚，配合比为纸筋：石灰膏：水泥 =1 ：1 ：8 的水泥浆，或采用掺加水泥量 5% ~ 10% 的 108 胶或聚乙酸乙烯乳胶的水泥浆。

玻璃锦砖又称“玻璃马赛克”，是由各种工颜色玻璃掺入其他原料经高温熔炼发泡后，压制而成。玻璃马赛克是乳浊状半透明的玻璃质饰面材料，色彩更为鲜明，并具有透明光亮的特征。

玻璃马赛克饰面的构造做法是：在清理好基层的基础上，用 15mm 厚 1 ：3 的水泥砂浆做底层并刮糙，分层抹平，两遍即可，若为混凝土墙板基层，在抹水泥砂浆前，应先刷一道素水泥浆（掺水泥重 5% 的 108 胶）；抹 3mm 厚 1 ：（1 ~ 1.5）水泥砂浆粘结层，在粘结层水泥砂浆凝固前，适时粘贴玻璃马赛克。粘贴玻璃马赛克时，在其麻面上抹一层 2mm 厚左右厚的白水泥浆，纸面朝外，把玻璃马赛克镶贴在粘结层上。

为了使面层粘结牢固，应在白水泥素浆中掺水泥重量 4% ~ 5% 的白胶及掺适量的与面层颜色相同的矿物颜料，然后用同种水泥色浆擦缝。玻璃马赛克饰面施工详图如图 6-58 所示。

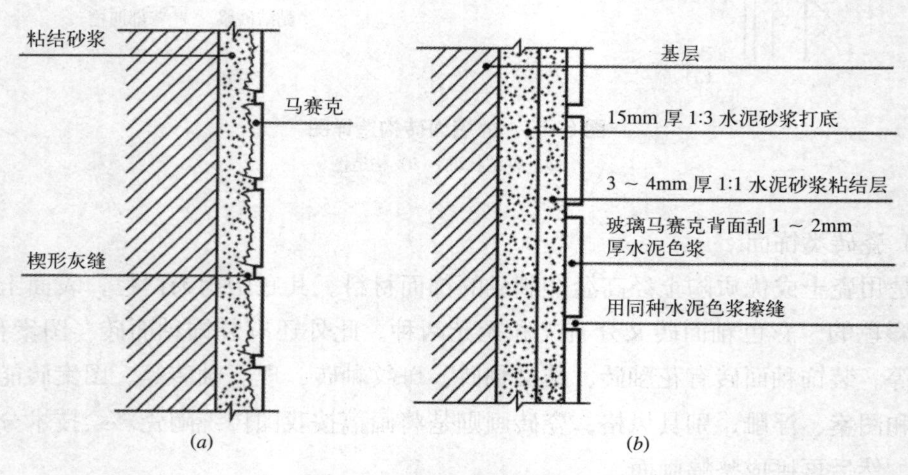

图 6-58　玻璃马赛克饰面构造详图

（*a*）粘结状况；（*b*）构造详图

（4）天然石材类饰面

天然石料如花岗岩、大理石等可以加工成板材、块材和面砖用作饰面材料。天然石材饰面板不仅具有各种颜色、花纹、斑点等天然材料的自然美感，装饰效果强，而且质地密实坚硬，故耐久性，耐磨性等均较好。天然石材按其表面的装饰效果及加工方法，分为磨光和剁斧两种主要处理形式。磨光的产品又有粗磨板、精磨板、镜面板等。剁斧的产品可分为磨面、条纹面等类型。

大理石组织构造致密、坚实、强度很大，硬度却不高，可加工性强，耐风化性能较差，且易被酸侵蚀。由于通常都含有一定杂质，在户外会常年遭受风、霜、雪、雨、日晒和工业废气的侵蚀，久而久之，其表面会失去光泽，且受损严重，因而多被用于室内饰面。

花岗石经加工为细琢面、光面或镜面板材，装饰效果较好。颜色有浅灰、纯黑、深青、紫红，还有均匀的黑白点，色泽鲜艳而美观。花岗石坚硬密实，抗压强度高，其孔隙率和吸水率极低，具有优良的耐久性能和优异的耐磨性能，且抗酸性能良好，广泛用于室内外墙地面，是室内外装修的高档材料之一。

大理石和花岗岩饰面板材的构造方法一般有：钢筋网固定挂贴法（见图 6-59）、金属件锚固挂贴法（见图 6-60）、干挂法、聚酯砂浆固定法、树脂胶粘结法等几种。

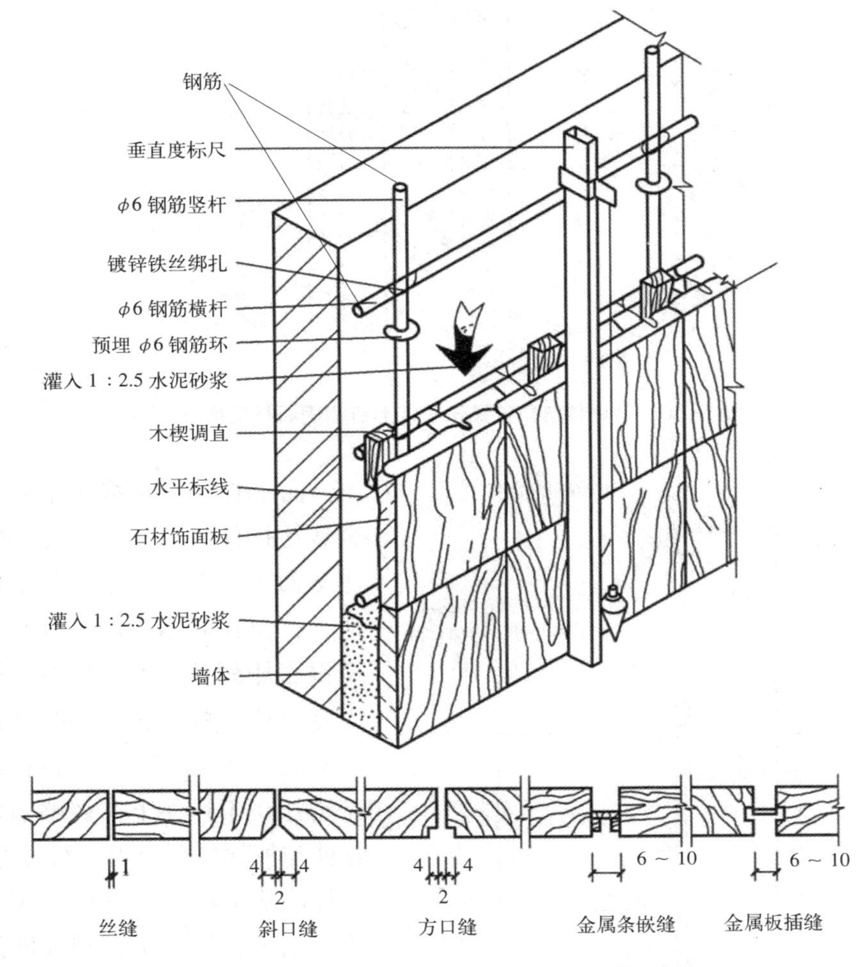

图 6-59　石材墙面钢筋网挂贴法构造详图

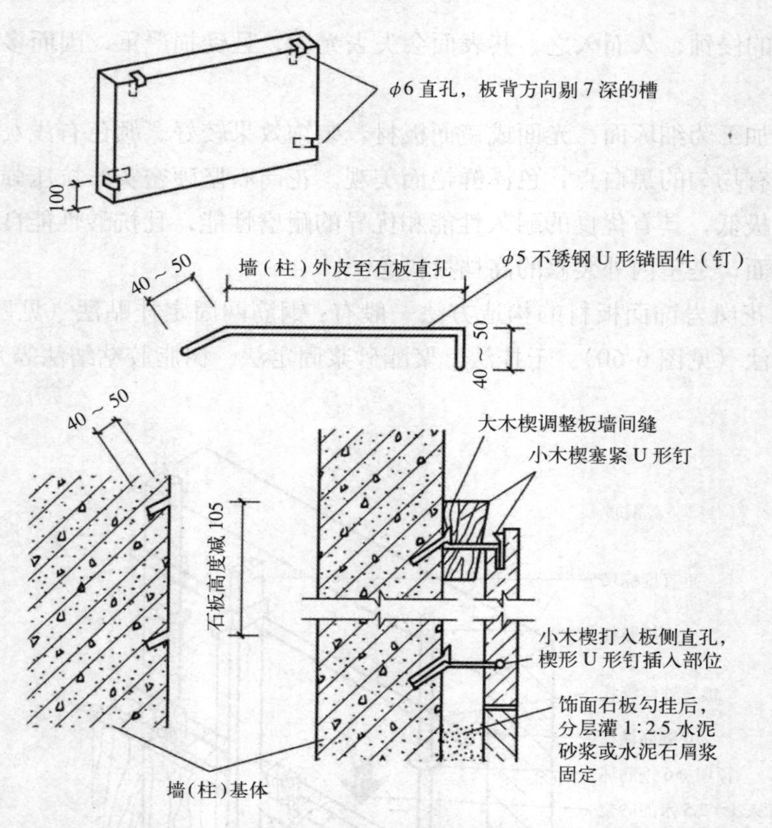

图 6-60　金属件锚固挂贴法（U 形钉锚固石材板构造详图）

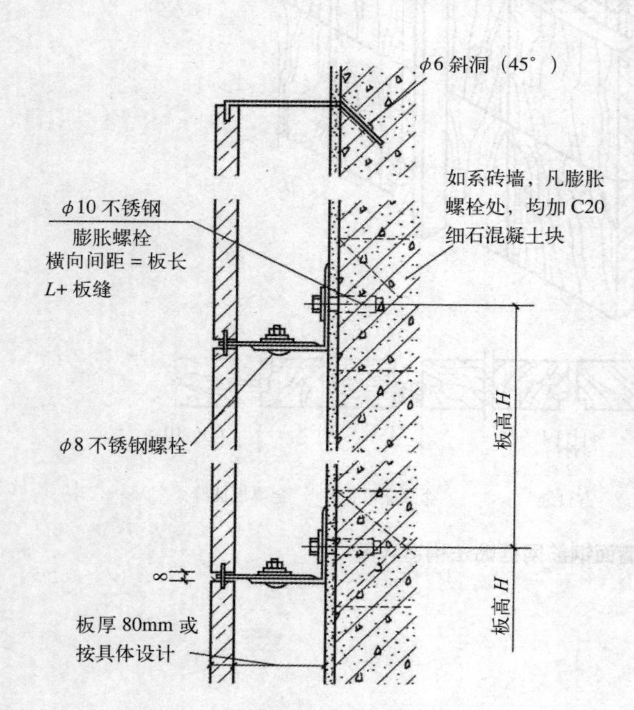

图 6-61　石材干挂施工构造详图

而干挂法是直接用不锈钢型材或金属连接件将石板材支托并锚固在墙体基面上，而不采用灌浆湿作业的方法。首先在墙体基面上打孔，固定不锈钢膨胀螺栓；将不锈钢干挂件安装固定在膨胀螺栓上；在板材背面干挂件对应位置上剔槽；安装石板，将板材钩挂在干挂件上并调整固定，在干挂件与板材结合处用云石胶进行固定。干挂法基本构造如图 6-61 所示。目前干挂法流行构造是板销式做法，如图 6-62 所示。

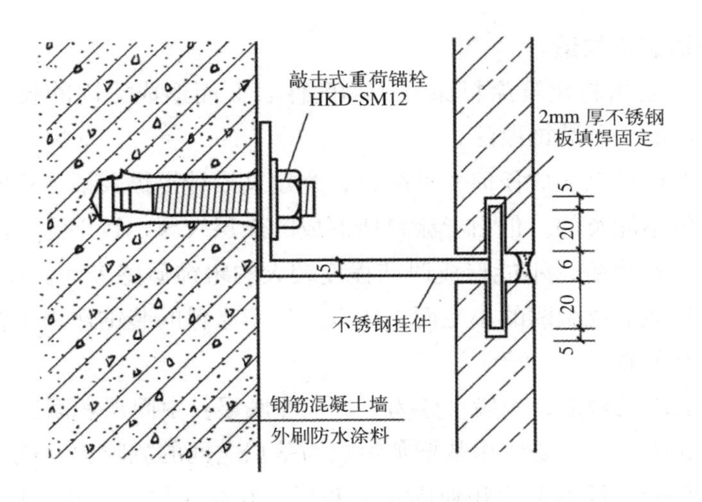

图 6-62　石材干挂板销式做法构造详图

（5）人造石材类饰面

预制人造石材饰面板亦称预制饰面板，大多都在工厂预制，然后现场进行安装。其主要类型有：人造大理石材饰面板、预制水磨石饰面板、预制剁斧石饰面板、预制水刷石饰面板以及预制陶瓷砖饰面板。根据材料的厚度不同，又分为厚型和薄型两种，厚度为 30 ~ 40mm 以下的称为板材，厚度在 40 ~ 130mm 称为块材。

人造大理石饰面板是仿天然大理石的纹理预制生产的一种墙面装饰材料。根据所用材料和生产工艺的不同可分为聚酯型人造大理石、无机胶结型人造大理石、复合型人造大理石和烧结型人造大理石四类，这四类人造大理石板在物理学性能、与水有关的性能、黏附性能等方面各不相同，对它们采用的构造固定方式也不同，有水泥砂浆粘贴法、聚酯砂浆粘贴法、有机胶粘剂粘贴法、挂贴法和干挂法五种方法。目前多采用聚酯砂浆固定与水泥胶砂浆粘贴相结合的方法，以达到粘贴牢固、成本较低的目的。其构造方法是先用胶砂比 1 ：（4.5 ~ 5）的聚酯砂浆固定板材四角和填满板材之间的缝隙，待聚酯砂浆固化并能起到固定拉紧作用以后，再进行灌浆操作，如图 6-63 所示。

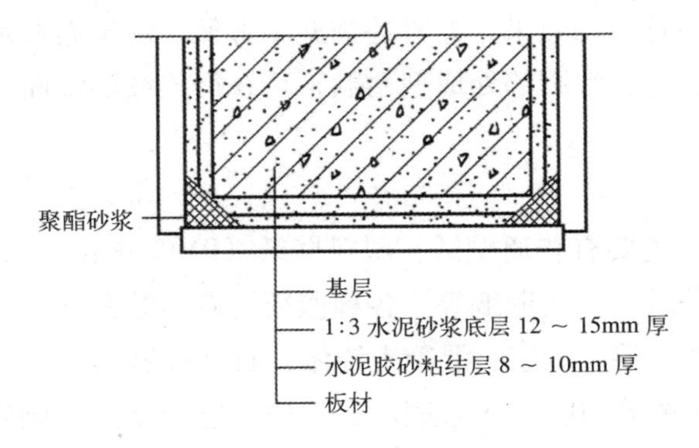

图 6-63　聚酯砂浆粘贴构造详图

3. 涂刷类饰面装饰构造

涂刷类饰面，是指将建筑涂料涂刷于构配件表面而形成牢固的膜层，从而起到保护、装饰墙面作用的一种装饰做法。

涂刷类饰面材料可以配成任何一种颜色，为建筑设计提供灵活多样的表现方式，这是其他饰面材料所不能及的。但由于涂料所形成的涂层较薄，较平滑，涂刷类饰面只能掩盖基层表面的微小瑕疵，不能形成凹凸程度较大的粗糙质感表面。即使采用厚涂料，或拉毛做法，也只能形成微弱的小毛面。所以，外墙涂料的装饰作用主要在于改变墙面色彩，而不在于改善质感。

涂刷类饰面的涂层构造，一般可分为三层，即底层、中间层和面层。

底层俗称刷底漆，其主要作用是增加涂层与基层之间的黏附力，进一步清理基层表面的灰尘，使一部分悬浮的灰尘颗粒固定于基层。底层涂层还具有基层封闭剂（封底）的作用，可以防止木脂、水泥砂浆抹灰层中的可溶性盐等物质渗出表面，造成对涂饰饰面的破坏。

中间层是整个涂层构造中的成型层。其作用是通过适当的工艺，形成具有一定厚度的、匀实饱满的涂层，达到保护基层和形成所需的装饰效果。中间层的质量好，不仅可以保证涂层的耐久性、耐水性和强度，在某些情况下对基层尚可起到补强的作用，近年来常采用厚涂料、白水泥、砂砾等材料配制中间造型层的涂料。

面层的作用是体现涂层的色彩和光感，提高饰面层的耐久性和耐污染能力。为了保证色彩均匀，并满足耐久性、耐磨性等方面的要求，面层最低限度应涂刷两遍。一般来说油性漆、溶剂型涂料的光泽度普遍要高一些。采用适当的涂料生产工艺、施工工艺，水性涂料和无机涂料的光泽度可以赶上或超过油性涂料、溶剂型涂料的光泽度。

涂刷类墙饰面包括涂料类和刷浆类饰面以及油漆类饰面。

4. 卷材类饰面装饰构造

卷材类墙面是指用建筑装饰卷材，通过裱糊或铺钉等方式覆盖在墙（柱）外表面而形成的饰面。现代室内装修中，经常使用的卷材有壁纸、壁布、皮革、微薄木等。卷材的色彩、纹理和图案丰富，品种众多，运用得当，可形成绚丽多彩、质感温暖、古雅精致、色泽自然逼真等多种装饰效果。卷材装饰施工方便，由于卷材是柔性装饰材料，适宜于在曲面、弯角、转折、线脚等处成型粘贴，可获得连续的饰面，卷材装饰属于较高级的饰面类型。

（1）壁纸饰面

壁纸的种类较多，主要有普通壁纸、塑料壁纸（PVC 壁纸）、复合纸质壁纸、纺织纤维壁纸、彩色砂粒壁纸、风景壁纸等。各种壁纸均应粘贴在具有一定强度、平整光洁的基层上，如水泥砂浆、混合砂浆、混凝土墙体、石膏板等。

一般构造是：用稀释的 107 胶水涂刷基层一遍，进行基层封闭处理；壁纸预先进行涨水处理；用 107 胶水裱贴壁纸。若是预涂胶壁纸，裱糊时先用水将背面胶粘剂浸润，然后直接粘贴壁纸；若是无基层壁纸，可将剥离纸剥去，立即粘贴即可。

壁纸裱贴工艺有搭接法、拼缝法等，应注意保持纸面平整、搭接处理和拼花处理，选择合适的拼缝形式。各类裱糊饰面构造详图如 6-64 所示：

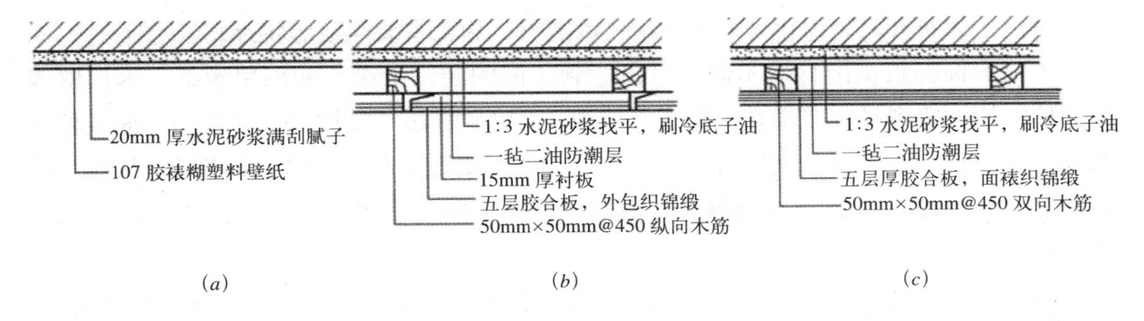

图 6-64 壁纸饰面构造详图

(a) 塑料；(b) 分块式织锦缎；(c) 织锦缎

(2) 皮革或人造革饰面

皮革或人造革饰面具有质地柔软、保温性能好、能消声消震、耐磨、易保持清洁卫生、格调高雅等特点，常用于练功房、健身房、幼儿园等要求防止碰撞的房间，也用于录音室、电话间等声学要求较高的房间以及酒吧、会客厅、客房等房间。

皮革或人造革饰面构造做法与木护壁相似：一般应先进行墙面的防潮处理，抹 20mm 厚 1 ∶ 3 水泥砂浆，涂刷冷底子油并粘贴油毡；然后固定龙骨架，一般骨架断面为（20 ~ 50）mm×（40 ~ 50）mm，钉胶合板衬底。

皮革里面可衬泡沫塑料做成硬底，或衬玻璃棉、矿棉等柔软材料做成软底。固定皮革的方法有两种：一是采用暗钉将皮革固定在骨架上，最后用电化铝帽头钉按划分的

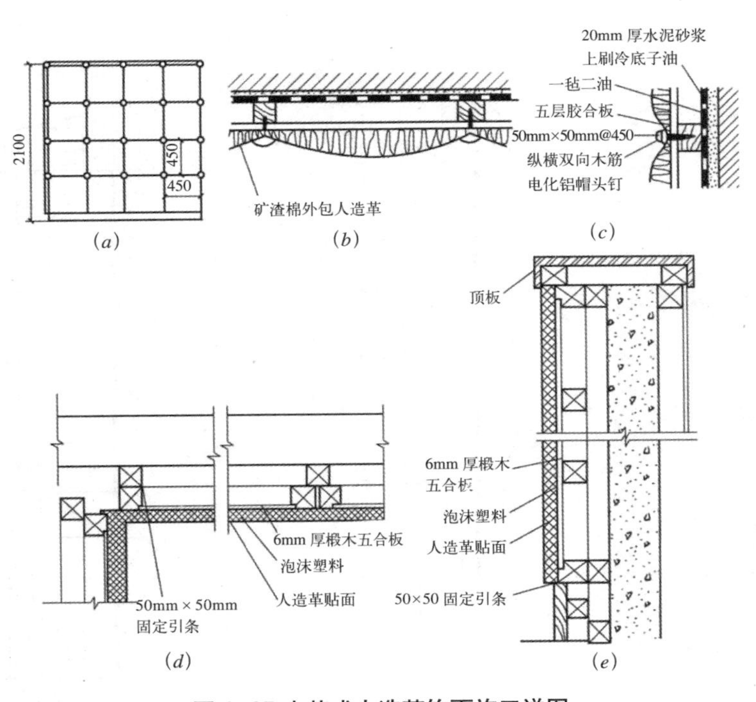

图 6-65 皮革或人造革饰面施工详图

(a) 局部立面；(b) 剖面；(c) 节点详图；(d) 横剖面；(e) 纵剖面

分格尺寸在每一分块的四角钉入固定；另一种方法是木装饰线条或金属装饰线条沿分格线位置固定。

皮革或人造革饰面的构造如图 6-65 所示。

5. 镶板类饰面装饰构造

镶板类饰面有着装饰效果丰富、耐久性能好、施工安装简便等特点。

不同的饰面板，因材质不同，可以达到不同的装饰效果。如采用木条、木板做墙裙、护壁使人感到温暖、亲切、舒适、美观；采用木材还可以按设计需要加工成各种弧面或形体转折，若保持木材原有的纹理和色泽，则更显质朴、高雅；采用经过烤漆、镀锌、电化等处理过的铜、不锈钢等金属薄板饰面，则会使墙体饰面色泽美观，花纹精巧，装饰效果华贵。

饰面板通过镶、钉、拼、贴等构造方法与墙体基层固定，虽然施工技术要求较高，但现场湿作业量少，安全简便。

本节主要介绍木质类镶板饰面。

光洁坚硬的原木、胶合板、装饰板、硬质纤维板等可用作墙面护壁，护壁高度 1 ~ 1.8m 左右，甚至与顶棚做平。其构造方法是：先在墙内预埋木砖，墙面抹底灰，刷热沥青或铺油毡防潮，然后钉双向木墙筋，一般 400 ~ 600mm（视面板规格而定），木筋断面（20 ~ 45）mm×（40 ~ 45）mm。当要求护壁离墙面一定距离时，可由木砖挑出。木护壁构造如图 6-66 所示。

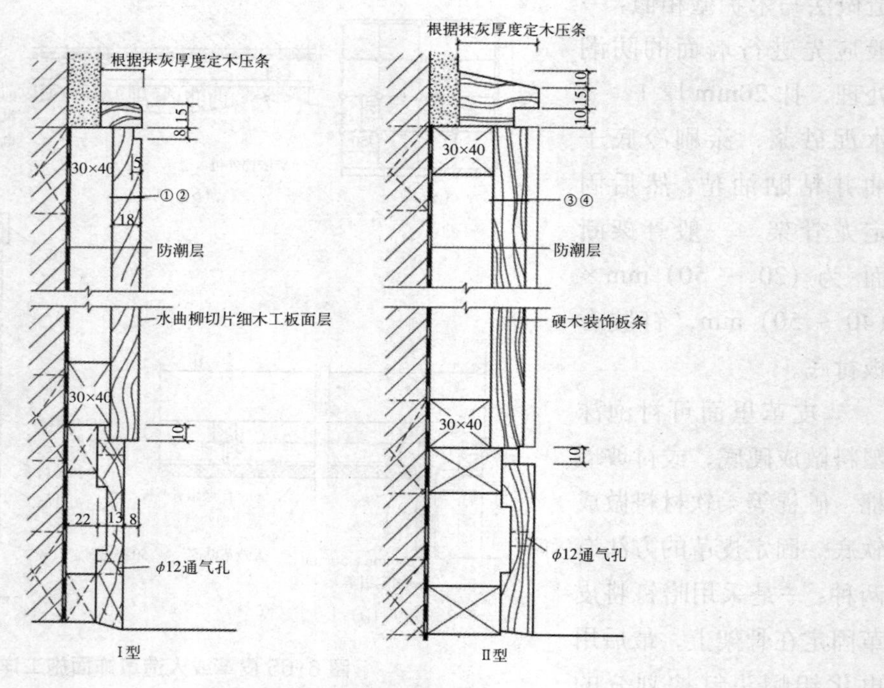

图 6-66　木护壁构造详图

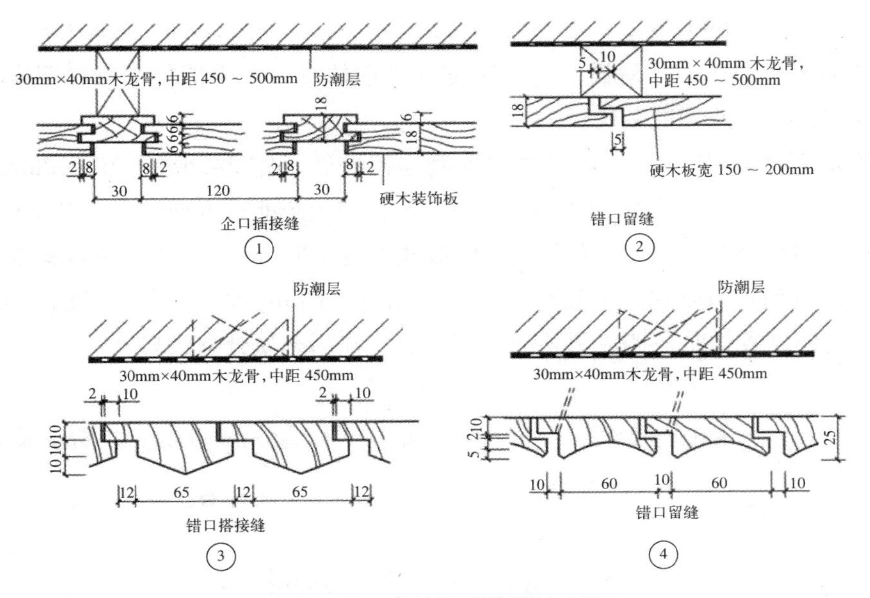

图 6-66　木护壁构造详图（续）

除此之外，要注意镶板类构造在拐角处的构造，阴角和阳角的拐角可采用对接、斜口对接、企口对接、填块等方法，如图 6-67 所示。

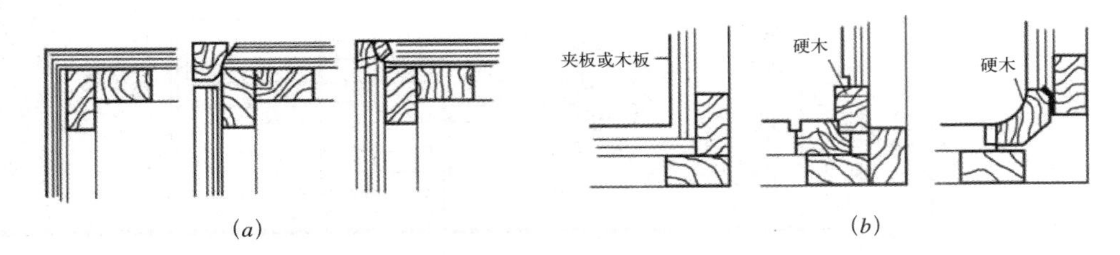

图 6-67　拐角构造详图

(a) 阳角；(b) 阴角

6.4.4　墙（柱）面装饰施工图的识读要点

(1) 通过立面图，了解各空间墙面装饰情况。

如图 6-68 所示某别墅主卧 4 立面图中可知，该立面所反映的是床头一侧的立面装修图，左侧楼梯间使用墙纸铺贴，卧室中靠近门一侧，安装一银镜，外包金属边框，床头正后方使用软包，并用金属分缝，软包四周使用木饰线收口。

(2) 根据图名，在索引图中找到相应的剖切符号或索引符号，弄清剖切或索引的位置及视图投影方向。

如图 6-68 所示主卧 4 立面中发现床头正后方软包处有剖切符号，表明此处绘有墙身剖面详图，如图 6-69 所示。

（3）借助剖面详图，了解详图有关装饰的详细信息，并弄清楚节点详图索引位置，了解节点处连接形式及构造做法。

由墙身剖面图 6-69 可知，在墙体与顶棚连接处做了宽 245mm、高 100mm 的小吊顶，面刷乳胶漆；墙身使用软包饰面，沿高度方向轮流间隔 300mm 与 100mm 采用金属分缝，软包与吊顶之间用木饰线收口；墙体底部有 100mm 高度的金属踢脚线。此外，从该图中可以看到软包金属分缝处绘有节点详图（见图 6-70）。从节点详图中可知软包两端在分缝处装订或粘贴在切成圆角的木骨架上，并用金属分缝收口。

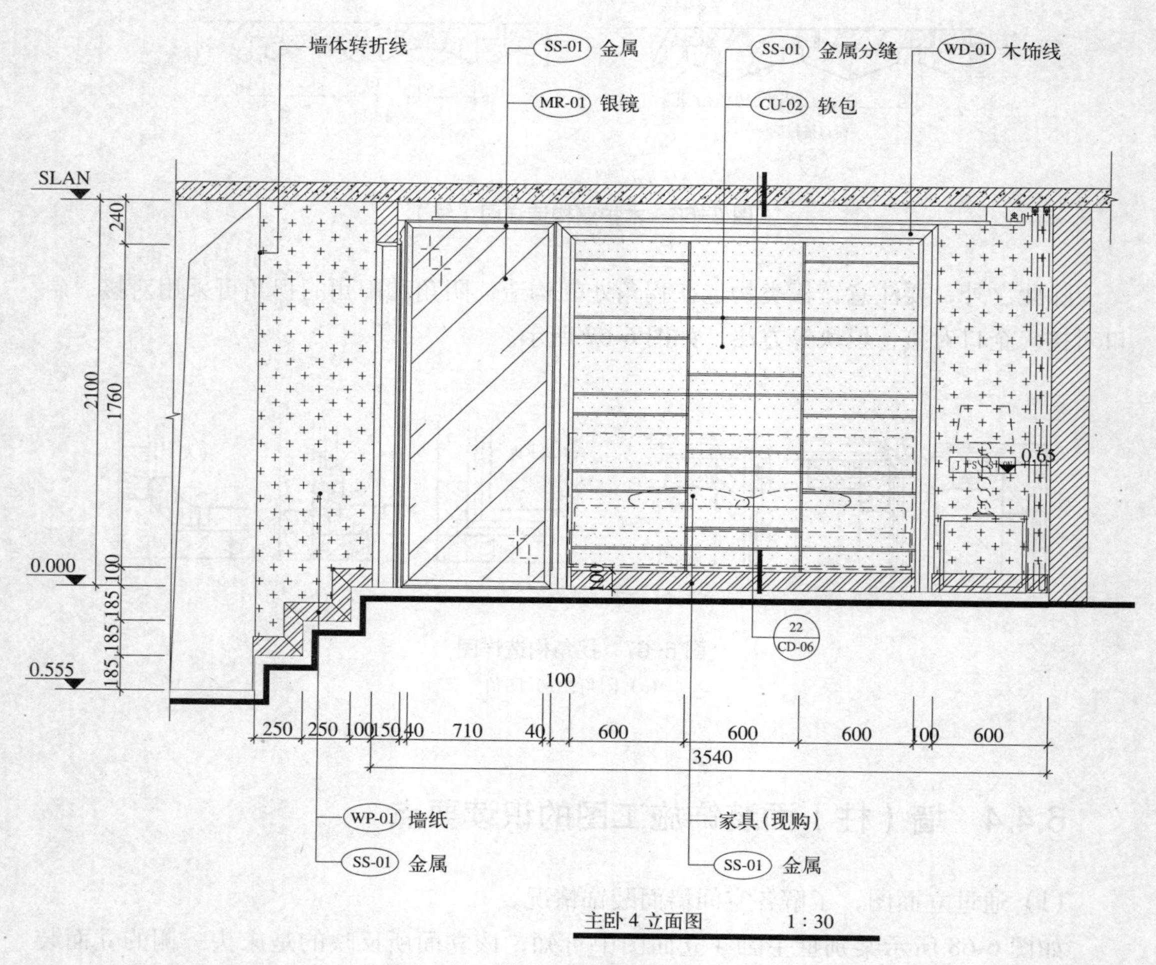

图 6-68 某复式公寓主卧 4 立面图

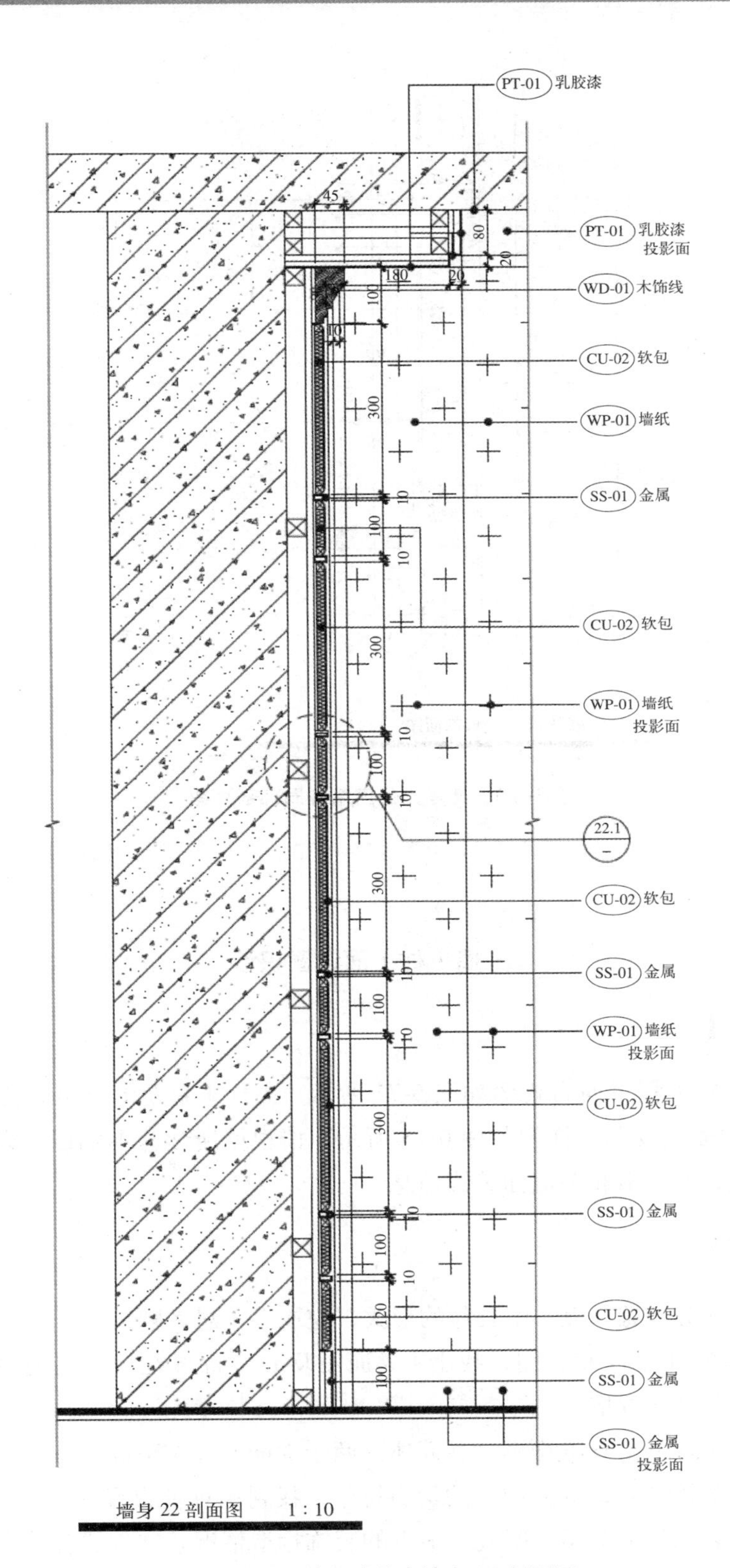

图 6-69 某复式公寓墙身 22 剖面图

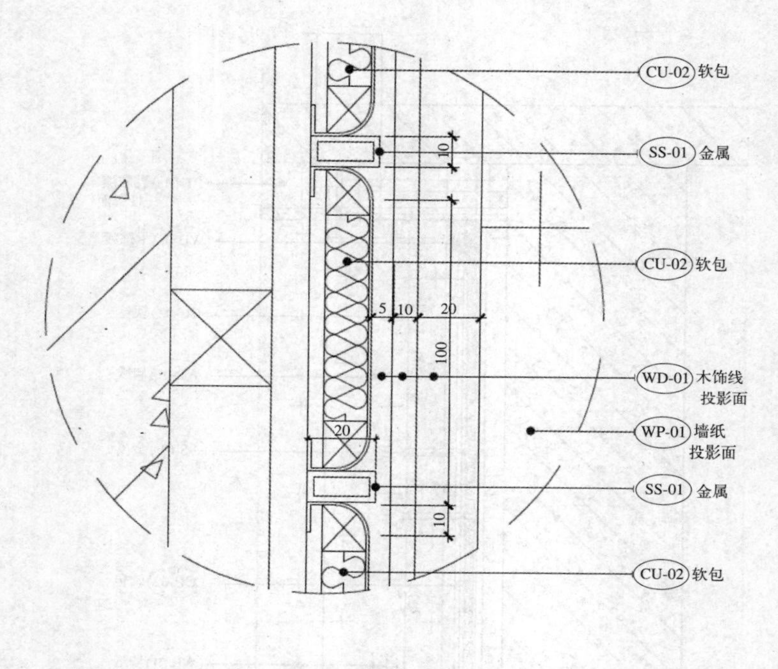

图 6-70 某复式公寓墙身局部剖面图

课堂活动

墙（柱）面详图识读

【任务布置】

某售楼部装修工程平面布置图如图 6-71 所示，大厅 J 立面图及节点详图如图 6-72 所示，大厅 D 立面图及节点详图如图 6-73 所示，请根据所学基本知识，识读该售楼部墙体装饰施工图，并获取相关墙面装饰信息。

【任务实施】

请根据上述任务布置，以小组合作的形式，完成以下思考题：

（1）识读图 6-71 平面布置图，找出 J 立面图及 D 立面图在该平面图中的位置，了解该室内空间的装饰布置情况。

（2）熟读 J 立面图和 D 立面图，并简述这两个立面的装饰情况。

（3）根据 J 立面图及 D 立面图中的索引符号，找到相对应的节点详图并进行综合识读，了解各墙体装饰构造关系，明确各节点的装饰构造情况，并叙述各节点构造的具体做法。

【活动评价】

课堂活动评价表

评价方式	评价内容	评价等级
自评（20%）	1. 能积极参与	□很好 □较好 □一般 □还需努力
	2. 能熟练识读各墙面装修详图	□很好 □较好 □一般 □还需努力
	3. 会用多种方法收集、处理信息	□很好 □较好 □一般 □还需努力
小组互评（40%）	1. 能主动参与和积极配合	□很好 □较好 □一般 □还需努力
	2. 能认真完成各项工作任务	□很好 □较好 □一般 □还需努力
	3. 能听取同学的观点和意见	□很好 □较好 □一般 □还需努力
	4. 整体完成任务情况	□很好 □较好 □一般 □还需努力
教师评价（40%）	1. 小组合作情况	□很好 □较好 □一般 □还需努力
	2. 完成上述任务正确率	□很好 □较好 □一般 □还需努力
	3. 成果整理和表述情况	□很好 □较好 □一般 □还需努力
综合评价		□很好 □较好 □一般 □还需努力

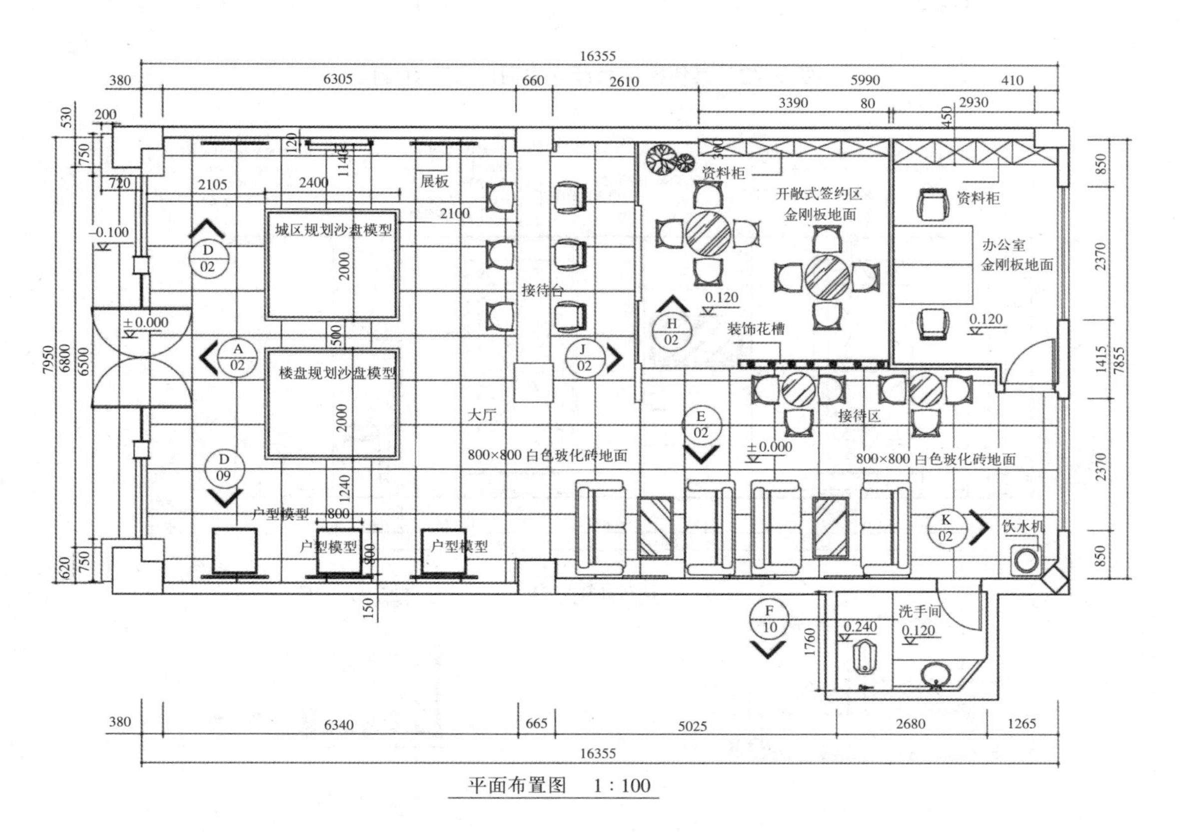

图 6-71 某售楼部平面布置图

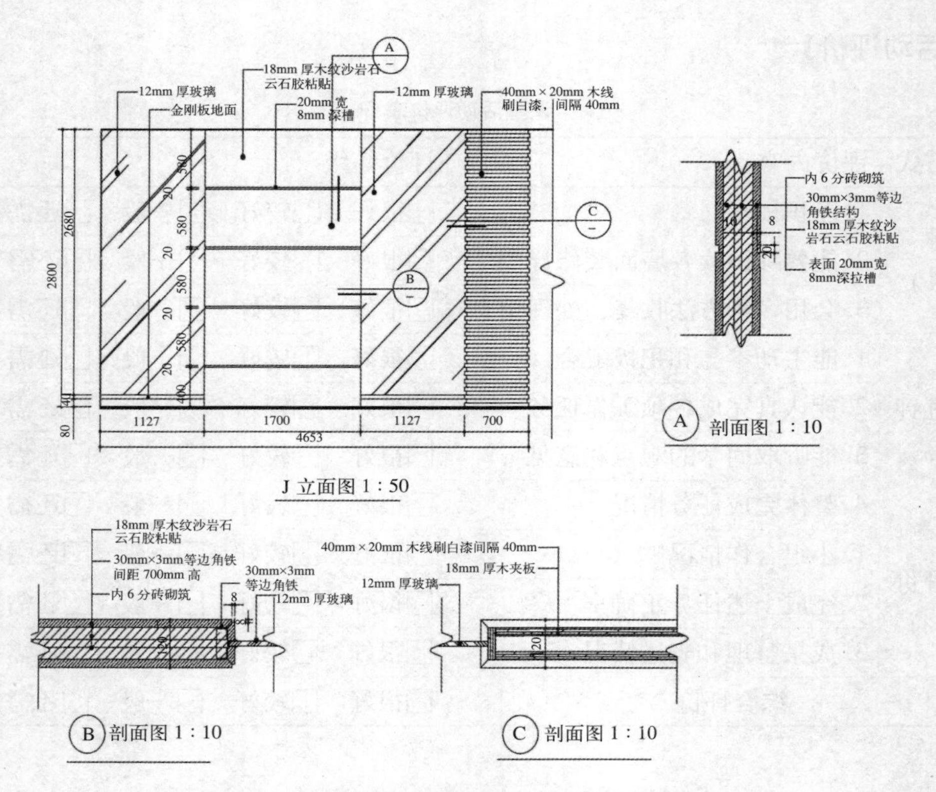

图 6-72 某售楼部大厅 J 立面图及节点详图

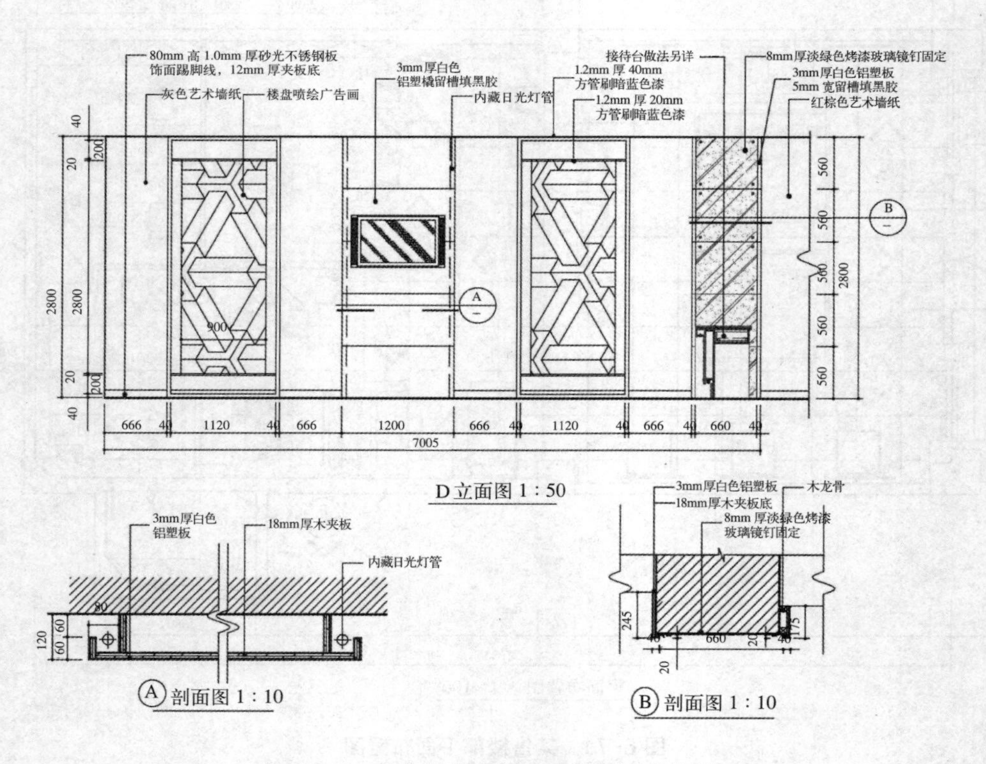

图 6-73 某售楼部大厅 D 立面图及节点详图

【技能拓展】

某客厅电视背景墙立面图及各节点剖面详图分别如图 6-74 ～图 6-80 所示，结合所学知识，进行墙体施工详图的识读练习。

思考题：

（1）读图 6-74 立面图，简述该墙面整体装饰布局情况。

（2）了解装饰材料的应用情况；说出各装饰材料的规格、排列、色彩。

（3）通过墙面索引符号，找出墙面各剖面节点详图的剖切位置及投影方向。

（4）依次识读各节点详图（图 6-74 ～图 6-80），简述各节点的构造做法。

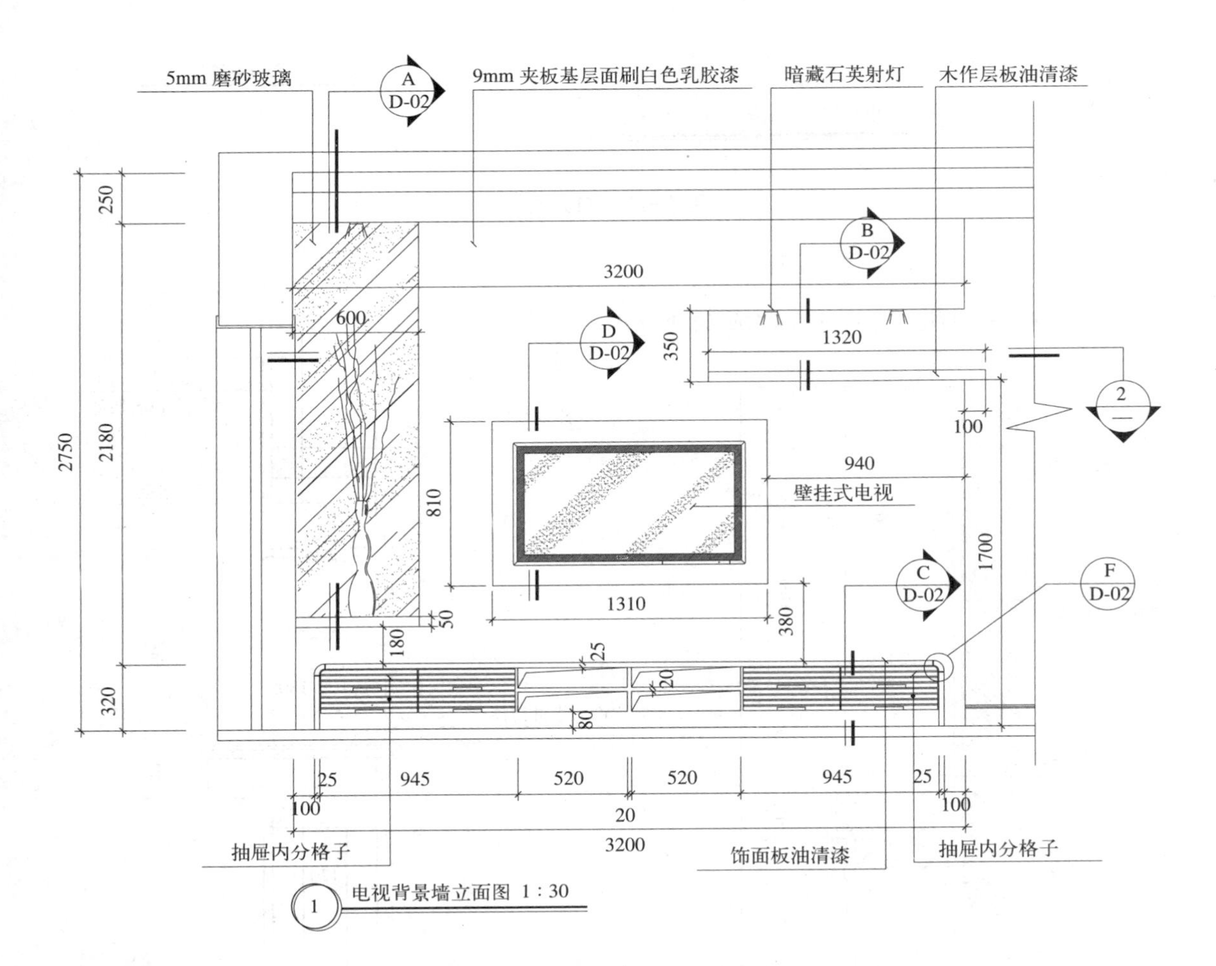

图 6-74　某客厅电视背景墙立面图

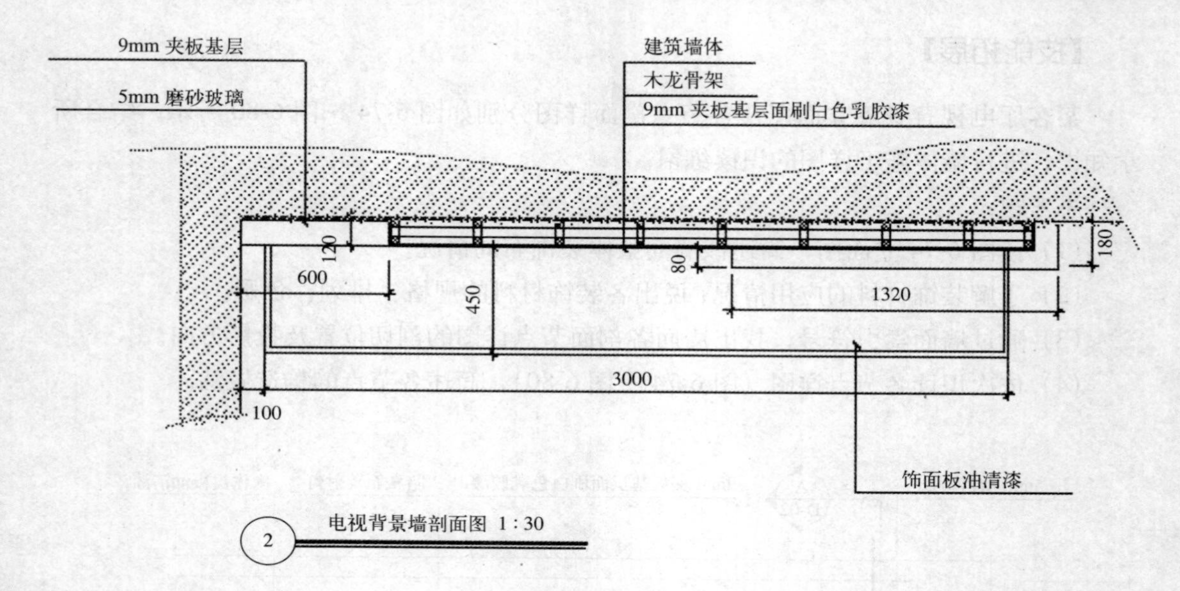

图 6-75　剖面图

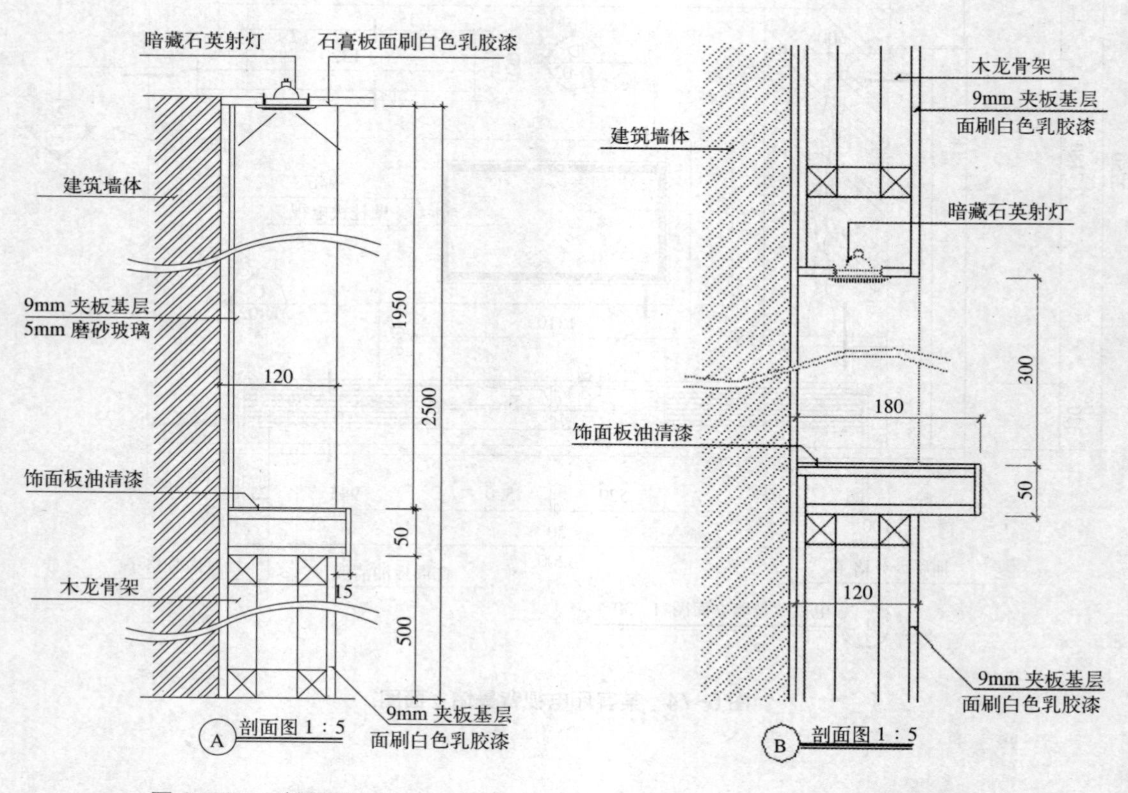

图 6-76　A 剖面图

图 6-77　B 剖面图

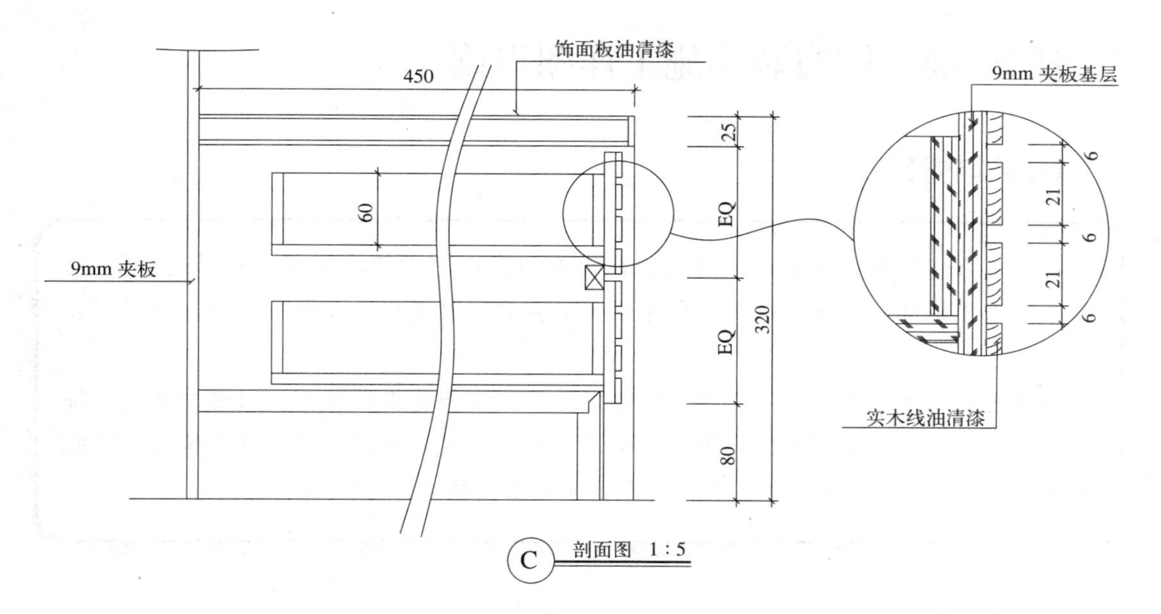

图 6-78　C 剖面图

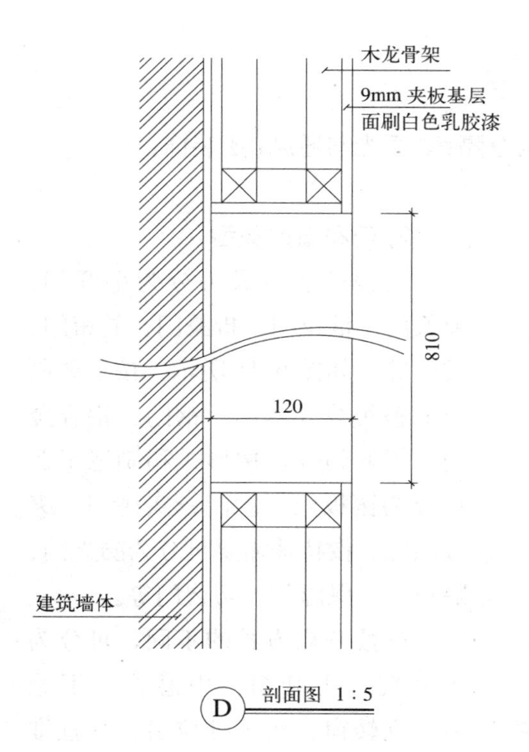

图 6-79　D 剖面图

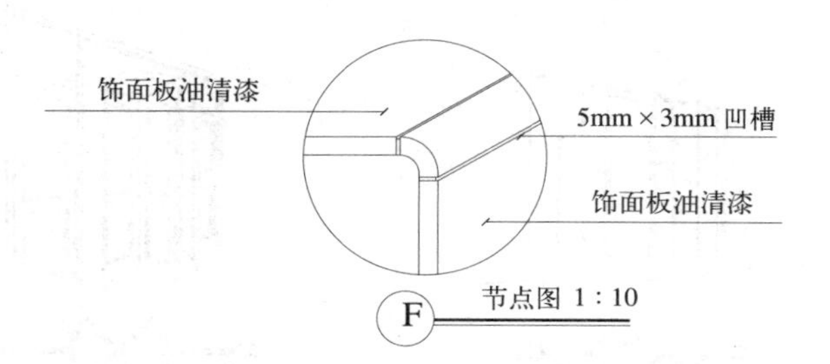

图 6-80 F 剖面图

任务 6.5 门窗装饰施工详图识读

【任务描述】

本项工作任务，主要是通过对门窗装饰施工图中所涉及的相关知识进行学习，以实际工程装饰施工图为案例，引导学生学会对门窗装饰施工图的识读，获取相关信息。

通过本工作任务的学习，学生能够根据门窗装饰施工图纸说出门窗的类型、特点，能详细描述各种门窗装饰类型、构造特点、所用材料以及其与建筑构件之间的链接关系等，具备门窗装饰工程计价和指导施工的能力。

【知识构成】

6.5.1 门窗装修基础知识

1. 门窗基本功能

门的功能包括：①水平交通与疏散；②围护与分隔；③采光与通风；④装饰。

窗的功能包括：①采光；②通风；③装饰。

2. 门和窗的类型

门按开启方式可分为平开门、弹簧门、推拉门、折叠门、卷帘门、转门等，如图 6-81 所示。按主要制作材料可分为木门、钢门、铝合金门、塑料门等。按形式和制造工艺可分为镶板门、纱门、实拼门、夹板门等。按特殊需要可分为防火门、隔声门、保温门、防盗门等。

窗按开启方式的不同，可分为平开窗、上悬窗、中悬窗、下悬窗、立转窗、水平推拉窗、垂直推拉窗、固定窗等，如图 6-82 所示。

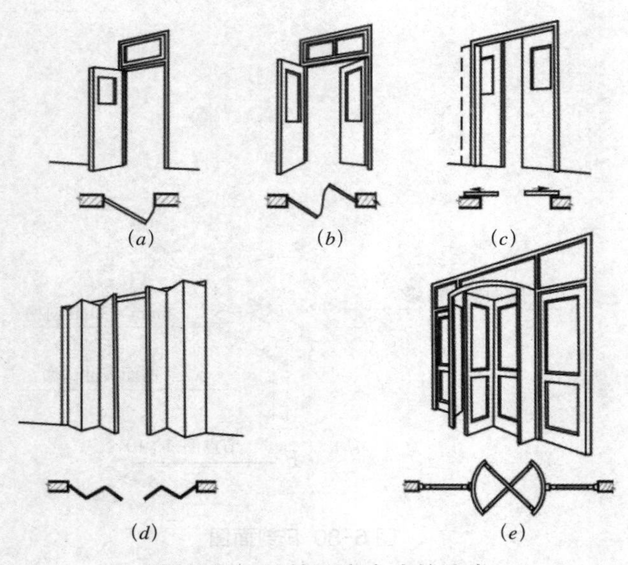

图 6-81 门按开启方式的分类

(a) 平开门；(b) 弹簧门；(c) 推拉门；(d) 折叠门；(e) 转门

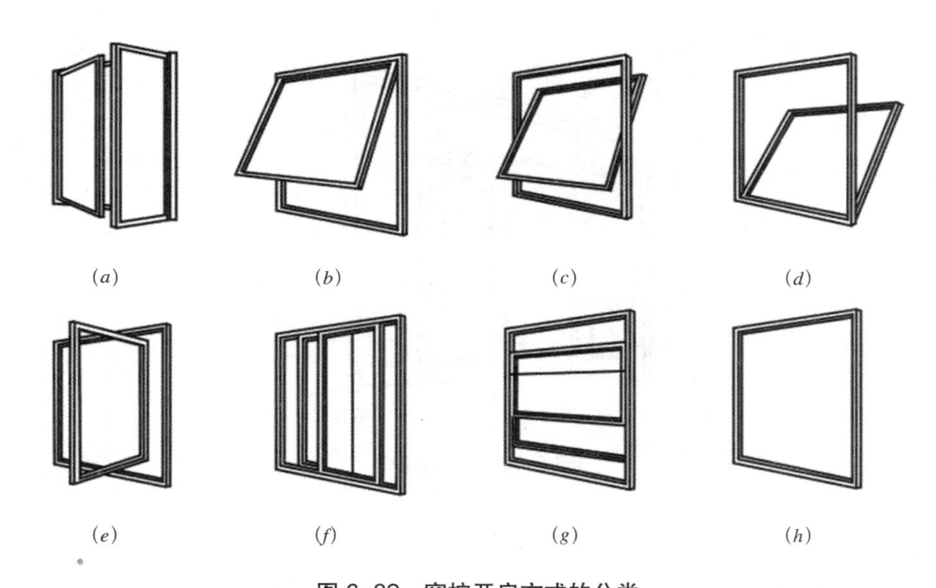

图 6-82　窗按开启方式的分类

(a) 平开窗；(b) 上悬窗；(c) 中悬窗；(d) 下悬窗；
(e) 立转窗；(f) 水平推拉窗；(g) 垂直推拉窗；(h) 固定窗

3. 门窗装饰施工图的内容

门窗图通常由立面图、节点剖面图及技术说明等内容组成。一般门窗多是标准构件，有标准图供套用，不必另画详图。但也有部分工程的门窗是有特殊要求的，不按照定型设计，故也会另画详图。

门窗立面图一般按规定画外立面，门立面图还应用细斜线画出门扇的开启方向线，如果在平面图中已画出其开启方向，立面图上可不必重复画出。门窗立面图上一般标注出门窗洞口尺寸和门窗框外围尺寸等信息。

节点剖面图，一般门窗详图都画不同部位的局部剖面节点详图，以表示门窗框和门窗扇的断面形状、尺寸、材料及其相互间的构造关系，还表示门窗框与四周过梁，墙身等的构造关系。通常将竖向剖切的剖面图竖直的连在一起，画在立面图的某一侧；横向剖切的剖面图横向连在一起，画在立面图的下面，用比立面图大的比例画，中间用折断线断开，省略相同部分，并分别注写详图编号，以便与立面图对照。

门窗套详图：门窗套详图一般会通过多层构造引出线，表达清楚门窗套的材料组成、分层做法、饰面处理及施工要求。

6.5.2　门的构造

门一般由门框、门扇、亮子、五金零件及附件组成，如图 6-83 所示。

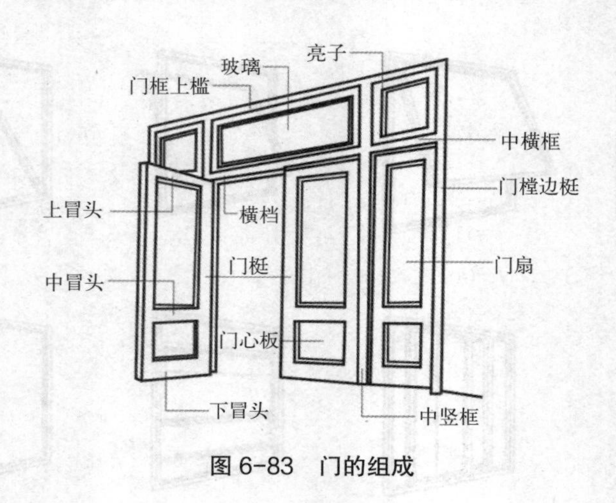

图 6-83　门的组成

1. 木门

木门的种类很多，有平开门、推拉木门、弹簧木门、立转门等。平开门按门扇的不同可分为拼板门、镶板门、胶合板门、玻璃门、百叶门和纱门等。木门的构造是由门框的结合构造和门扇的结合构造两部分组成。各类木门的门扇样式不同，其构造做法也不同。

常用的木门门扇有镶板门（包括玻璃门、纱门）和夹板门。

镶板门是应用最广的一种门，门扇由骨架和门心板组成。骨架一般由上冒头、中冒头、下冒头及边梃组成，在骨架内镶门心板，门心板常用 10 ～ 15mm 厚的木板、胶合板、硬质纤维板及塑料板制作，其构造如图 6-84 所示。

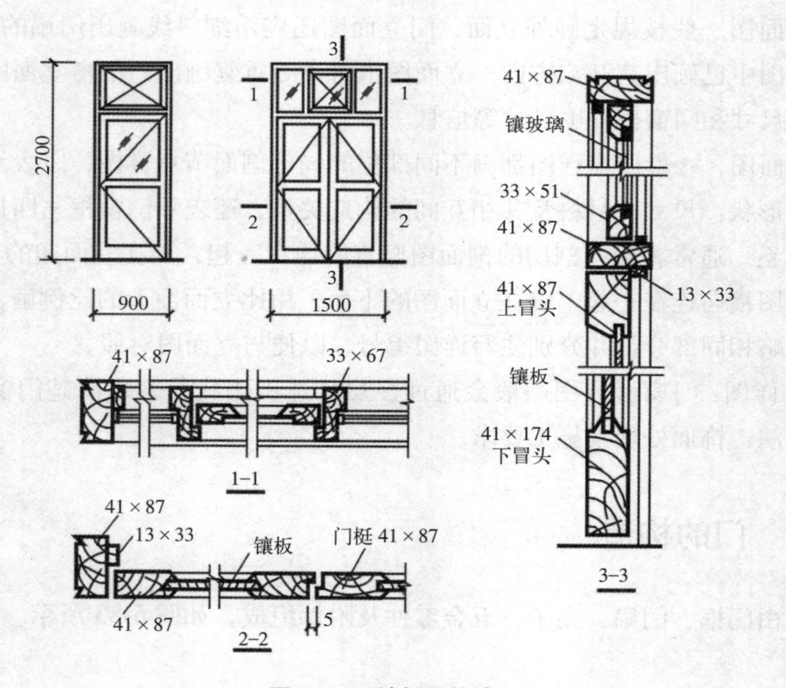

图 6-84　镶板门构造

夹板门也称贴板门或胶合板门，是用断面较小的方木做成骨架，两面粘贴面板而成（见图 6-85）。门扇面板可用胶合板、塑料面板或硬质纤维板，面板和骨架形成一个整体，共同抵抗变形。夹板门多为全夹板门，也有局部安装玻璃或百叶的夹板门。

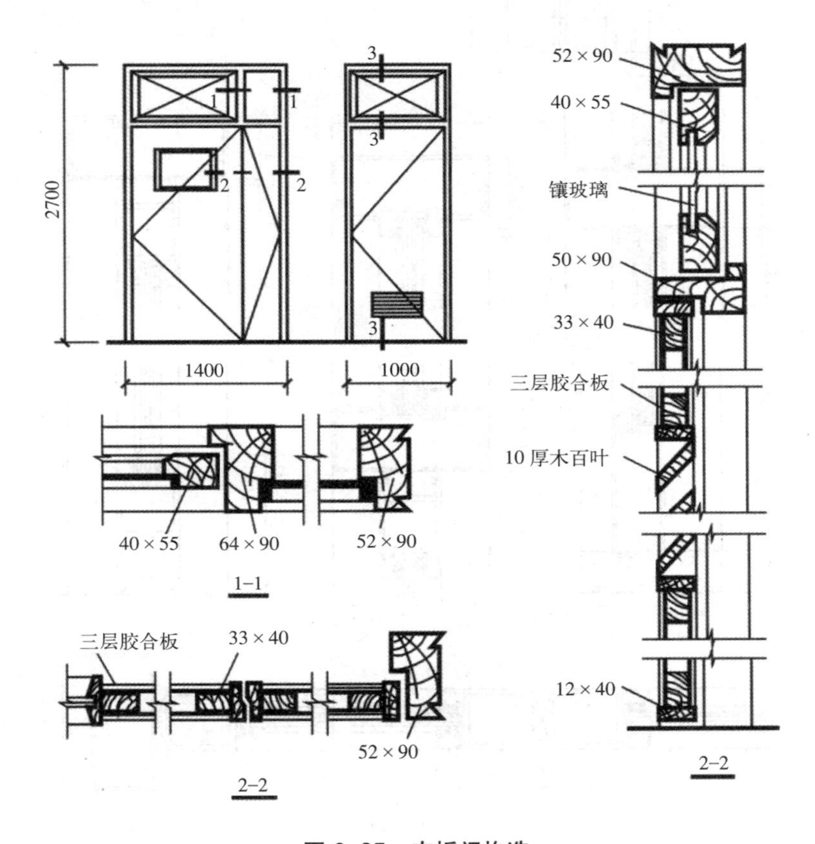

图 6-85　夹板门构造

2. 铝合金门

铝合金门质量轻、强度高、耐腐蚀、密闭性，近来在建筑装饰工程中被广泛使用。常用的铝合金门有推拉门、平开门、弹簧门、卷帘门等。各种铝合金门都是用不同断面型号的铝合金型材、配套零件及密封件加工而成。

我国铝合金门窗按材料断面分为 38 系列、50 系列、70 系列、90 系列、100 系列等。系列名称是以铝合金门窗框的厚度构造尺寸来区别各种铝合金门窗的称谓。如平开门门框厚度构造尺寸为 50mm 宽，即称为 50 系列铝合金平开门；推拉窗窗框厚度构造尺寸 90mm 宽，即称为 90 系列铝合金推拉窗。

以铝合金地弹簧门为例介绍铝合金门的构造详图。地弹簧门是使用地弹簧作开关装置的平开门，门可以向内或向外开启。铝合金地弹簧门可分为无框地弹簧门和有框地弹簧门（见图 6-86）。地弹簧门通常采用 70 系列和 100 系列门用铝合金型材。

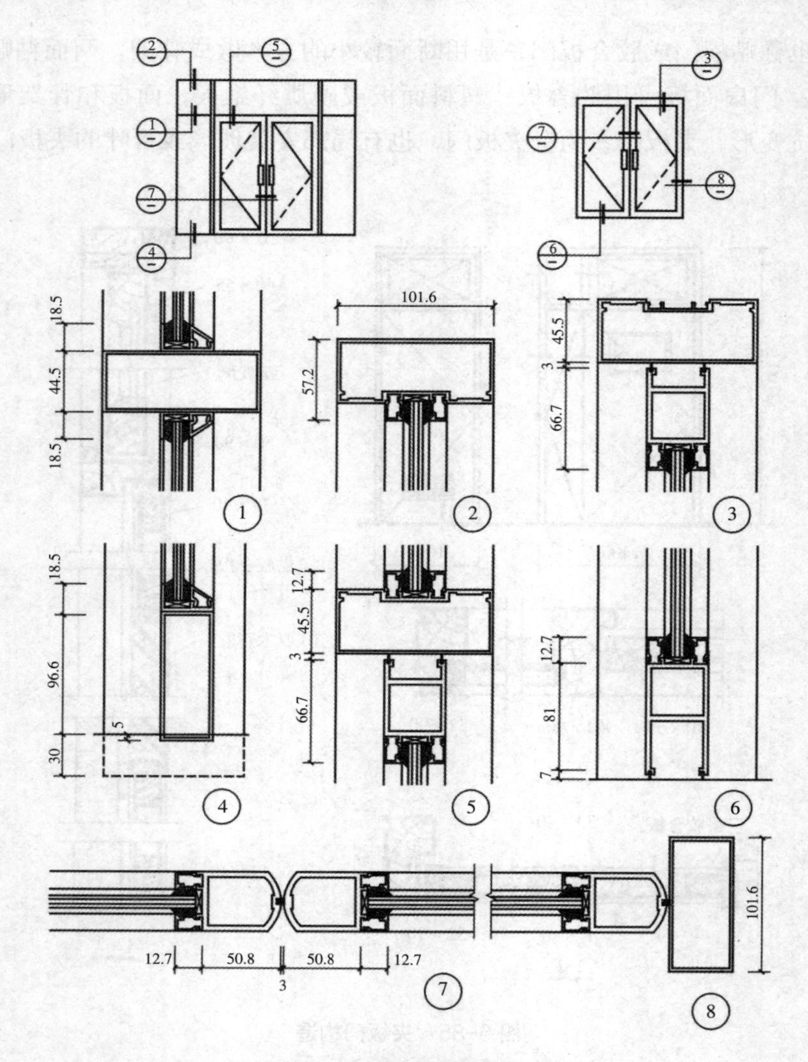

图 6-86　有框地弹簧门施工详图

3. 塑料门

塑料门窗是以聚氯乙烯、改性聚氯乙烯或其他树脂为主要原料，以轻质碳酸钙为填料，添加适量助剂和改性剂，经挤压机挤出各种截面的空腹门窗异型材，再根据不同的品种规格选用不同的截面异型材料组装而成。具有质量轻、性能好、耐久性好、维护性好、装饰性强等特点。

塑料门窗系列主要有 60、66 平开系列，62、73、77、80、85、88 和 95 推拉系列等多腹腔异型材组装的单框单玻、单框双玻、单框三玻固定窗、平开窗、推拉窗、平开门、推拉门、地弹簧门等门窗。

以平开塑料门为例介绍塑料门的构造，平开门常用 60 或 66 系列，其中，60 系列塑料门的构造如图 6-87 所示：

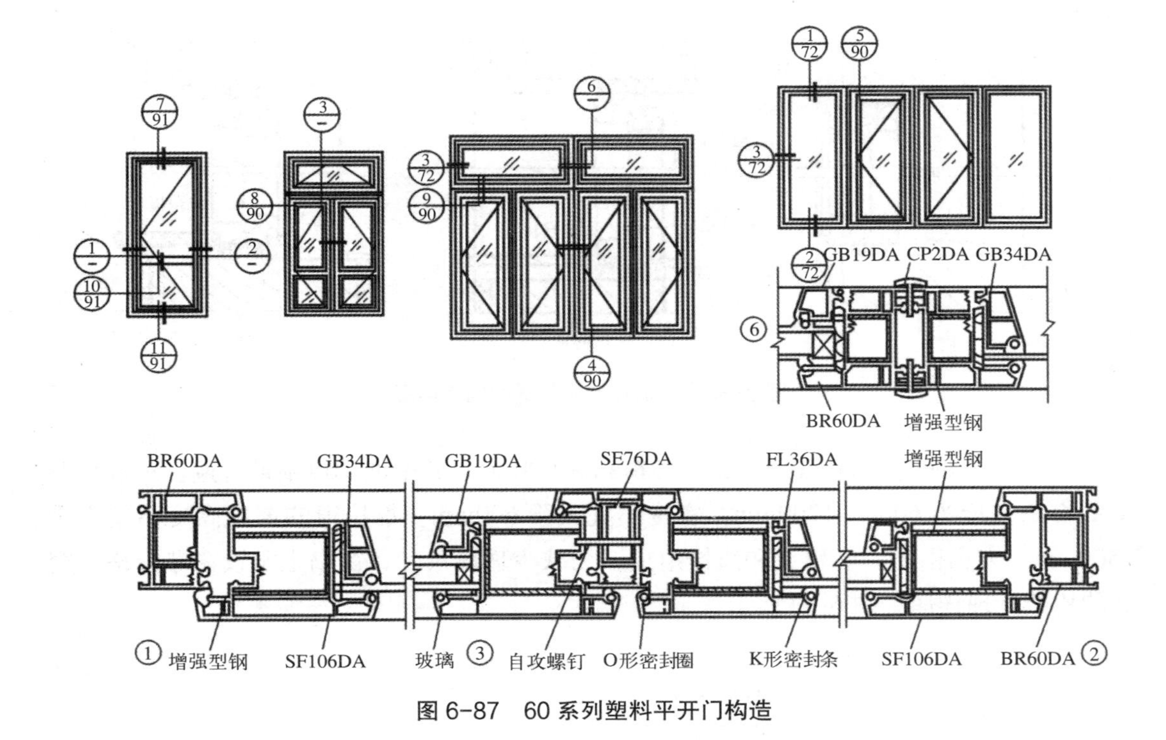

图 6-87　60 系列塑料平开门构造

6.5.3　窗的装饰构造

1. 窗的类型

窗主要由窗框、窗扇和建筑五金零件组成。窗框又称窗樘，一般由上框、下框及边框组成，在有亮子窗或横向窗扇数较多时，应设置中横框和中竖框。窗扇由上冒头、窗芯、下冒头及边梃组成。建筑五金零件主要有铰链（合页）、风钩、插销、拉手、导轨、转轴和滑轮等（见图 6-88）。

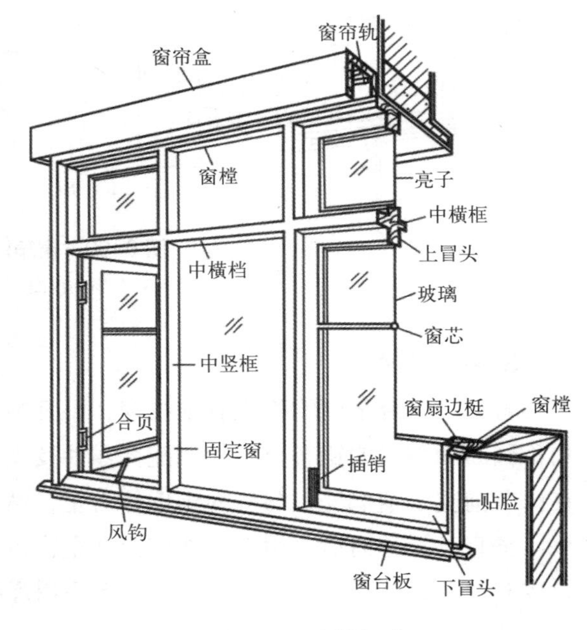

图 6-88　窗的组成

2. 木窗

窗框的断面形式与窗的类型有关，同时应利于窗的安装，并应具有一定的密闭性。窗框一般与墙的内表面平齐，安装时窗框凸出砖面 20mm，以便墙面粉刷后与抹灰面平齐（见图 6-89）。

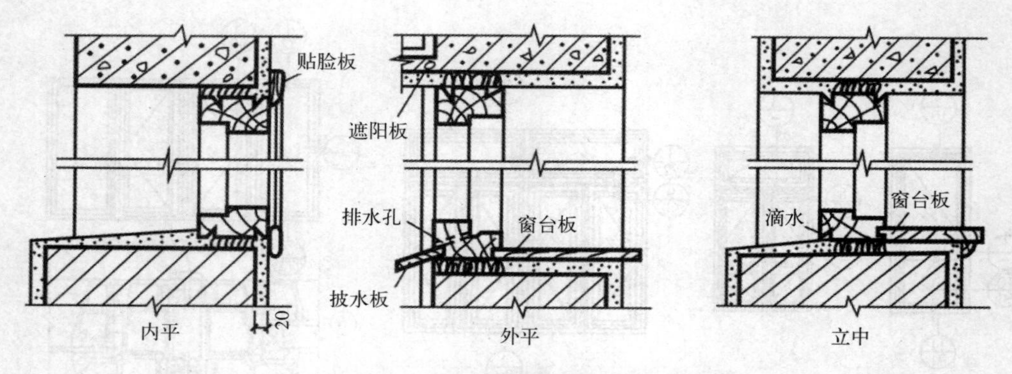

图 6-89　窗框在墙中位置的构造详图

平开窗常见的窗扇有玻璃窗扇、纱窗扇和百叶窗，其中玻璃窗扇最普遍。一般平开窗的窗扇高度为 600 ~ 1200mm，宽度不宜大于 600mm。推拉窗的窗扇高度不宜大于 1500mm，窗扇由上、下冒头和边梃组成，为减少玻璃尺寸，窗扇上常设窗芯分格。窗扇的构造处理详图如图 6-90 所示。

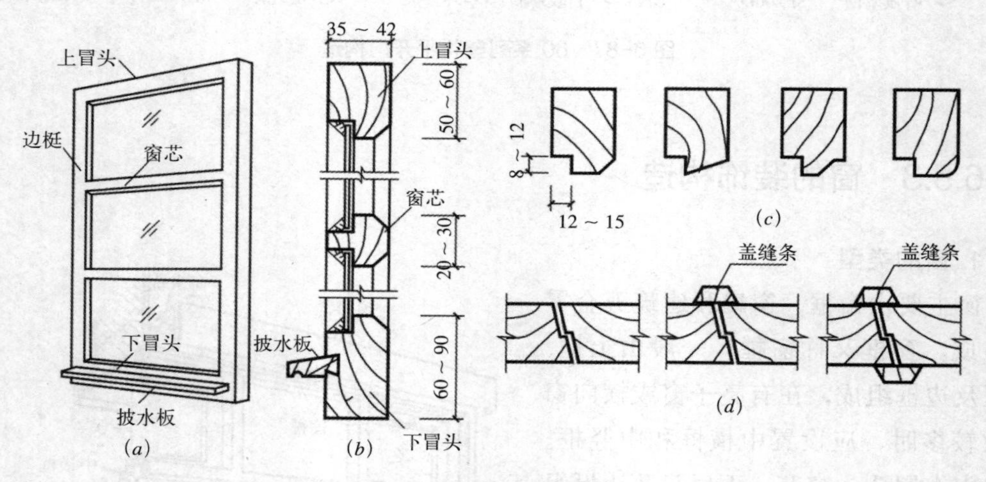

图 6-90　窗扇的构造详图

(*a*) 窗扇立面；(*b*) 窗扇剖面；(*c*) 线脚示例；(*d*) 盖缝处理

3. 铝合金窗

常见的铝合金窗的类型有推拉窗、平开窗、固定窗、悬挂窗、百叶窗等。各种窗都用不同断面型号的铝合金型材和配套零件及密封件加工制成。铝合金窗安装时，将窗框在抹灰前立于窗洞处，与墙内预埋件对正，然后用木楔将三边固定，经检验确定窗框水平、垂直、无翘曲后，用连接件将铝合金窗框固定在墙（或梁、柱）上，最后填入软填料或其他密封材料封固。连接件固定多采用焊接、膨胀螺栓或射钉等方法。

其中推拉窗的构造如图 6-91 所示。

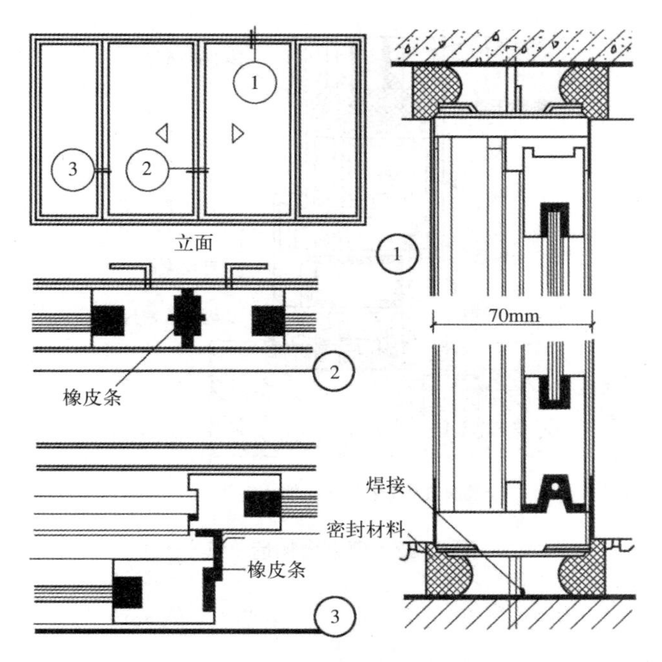

图 6-91　铝合金推拉窗构造

4. 塑料窗

塑料门窗的种类很多，按原材料的不同可以分为：以聚氯乙烯树脂为主要原料的钙塑门窗，以改性聚氯乙烯为主要原料的改性聚氯乙烯门窗。

塑料门窗的异型材一般按用途分为主型材和副型材。主型材在门窗结构中起主要作用，截面尺寸较大，如框料、扇料，门边料、分格料、门芯料等。

塑钢门窗框与洞口的连接安装构造与铝合金门窗基本相同，门窗框与墙体的连接固定方法有连接件法、直接固定法和假框法三种。

塑钢窗构造如图 6-92 所示。

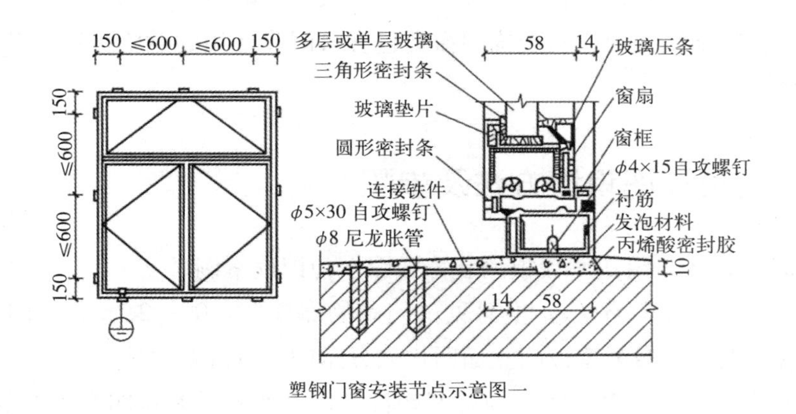

图 6-92　塑钢窗构造

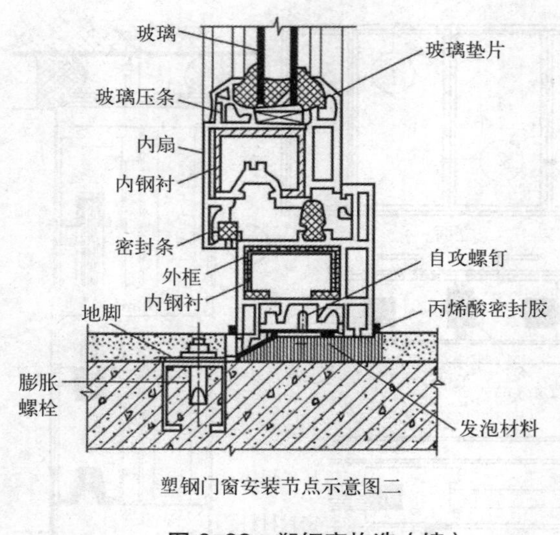

塑钢门窗安装节点示意图二

图 6-92　塑钢窗构造（续）

6.5.4　门窗其他装饰细部构造

1. 门窗套：在门窗洞口的两个立边垂直面，可突出外墙形成边框也可与外墙平齐，既要立边垂直平整又要满足与墙面平整，故此质量要求很高。这好比在门窗外罩上一个正规的套子，人们习惯称之为门窗套。

2. 门窗贴脸：当门窗框与内墙面平齐时，总有一条与墙面的明显的缝口，在门窗使用筒子板时也存在这个缝口，为了遮盖此缝口而装订的木板盖缝条就叫贴脸。

3. 门窗包套口及贴脸：为了增加门窗洞口的美观而做的一项高级装饰。通常做法：在门窗洞的内外侧墙体上钻孔塞入木条，用钉子把大约 1.5 ~ 1.8cm 厚的基层板（如细木工）与墙体钉牢，然后把高级的外饰面板粘贴到基层板上，最后做油漆面层。另在门口的内侧（门平关的位置处）钉 1.0cm 厚的基层板，外贴装饰板以做为挡门之用。横竖收口收边用各种装饰线处理。与装饰门窗套包套口同步使用的贴脸板通常都是指那种在最外层的木线板。

6.5.5　门窗详图识读方法及步骤

下面选取图 6-93 一组实木镶板门装饰详图作为识读案例。

1. 看立面图：从图 6-93（*a*）中可见，门扇的高度在 2.0 ~ 2.2m，甲门是一个局部安装了百叶的夹板门，四个镶板门立面图均未显示门扇的开启方式，表明已在平面布置图上表明。另外，在四个立面图上均有剖切符号，说明有针对这四个部分的节点详图，其中，图 6-93（*a*）是沿竖向剖切，另外三个沿横向剖切。

2. 看水平剖面图：从图 6-93 和图 6-93（*b*）3 剖面可以看出门边框的断面形式是单裁口，尺寸为 52mm × 95mm。贴脸板的尺寸是 20mm × 45mm，边挺的尺寸是 45mm × 67mm。门扇面两面粘贴三夹板或五夹板作为面板。

3. 看节点剖面详图：从图 6-93（*f*）1-1 剖面图可以看出甲门上槛、上中下冒头、边条、百叶板以及风缝的构造及尺寸。另外，门框是靠墙的外侧安装，贴脸板的矩形断面外围尺寸是 20mm × 45mm。看铲槽详图：可看出门边框细部尺寸，以及压线条的构造。

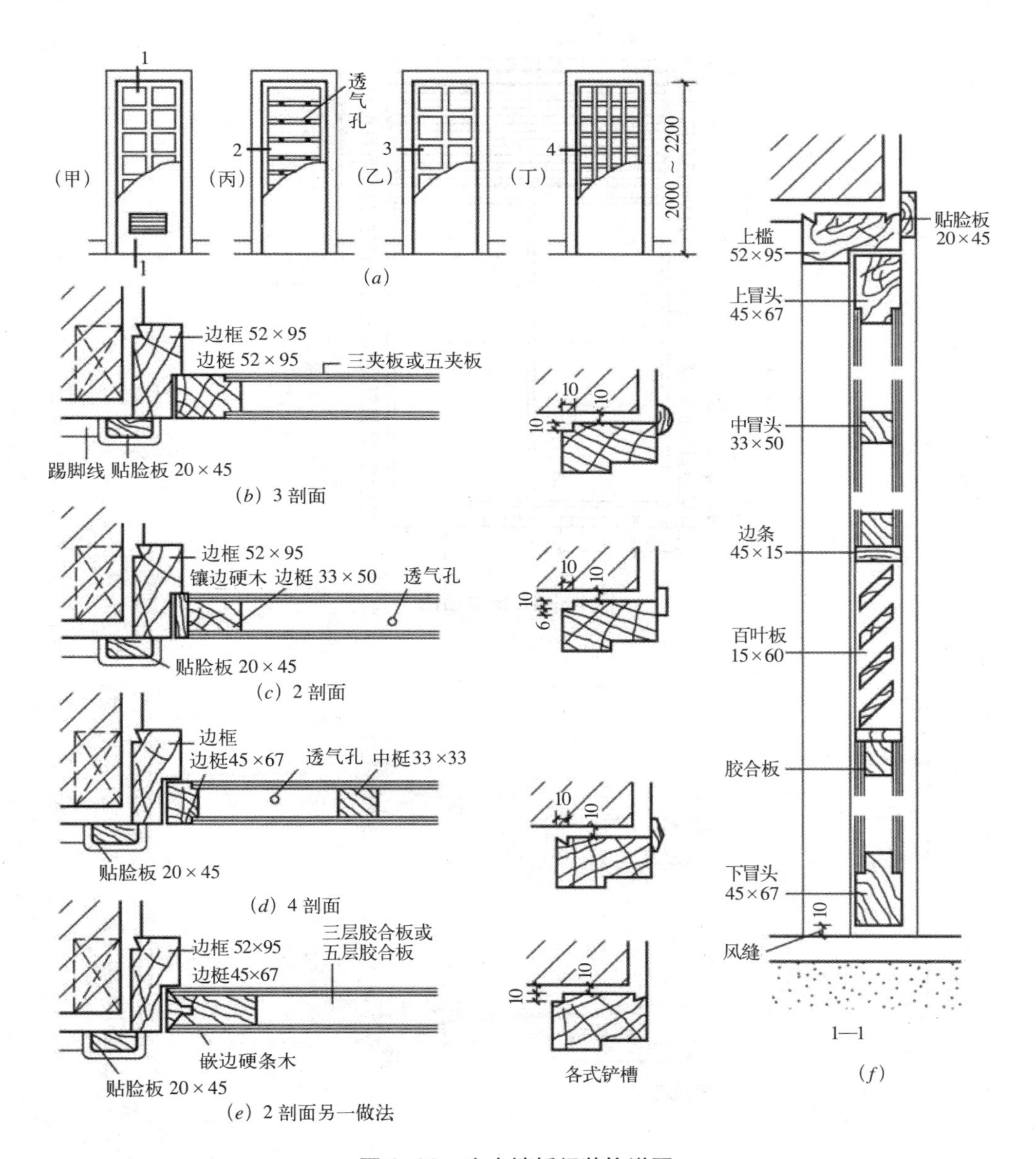

图 6-93　实木镶板门装饰详图

课堂活动

门窗装饰施工详图识读

【任务布置】

某医院铝合金窗装修构造图分别如图 6-94 ～图 6-96 所示，请根据所学基本知识，识读该窗详图，获取相关信息。

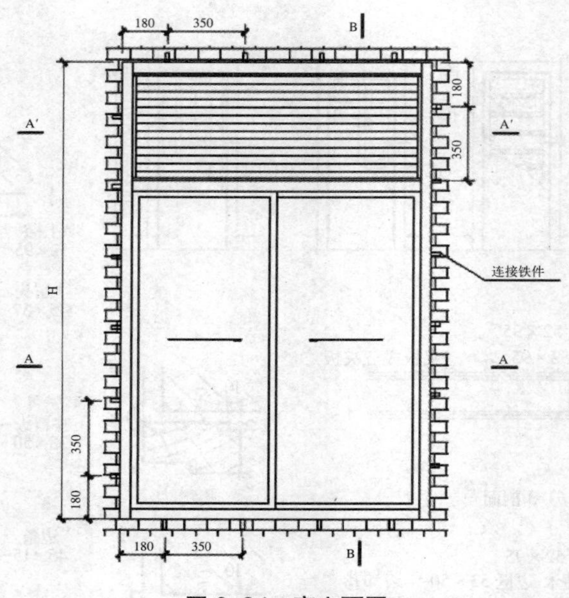

图 6-94　窗立面图

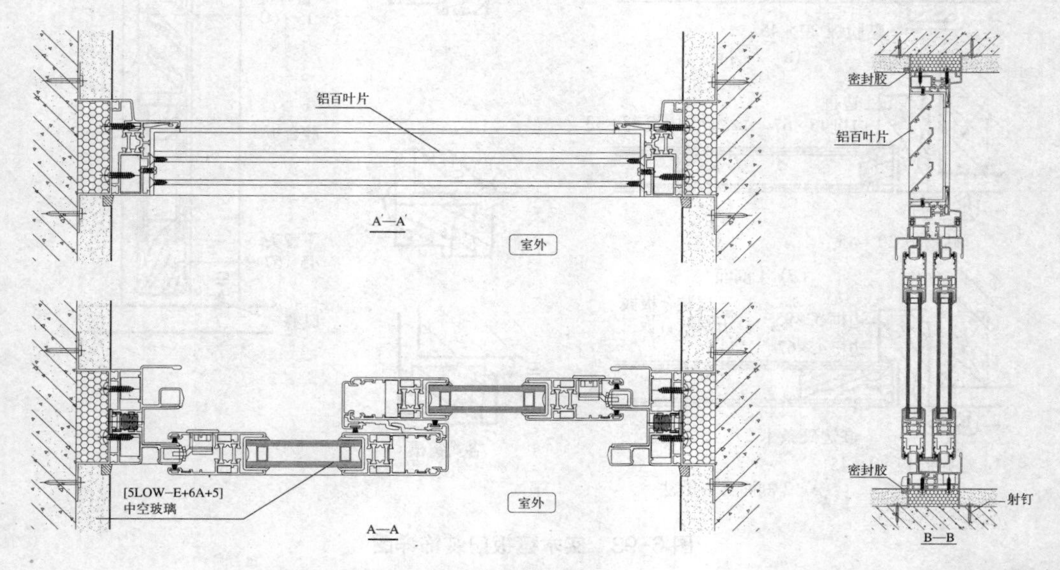

图 6-95　A-A 窗剖面图

图 6-96　B-B 窗剖面图

【任务实施】

请根据上述任务布置，以小组合作的形式，完成以下思考题：

（1）根据节点详图描述窗框与墙体连接方式以及尺寸要求。

（2）根据各剖面图描述铝合金推拉窗的构造要求。

【活动评价】

课堂活动评价表

评价方式	评价内容	评价等级
自评（20%）	1. 能积极参与	□很好 □较好 □一般 □还需努力
	2. 能熟练识读各门窗图	□很好 □较好 □一般 □还需努力
	3. 会用多种方法收集、处理信息	□很好 □较好 □一般 □还需努力
小组互评（40%）	1. 能主动参与和积极配合	□很好 □较好 □一般 □还需努力
	2. 能认真完成各项工作任务	□很好 □较好 □一般 □还需努力
	3. 能听取同学的观点和意见	□很好 □较好 □一般 □还需努力
	4. 整体完成任务情况	□很好 □较好 □一般 □还需努力
教师评价（40%）	1. 小组合作情况	□很好 □较好 □一般 □还需努力
	2. 完成上述任务正确率	□很好 □较好 □一般 □还需努力
	3. 成果整理和表述情况	□很好 □较好 □一般 □还需努力
综合评价		□很好 □较好 □一般 □还需努力

【技能拓展】

了解特种窗装饰构造要求。

思考题：

（1）查阅相关资料，了解特种隔声窗的相关要求。

（2）识读图 6-97，简述隔声窗的构造及特点。

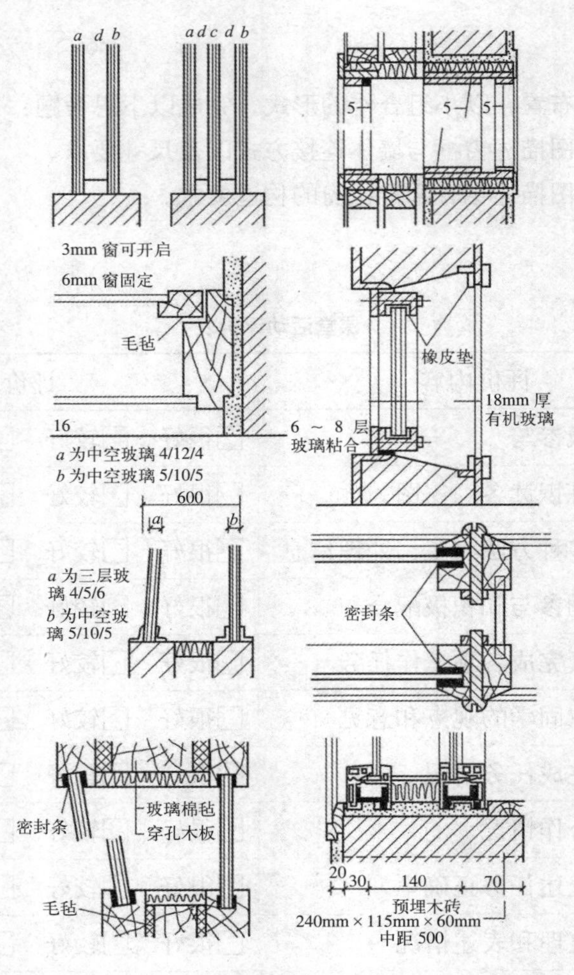

图 6-97　隔声窗构造

任务 6.6　楼梯装饰施工详图识读

【任务描述】

本项工作任务，主要是通过对楼梯装饰施工图中所涉及的相关知识进行学习，以实际工程装饰施工图为案例，引导学生学会对楼梯装饰施工图的识读，获取相关信息。

通过本工作任务的学习，学生能根据楼梯装饰施工图读出楼梯形式，了解楼梯踏面、栏杆或栏板及扶手等构件的材料构成及施工的工艺技术要求，为学生以后学习墙面装修工程量计量与计价打好坚实的基础。

【知识构成】

楼梯是建筑楼层间的垂直交通枢纽，人员疏散通道，也是建筑的重要构件，在装饰施工设计中，楼梯的装修也占有比较重要的地位。现代建筑装饰中，常常需要结合建筑功能的改变，对原有楼梯进行各种各样的改造和装修，使其在除了在建筑室内起着组织空间垂直交通的作用以外，更能体现装修的独到之处。因此楼梯是建筑装饰工程中较为重点的部分。

6.6.1 楼梯的装饰构造

1. 楼梯的组成

楼梯一般由梯段、中间平台、栏杆扶手组成。其中，梯段由若干踏步组成，宽度则由人流股数决定；中间平台也称为休息平台，是为缓解疲劳，在两个楼梯之间设置，多数平台也起转弯作用；栏杆（栏板）和扶手则是为了保证通行安全，在梯段和平台边缘设置的防护构件。楼梯的组成如图 6-98 所示：

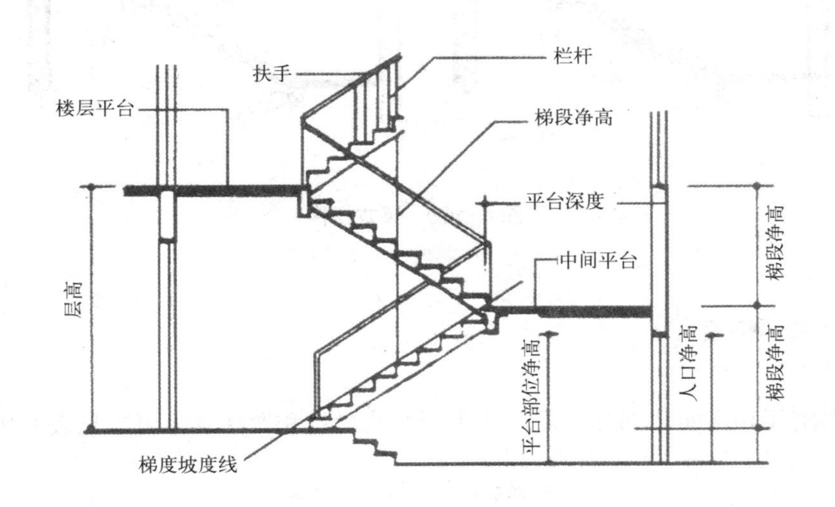

图 6-98 楼梯主要系部组成示意图

2. 楼梯的类型

楼梯有很多不同的分类方式：按结构材料可分为木质楼梯、钢制楼梯、钢木楼梯和钢筋混凝土楼梯。按结构形式可分为板式楼梯和梁式楼梯（见图 6-99、图 6-100）。按楼梯的组合形式有直线型、圆弧形、单跑楼梯、双跑楼梯等，楼梯的形式一般与其使用功能和建筑环境要求有关。

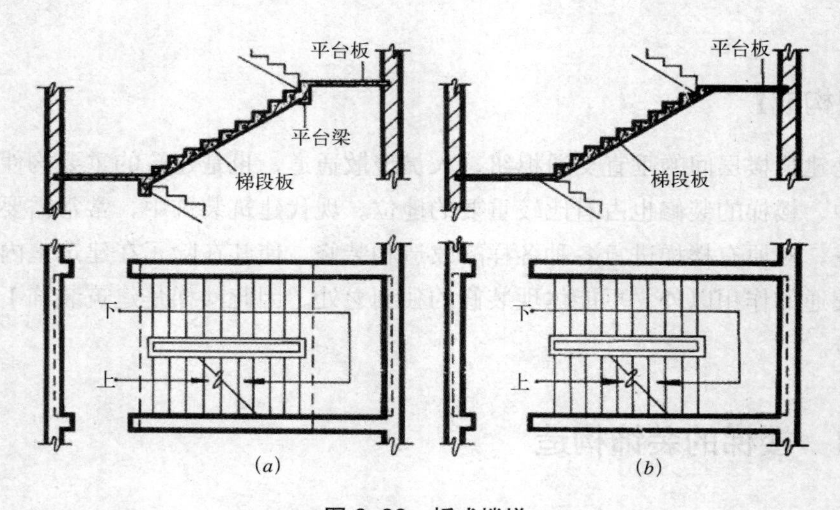

(a)　　(b)

图 6-99　板式楼梯

(a) 有平台梁；(b) 无平台梁

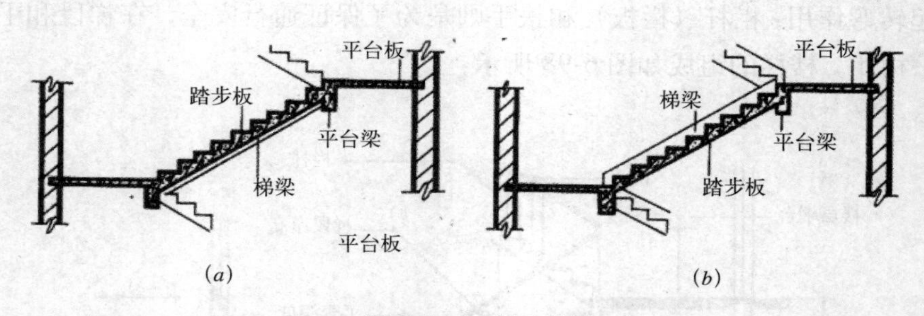

(a)　　(b)

图 6-100　梁式楼梯

(a) 明步楼梯；(b) 暗步楼梯

3. 楼梯细部构造

(1) 踏步

踏步由踏面和踢面两部分组成，踏步面层的材料和做法具体可参见表 6-9：

踏步面层的材料和做法　　表 6-9

踏步面层种类	装修构造做法
抹灰面层	在踏步板表面做 20 ~ 30mm 厚的水泥砂浆、混凝土面层或者水磨石面层
贴面面层	与楼地面贴面类似，但水泥砂浆粘结层稍厚
铺钉面层	将各种板材以架空或实铺的方式铺钉在楼梯踏步上，与地板铺设类似
铺设面层	分为粘贴式和浮云式

（2）防滑构造

为防止行人在上下楼梯时滑跌，特别是水磨石面层以及其他表面光滑的面层，常在踏步近踏口处，用不同于面层的材料做出略高于踏面的防滑条；或用带有槽口的陶土块或金属板包住踏口。

防滑措施：防滑条、防滑凹槽。防滑条两端距墙面或栏杆的距离≥ 120mm。

防滑材料：金刚砂、金属条、防滑型材等，具体构造如图 6-101 所示。

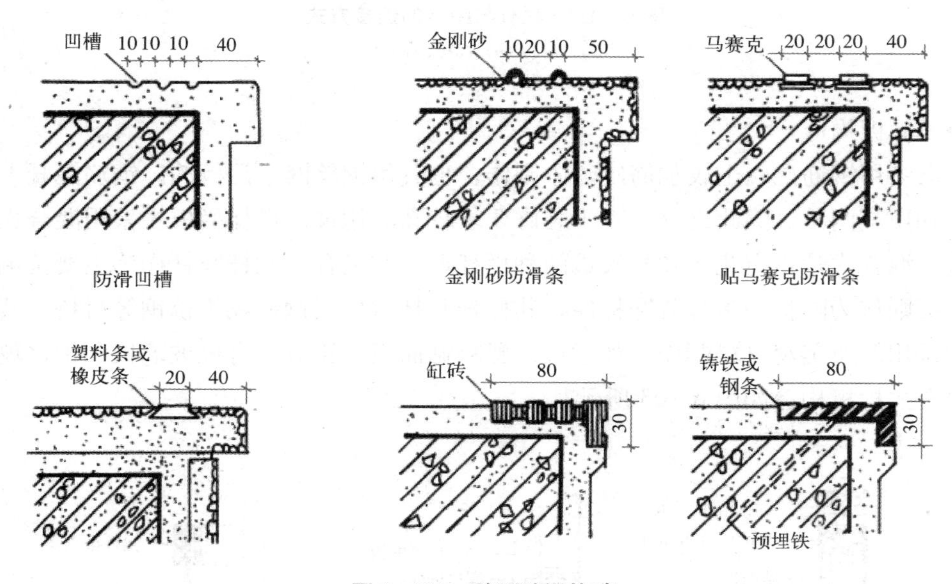

图 6-101　踏面防滑构造

（3）栏杆、栏板与扶手

楼梯的栏杆、栏板与扶手是设置在梯段边缘和休息平台边缘的提供保护作用的构件，栏杆、栏板的选材应坚固耐久，本身要求有足够的强度来承受水平推力。

◆　栏杆构造

栏杆按照材料的不同主要有木栏杆和金属栏杆，其中木栏杆由扶手、立柱、梯帮三部分组成，形成木楼梯的整体护栏，起到安全维护和装饰的作用。而金属栏杆的构造主要应注意其与梯段、平台、踏步的连接方式，连接方式一共有三种，分别是锚接、焊接和栓接。

锚接是在踏步上预留孔洞，然后将钢条插入孔内，预留孔一般为 50mm × 50mm，插入洞内至少 80mm，洞内浇注水泥砂浆或细石混凝土嵌固。焊接则是在浇注楼梯踏步时，在需要设置栏杆的部位，沿踏面预埋钢板或在踏步内埋套管，然后将钢条焊接在预埋钢板或套管上。栓接是指利用螺栓将栏杆固定在踏步上，方式可有多种，具体构造如图 6-102 所示。

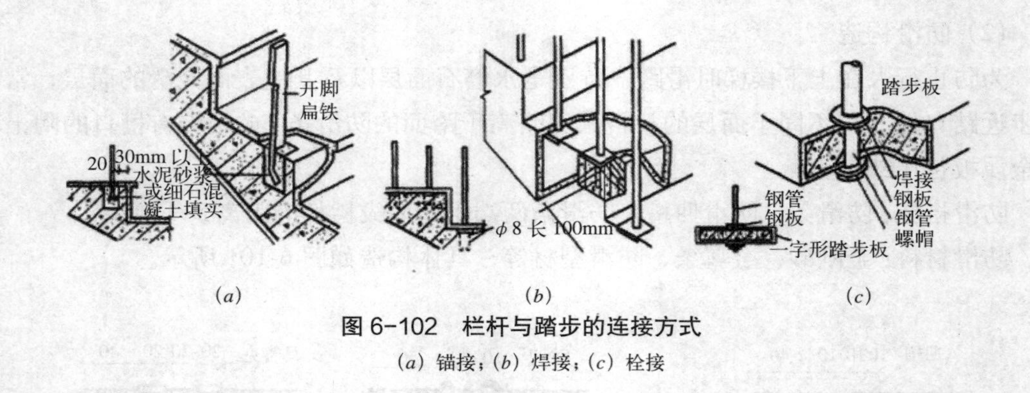

图 6-102 栏杆与踏步的连接方式

(a) 锚接；(b) 焊接；(c) 栓接

◆ 栏板构造

栏板多用钢筋混凝土或加筋砖砌体制作，也有用钢丝网水泥板的。钢筋混凝土栏板有预制和现浇两种。除此之外，对于装修要求较高的建筑，楼梯栏板多采用混合式的栏板构造。混合式是指空花式和栏板式两种栏杆形式的组合，栏杆竖杆作为主要抗侧力构件，栏板则作为防护和美观装饰构件，其栏杆竖杆常采用钢材或不锈钢等材料，其栏板部分常采用轻质美观材料制作，如木板、塑料贴面板、铝板、有机玻璃板和钢化玻璃板等。混合式栏板构造如图 6-103 所示。

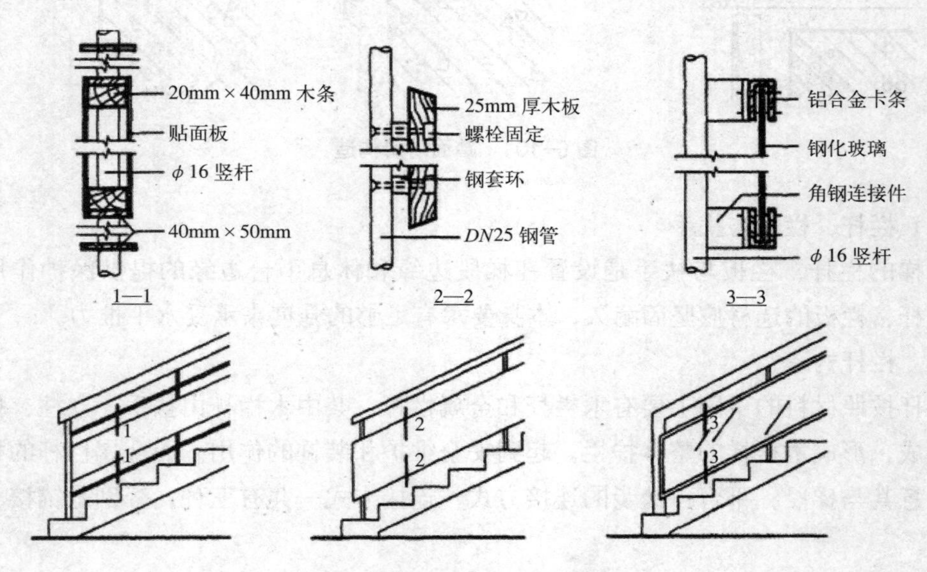

图 6-103 混合式栏板装饰构造

◆ 扶手构造

楼梯扶手按材料分有木扶手、金属扶手、塑料扶手等；按构造分有镂空栏杆扶手、栏板扶手和靠墙扶手等。木扶手、塑料扶手靠木螺钉通过一通长扁铁与镂空栏杆连接，扁铁与栏杆顶端焊接，并每隔 300mm 左右开一小孔，穿木螺钉固定；金属扶手则通过焊接或螺钉连接；靠墙扶手则由预埋铁脚的扁钢靠木螺钉来固定。栏板上的扶手多采用抹水泥砂浆或水磨石粉面的处理方式。具体构造如图 6-104 所示。

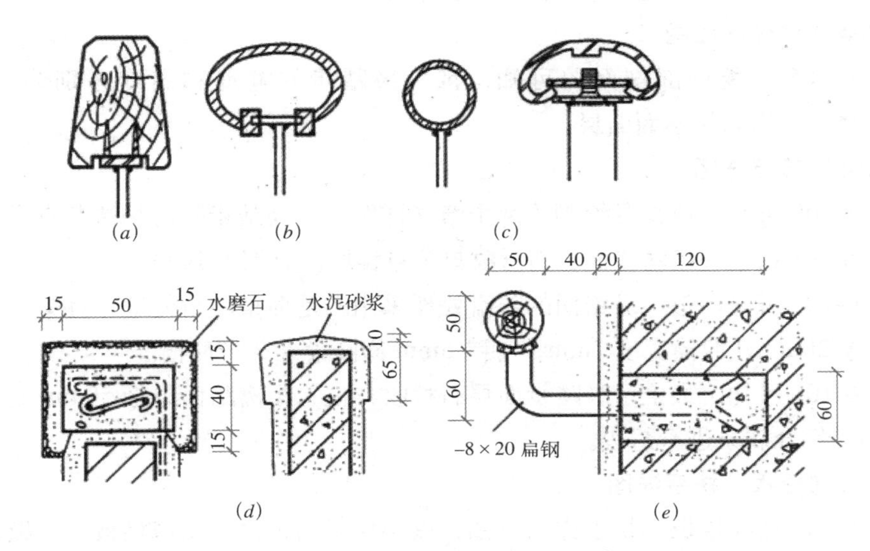

图 6-104　栏杆及栏板的扶手构造

(a) 木扶手；(b) 塑料扶手；(c) 金属扶手；(d) 栏板扶手；(e) 靠墙扶手

6.6.2　楼梯装修施工详图的内容

楼梯详图主要用来表达楼梯的类型、结构形式、各部位的尺寸和装修做法等。由于其构造较复杂，因此常用平面详图、剖面详图和节点详图来综合表示。

1. 楼梯平面图除首层与顶层必画外，中间各层如果形式相同时，可只画一个标准层平面图。顶层平面图规定在顶层扶手上方剖切，其他层按规定在每层上行的第一梯段的任意位置剖切，各层被剖切的梯段规定以一根 45° 折断线表示。

楼梯平面图应表示出楼梯的类型、踏步级数和上下方向、各部分的平面尺寸及楼层、休息平台等的标高等。

2. 楼梯剖面图主要用来表示楼梯梯段级数、踏步数、楼梯的类型与结构形式以及梯段、休息平台、栏板、栏杆等的构造。

楼梯剖面图的画法与一般剖面画法相同，但一般不画屋顶和楼面，将屋顶和楼面用折断线省略。

3. 楼梯节点详图是由于平面图和剖面图针对某些细部的详细构造以及材料和做法等不能完全表达清楚，所以必须借助详图来表示。

6.6.3 楼梯装修施工图的识读要点

本书针对节点详图，选取某公寓楼楼梯节点进行描述。

1. 看楼梯局部剖面图

由图 6-105 梯段局部剖面图可知，每一级踏步的宽度和高度分别为 250mm 和 160mm，踏面采用石材贴面面层。

2. 看楼梯节点详图

由图 6-105 可知，该梯段绘制了两个节点详图，一为踏步防滑构造节点详图（见图 6-106），另一为最上一级踏步面层石材收口节点详图（见图 6-107）。

由图 6-106 可知，每一级踏面的防滑处理采用的是凹槽防滑处理，且第一个凹槽距离踏面边缘 20mm，凹槽宽度 2mm，每隔 5mm 间隔设置 3 个凹槽。

由图 6-107 可知，最上一级踏步面层石材收口位置距离踏面边缘 50mm 处，端部用 3mm 厚不锈钢金属条进行封边。

3. 看楼梯栏板、扶手详图

由图 6-108 楼梯栏板、扶手详图可知，该楼梯采用钢化清玻璃栏板，栏板顶部采用 40mm × 40mm 方形金属扶手，栏板高度为 1.05m，安装在距楼层边缘 50mm 处，玻璃栏板嵌入楼层地面，并用金属预埋件固定。

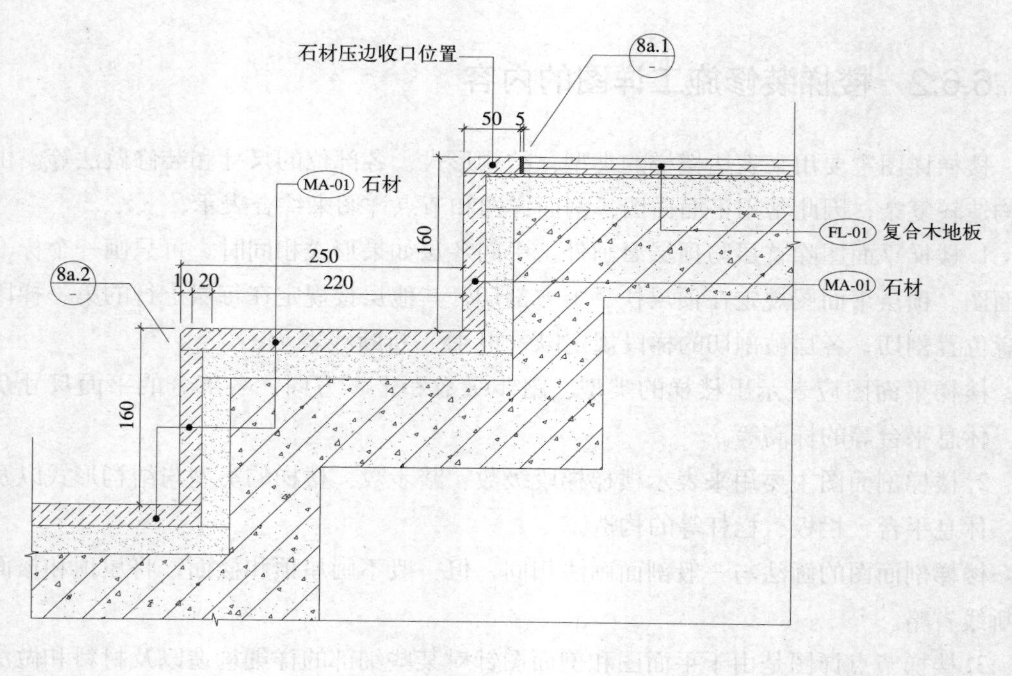

图 6-105 某复式公寓楼梯梯段局部剖面图

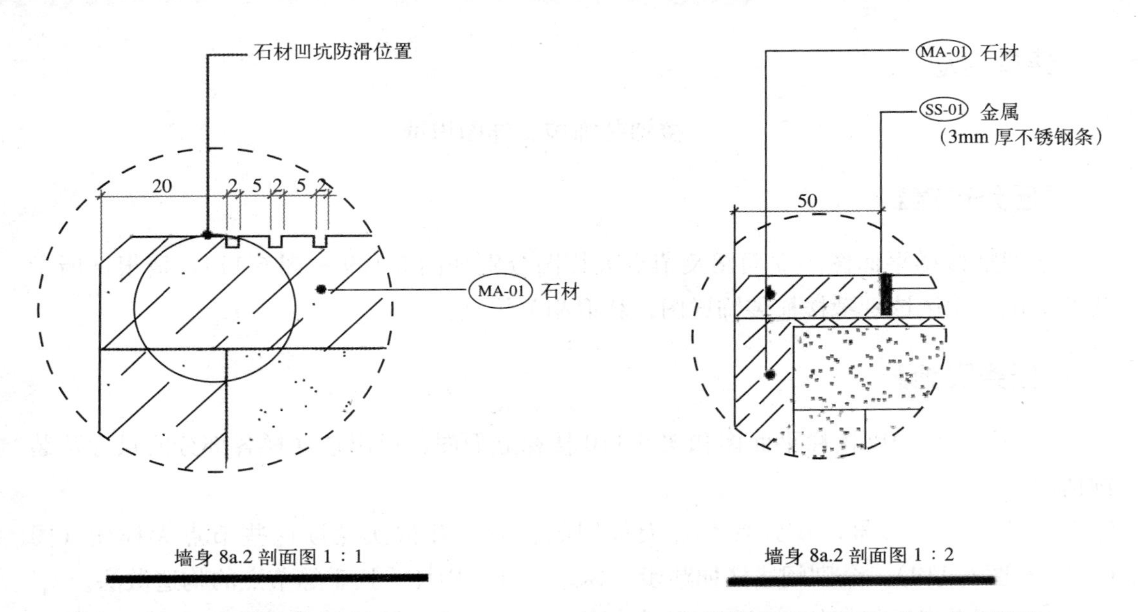

图 6-106　楼梯踏面防滑构造节点详图

图 6-107　楼梯踏面石材压边收口节点详图

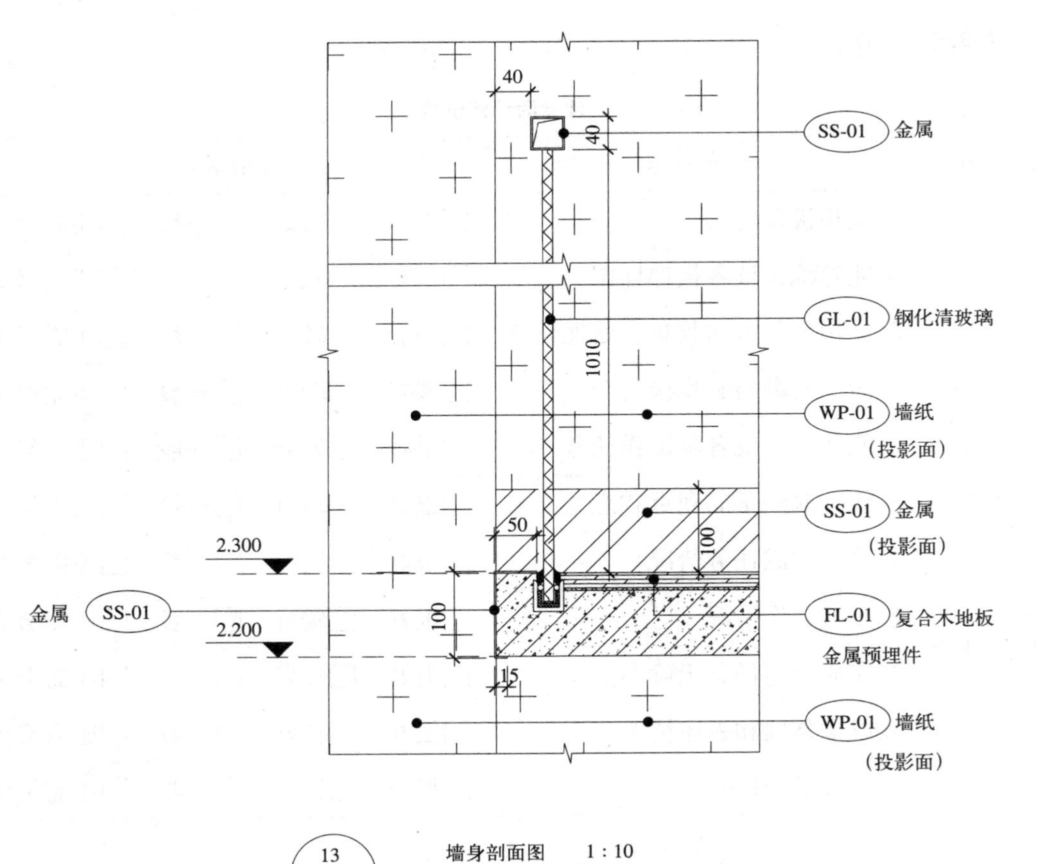

图 6-108　楼梯栏板、扶手详图

课堂活动

楼梯装饰施工详图识读

【任务布置】

某别墅楼梯平面图、立面图及节点大样图分别如图 6-109 ～图 6-114，请根据所学基本知识，识读该别墅楼梯装饰详图，获取相关信息。

【任务实施】

1. 识读图 6-109 楼梯平面图和图 6-110 楼梯立面图，说出该楼梯各部分的尺寸及装饰情况。

2. 根据索引符号，找到各节点大样图的位置，并依次熟读这些节点大样图（图 6-111 ～图 6-114），分别阐述楼梯踏步、休息平台、栏杆、扶手等节点的构造做法。

3. 分别说出栏杆杆件、栏杆与踏步、扶手与栏杆之间的连接方式等信息。

【活动评价】

课堂活动评价表

评价方式	评价内容	评价等级
自评（20%）	1. 能积极参与	□很好 □较好 □一般 □还需努力
	2. 能熟练识读各楼梯详图	□很好 □较好 □一般 □还需努力
	3. 会用多种方法收集、处理信息	□很好 □较好 □一般 □还需努力
小组互评（40%）	1. 能主动参与和积极配合	□很好 □较好 □一般 □还需努力
	2. 能认真完成各项工作任务	□很好 □较好 □一般 □还需努力
	3. 能听取同学的观点和意见	□很好 □较好 □一般 □还需努力
	4. 整体完成任务情况	□很好 □较好 □一般 □还需努力
教师评价（40%）	1. 小组合作情况	□很好 □较好 □一般 □还需努力
	2. 完成上述任务正确率	□很好 □较好 □一般 □还需努力
	3. 成果整理和表述情况	□很好 □较好 □一般 □还需努力
综合评价		□很好 □较好 □一般 □还需努力

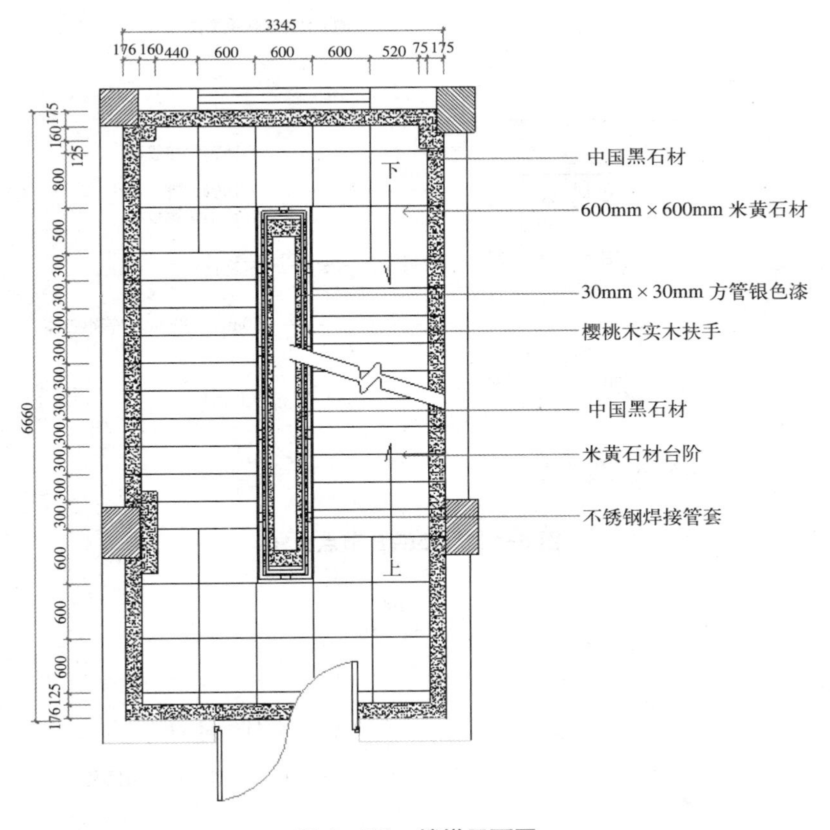

图 6-109　楼梯平面图

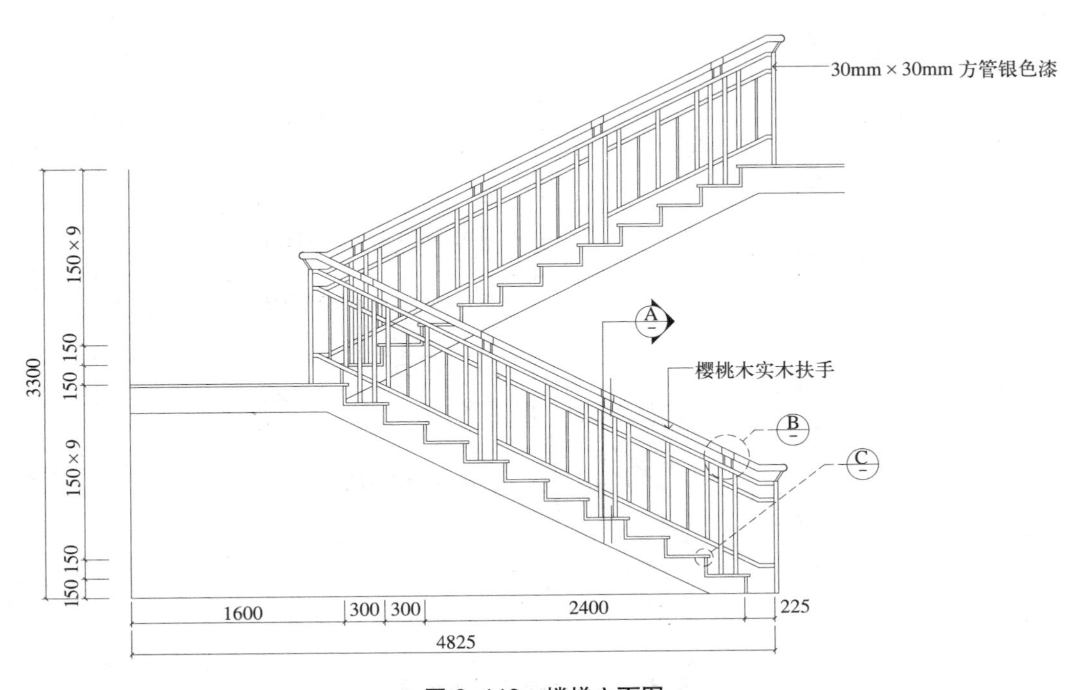

图 6-110　楼梯立面图

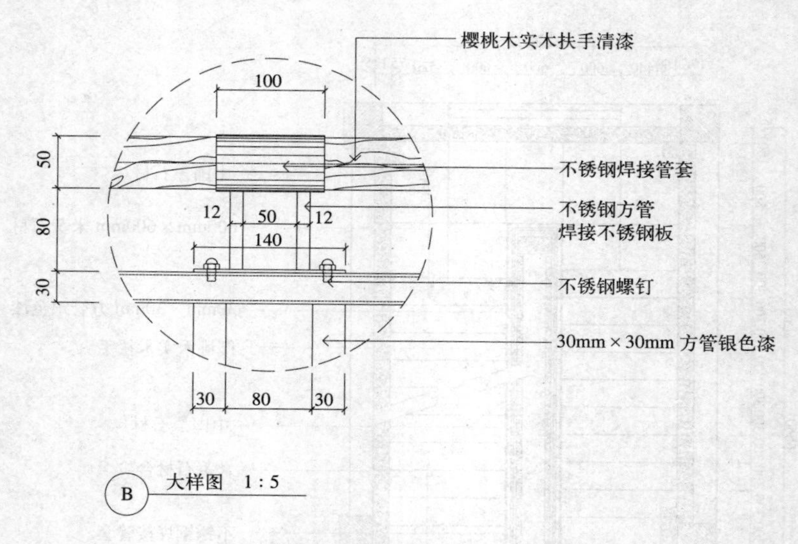

图 6-111 楼梯 B 节点大样

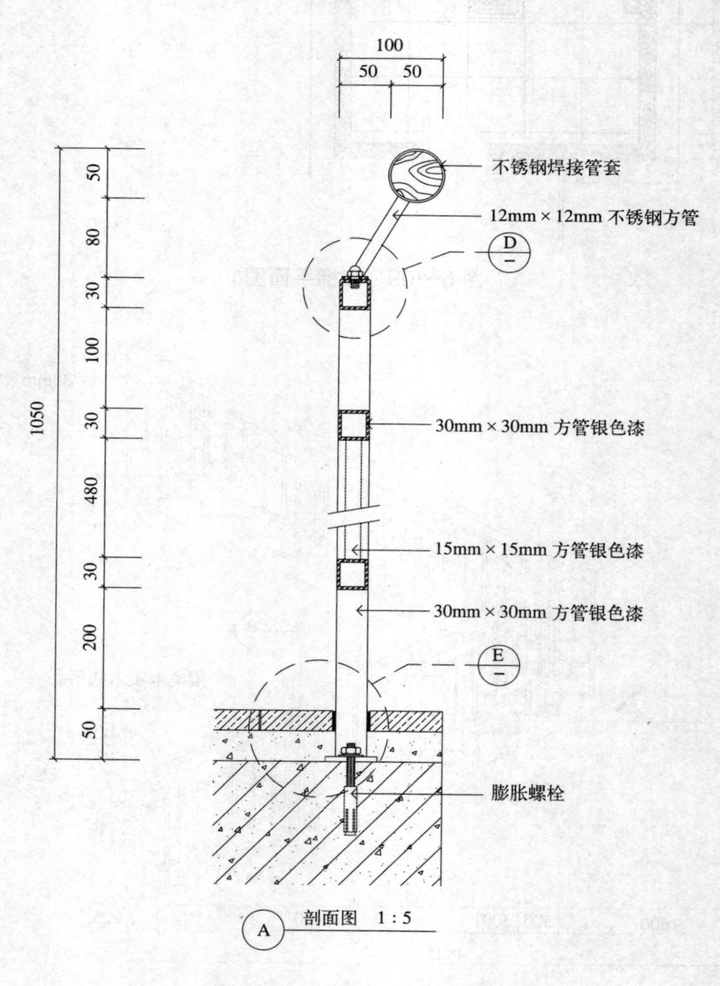

图 6-112 楼梯 C 节点大样

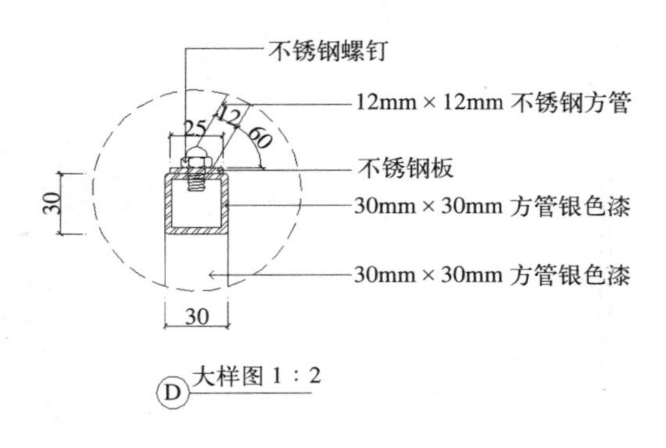

图 6-113　楼梯 D 节点大样

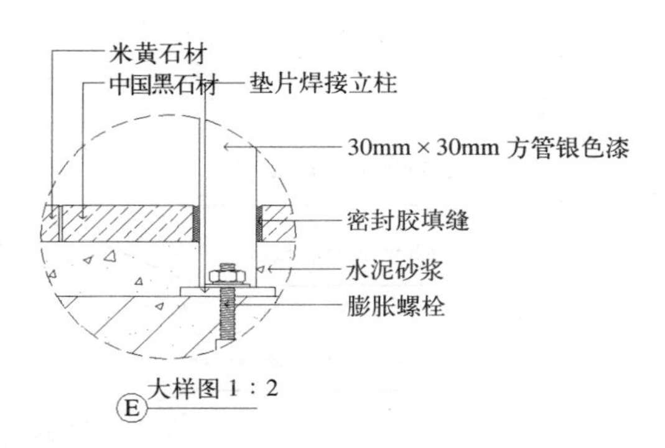

图 6-114　楼梯 E 节点大样

【技能拓展】

某楼梯立面图及踏步详图和楼梯剖面图如图 6-115、图 6-116 所示，识读该楼梯详图，判断该楼梯的结构形式和受力特点，进一步了解该楼梯的细部构造。

思考题：

（1）通看全图，判断该楼梯的结构形式，简述该楼梯栏板及踏步的特点。

（2）看踏步剖面图，描述踏步的防滑处理、踏口处理以及踏面装修材料的应用。

（3）看剖切符号，找到相应的剖切位置和投影方向。

（4）看 1—1 楼梯剖面图，确定楼梯的结构类型，分析其受力特点，详细了解扶手、栏板的构造以及钢梁的构造。

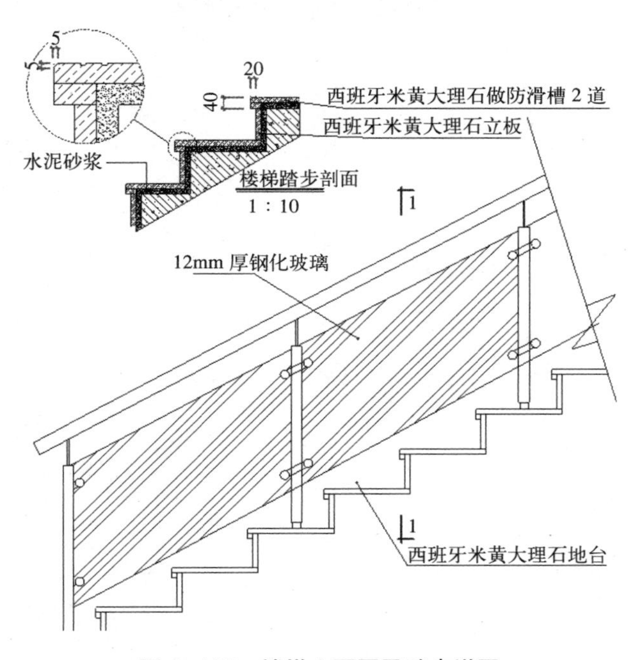

图 6-115　楼梯立面图及踏步详图

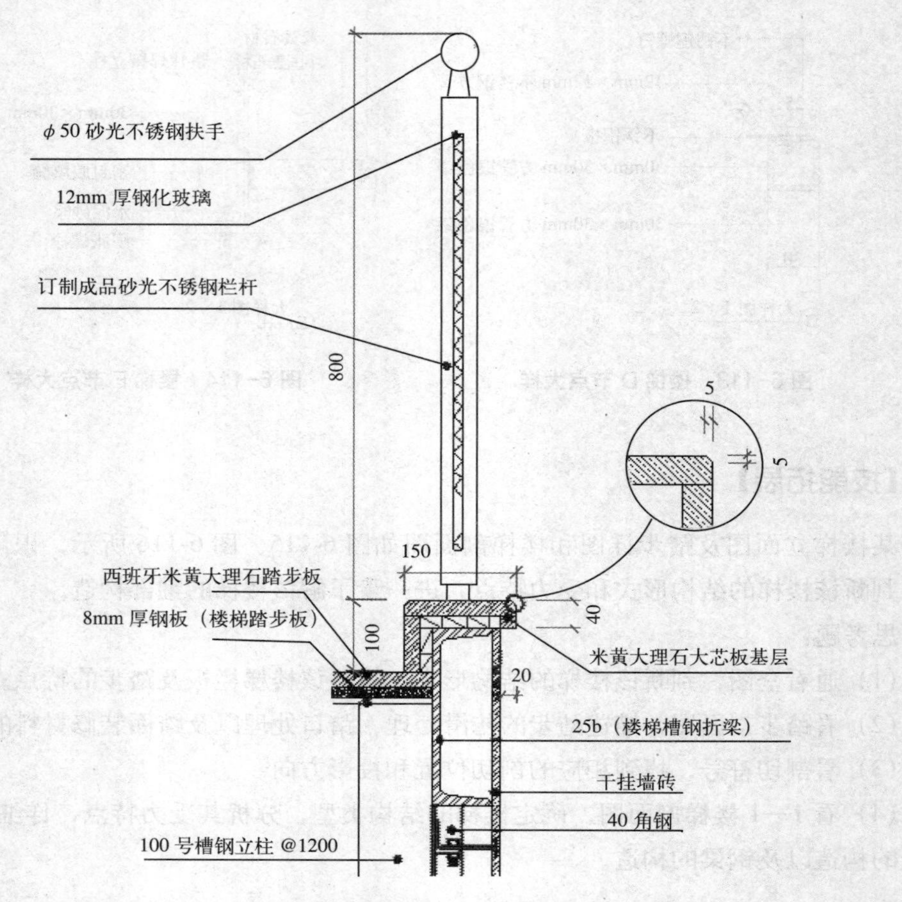

图 6-116　楼梯 1—1 剖面图

参考文献

[1] 中华人民共和国住房和城乡建设部标准定额司．房屋建筑室内装饰装修制图标准JGJ/T 244－2011[S]. 北京：中国建筑工业出版社，2011.

[2] 中华人民共和国住房和城乡建设部标准定额司. 房屋建筑统一制图标准JGJ/T 50001－2010[S]. 北京：中国计划出版社，2011.

[3] 中华人民共和国住房和城乡建设部标准定额司.建筑制图标准GB/T 50104－2010[S]. 北京：中国建筑出版社，2011.

[4] 国家建筑标准设计图集．民用建筑工程室内施工图设计深度图样（06SJ803）. 北京：中国计划出版社，2009.

[5] 李婕主编.建筑装饰设计[M]. 武汉：武汉理工大学出版社，2004.

[6] 蓝治平主编.建筑装饰材料[M]. 北京：高等教育出版社，2010.

[7] 张书鸿.室内装修施工图设计与识图[M]. 北京：机械工业出版社，2012.

[8] 高霞.建筑装修施工图识读技法[M]. 合肥：安徽科学技术出版社，2011.

[9] 赵全初.建筑装饰构造[M]. 北京：中国电力出版社，2002.

[10] 乐嘉龙.学看建筑装饰施工图[M]. 北京：中国电力出版社，2001.

[11] 杨天佑.建筑装饰工程施工[M]. 北京：中国建筑工业出版社，2003.

[12] 霍长平.建筑装饰构造方法[M]. 合肥：合肥工业大学出版社，2009.

[13] 高祥生.装饰构造图集[M]. 南京：江苏科技出版社，2006.